U0504802

电网企业生产人员技能提升培训教材

变电运维

国网江苏省电力有限公司
国网江苏省电力有限公司技能培训中心 **组编**

中国电力出版社
CHINA ELECTRIC POWER PRESS

内 容 提 要

为进一步促进电力从业人员职业能力的提升,国网江苏省电力有限公司和国网江苏省电力有限公司技能培训中心组织编写《电网企业生产人员技能提升培训教材》,以满足电力行业人才培养和教育培训的实际需求。

本分册为《变电运维》,内容分为九章,包括变电站一次设备、继电保护及自动化系统、站用交直流系统、智能变电站技术、智慧变电站与前沿技术、复杂倒闸操作、异常巡视及处理、事故处理、运维一体化。

本书可供从事变电运维专业相关技能人员、管理人员学习,也可供相关专业高校相关专业师生参考学习。

图书在版编目(CIP)数据

变电运维 / 国网江苏省电力有限公司,国网江苏省电力有限公司技能培训中心组编. —北京:中国电力出版社,2023.4(2024.7 重印)
电网企业生产人员技能提升培训教材
ISBN 978-7-5198-7245-8

Ⅰ. ①变… Ⅱ. ①国…②国… Ⅲ. ①变电所–电力系统运行–技术培训–教材 Ⅳ. ①TM63

中国版本图书馆 CIP 数据核字(2022)第 216728 号

出版发行:中国电力出版社
地　　址:北京市东城区北京站西街 19 号(邮政编码 100005)
网　　址:http://www.cepp.sgcc.com.cn
责任编辑:罗　艳(010-63412315)　高　芬
责任校对:黄　蓓　常燕昆
装帧设计:张俊霞
责任印制:石　雷

印　　刷:固安县铭成印刷有限公司
版　　次:2023 年 4 月第一版
印　　次:2024 年 7 月北京第三次印刷
开　　本:710 毫米×1000 毫米　16 开本
印　　张:20.5
字　　数:362 千字
印　　数:2001—2500 册
定　　价:89.00 元

版 权 专 有　侵 权 必 究
本书如有印装质量问题,我社营销中心负责退换

编 委 会

主　　任　张　强

副 主 任　吴　奕　　黄建宏　　张子阳　　雷　震

委　　员　查显光　　朱　伟　　石贤芳　　王存超　　吴　俊　　徐　滔

　　　　　戴　威　　傅洪全　　任　罡　　陈　霄　　付　慧　　许建刚

　　　　　郝宝欣　　黄　翔　　刘利国　　仇晨光　　汪志成　　王　岗

　　　　　霍雪松　　罗凯明　　崔　玉　　刘建坤　　熊　浩　　余　璟

　　　　　李　伟　　杨梓俊　　孙　涛　　杨逸飞　　潘守华　　戢李刚

本书编写组

主　　编　朱　伟　　郝宝欣

副 主 编　季　宁　　潘建亚　　徐　彰

编写人员　曹　剑　　龚　彬　　苏正华　　秦　雪　　张连花　　李玉杰

　　　　　姚　楠　　周大滨　　魏　蔚　　李　博　　谢夏寅　　张云飞

　　　　　俞　翔　　张梦梦　　孛一凡　　韦国锋　　刘　飞　　周陈斌

　　　　　孟屹华　　赵巳玮　　陆志强　　屠　骏　　王勇杰　　沈富宝

　　　　　张　军　　万　伦　　李双伟　　吴　刚

序 Preface

　　技能是强国之基、立业之本。技能人才是支撑中国制造、中国创造的重要力量。党的二十大报告明确提出要深入实施人才强国战略，要加快建设国家战略人才力量，努力培养造就更多大师、战略科学家、一流科技领军人才和创新团队、青年科技人才、卓越工程师、大国工匠、高技能人才。习近平总书记也对技能人才工作多次作出重要指示，要求培养更多高素质技术技能人才、能工巧匠、大国工匠，为全面建设社会主义现代化国家提供坚强的人才保障。电力是国家能源安全和国民经济命脉的重要基础性产业，随着"双碳"目标的提出和新型电力系统建设的推进，持续加强技能人才队伍建设意义重大。

　　国网江苏电力始终坚持人才强企和创新驱动战略，持续深化"领头雁"人才培养品牌，创新构建五级核心人才成长路径，打造人才成长四类支撑平台，实施人才培养"三大工程"，建设两个智慧系统，打造一流人才队伍（即"54321"人才培养体系），不断拓展核心人才成长宽度、提升发展高度、加快成长速度，以核心人才成长发展引领员工队伍能力提升，形成人才脱颖而出、竞相涌现的良好氛围和发展生态。

　　近年来，国网江苏电力立足新发展阶段，贯彻新发展理念，紧跟电网发展趋势，紧贴生产现场实际，聚焦制约青年技能人才培养与管理体系建设的现实问题，遵循因材施教、以评促学、长效跟踪、智慧赋能、价值引领的理念，开展核心技能人才培养工作。同时，从制度办法、激励措施、平台通道等方面，为核心技能人才快速成长提供坚强保障，人才培养成效显著。

　　有总结才有进步，国网江苏电力根据核心技能人才培养管理的实践经验，组织行业专家编写《电网企业生产人员技能提升培训教材》（简称《教材》）。《教材》涵盖电力行业多个专业分册，以实际操作为主线，汇集了核心技能工作中的典型案例场景，具有针对性、实用性、可操作性等特点，对技能人员专业与管理的双提升具有重要指导价值。该书既可作为核心技能人才的培训教材，也可作为电力行业一般技能人员的参考资料。

本《教材》的编写与出版是一项系统工作，凝聚了全行业专家的经验和智慧，希望《教材》的出版可以推动技能人员专业能力提升，助力高素质技能人才队伍建设，筑牢公司高质量发展根基，为新型电力系统建设和电力改革创新发展提供坚强的人才保障。

编委会

2022 年 12 月

前 言 Foreword

随着电力系统的不断发展，特别是近年来变电站新设备、新技术的广泛采用，智能变电站大量投入运行，对变电运行维护人员的理论知识和技能水平提出了更高的要求。精准定位设备缺陷，保障设备正常运行，提升运维人员的专业水平，打造一支业务素质过硬的变电运维队伍已经成为当务之急。

为培养江苏电网变电运维菁英人才，国网江苏省电力有限公司技能培训中心依托国网江苏电力实训基地的先进设备设施，依据变电运维实际工作中所需的理论知识和实际操作为主线，依靠全省变电运维专家人才，仔细研讨、认真梳理、深入剖析，精心打造出一本迅速提升培训学员理论知识和技能水平的变电运维教材。力求全方位提升变电运维工作技能，为省公司打造技能菁英，保障电网的安全稳定运行。

本书共分九章，第一～三章依次介绍变电站一次设备、继电保护及自动化系统、站用交直流系统，第四章和第五章介绍智能变电站与智慧变电站技术，第六～八章讲解复杂倒闸操作、异常巡视及处理、事故处理三方面的实操技能及相关案例，第九章介绍运维一体化相关技能。

本书以现场变电运维工作为核心，对照变电运维专业菁英人才培养需求，紧密结合各地变电运维典型经验进行总结分析，针对变电运维工作中的关键点进行拓展及深化。全书按照"理论拓展＋技能强化"相结合的总体结构，引导读者层层深入。一方面梳理一、二次设备及交直流系统等相关知识，有助于变电运维人员进行理论知识拓展；另一方面结合仿真系统及实体仿真变电站编写培训案例，将理论与实践紧密结合，全程指导实践教学，帮助读者强化技能。

教材编写启动以后，编写组严谨工作，多次探讨，整个编写过程中，凝结编写组专家和广大电力工作者的智慧，以期能够准确表达技术规范和标准要求，为电力工作者的变电运维工作提供参考。但电力行业不断发展，电力培训内容繁杂，书中所写的内容可能存在一定的偏差，恳请读者谅解，并衷心希望读者提出宝贵的意见。

编　者

2022 年 11 月

目 录 Contents

习题答案

第一章

变电站一次设备

第一节 断 路 器

📋 学习目标

1. 了解断路器的分类
2. 掌握 SF_6 断路器本体基本原理及结构
3. 掌握断路器操动机构结构及原理
4. 掌握断路器的常见异常及故障处理

📋 知 识 点

断路器是指用于接通或断开电路，在电力系统中起保护和控制作用，但不作为断开点的一种电气设备。断路器应具有足够的开断能力和尽可能短的切断时间，能开断、关合和承载正常的负荷电流，并且能在规定的时间内承载、开断和关合规定的异常电流（如短路电流），保证系统安全运行。

一、断路器的分类

高压断路器主要包括灭弧室（断口）、对地绝缘部分、操动部分。灭弧室（断口）和操动机构是断路器的核心部件。

（1）灭弧室（断口）：包括导电部分、触头、压气室及拉杆。

（2）对地绝缘部分：使高电位与地电位绝缘的元件，主要包括支撑绝缘子、绝缘拉杆。

（3）操动部分：包括操作机构、传动机构及动力源。

断路器可按灭弧介质、操动机构或断路器联动方式等不同的分类标准进行分类，断路器的分类如表 1-1 所示。

表 1-1　　　　　　　　　　　断 路 器 的 分 类

分类标准	具体类别	设备简介
灭弧介质	真空断路器	开断性能好，运行维护简单，开距小，但不能用于大电流的开断，一般用于 10～35kV 电路的开断
	SF$_6$ 断路器	以 SF$_6$ 气体为灭弧室绝缘介质，断口电压可做的较高且运行温度、安全可靠，一般用于 126kV 及以上电网，SF$_6$ 气体虽然无毒，但因密度约为空气的 5 倍，如有泄漏将沉积于低洼处，浓度过大会出现使人窒息的危险，应注意环境安全
	油断路器	开断速度慢，易引起火灾
	压缩空气断路器	噪声大，运行费用高，已逐渐淘汰
操动机构	电磁机构	利用电流产生的电磁力驱动开关进行合闸，简称 CD 型，其合闸电流大、动作速度低，运行中不能进行手动合闸操作。分闸系统为弹簧机构
	弹簧机构	分为拉簧、压簧、盘簧，简称 CT 型，结构简单，工艺要求一般；缺点：出力特性和断路器负载特性匹配较差，对反力敏感，输出功率较小
	液压机构	利用液压不可压缩原理，以液压油为传递介质，将高压油送入工作缸两侧实现断路器分合闸，简称 CY 型，输出功率大、输出平稳，对反力不敏感，失去储能电源后仍可操作几次；缺点为结构复杂、制造工艺及材料的要求很高、检修维护工作量较大，工艺要求高（液压机构根据储能介质的不同分为液压氮气机构和液压弹簧机构）
断路器联动方式	三相机械联动	110kV 及以下和新投的 252kV 母联（分段）、主变压器、高压电抗器断路器，应选用三相机械联动设备（《十八项反措》条文 12.1.1.7）
	分相	断路器三台机构分别驱动三相断路器的分相设计，通过电气联动

注　本书中《十八项反措》是指《国家电网有限公司十八项电网重大反事故措施（修订版）》（国家电网设备〔2018〕979 号）。

断路器的型号及含义见图 1-1。

如产品基本型号 LW36-126；产品全型号：LW36-126（W）/T 3150-40。

常见断路器如图 1-2 所示。

断路器的主要电气性能参数包括额定电压，kV；额定电流，A；额定短时耐受电流，kA；额定峰值耐受电流，kA；额定短路持续时间，s；额定短路开断电流，kA；雷电冲击耐压（峰值）（断口间、相对地），kV；1min 工频耐压（有效值）（断口间、相对地），kV 等，其中，额定短路开断电流是标志高压断路器开断短路故障能力的参数。

注：在本章中只讨论 SF$_6$ 断路器，真空断路器将在开关柜章节中进行介绍。

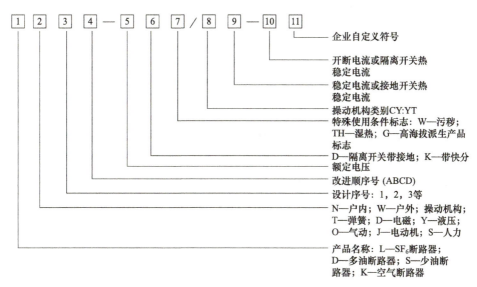

1 2 3 4 — 5 6 7 / 8 9 — 10 11

- 企业自定义符号
- 开断电流或隔离开关热稳定电流
- 稳定电流或接地开关热稳定电流
- 操动机构类别CY:YT
- 特殊使用条件标志：W—污秽；TH—湿热；G—高海拔派生产品标志
- D—隔离开关带接地；K—带快分
- 额定电压
- 改进顺序号（ABCD）
- 设计序号：1，2，3等
- N—户内；W—户外；操动机构；T—弹簧；D—电磁；Y—液压；O—气动；J—电动机；S—人力
- 产品名称：L—SF$_6$断路器；D—多油断路器；S—少油断路器；K—空气断路器

图1-1　断路器的型号及含义

（a）三相单断口落地 SF$_6$ 罐式断路器

（b）单相单断口落地 SF$_6$ 罐式断路器

（c）单相单断口 SF$_6$ 瓷柱式断路器

（d）单相双断口 SF$_6$ 瓷柱式断路器

（e）三相单断口真空断路器

（f）三相单断口少油断路器

图1-2　常见断路器

二、SF₆断路器本体动作原理及基本结构

（一）SF₆断路器本体动作原理

SF₆断路器利用SF₆气体能够吸附自由电子而形成负离子的强电负性，将其作为触头间的绝缘与灭弧介质，断口电压可做的较高，断口开距小，额定电流和开断电流都可以做得很大，开断性能好，适合于各种工况开断。目前110kV及以上电压等级断路器基本上均采用SF₆断路器，其维护工作量小、噪声低、检修周期长、运行稳定、安全可靠、寿命长、可频繁操作。可以集合成智能化的GIS。但SF₆气体有很强的温室效应，应注意回收，以防泄漏。

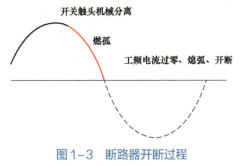

图1-3　断路器开断过程

断路器的一般开断过程：当断路器接到分闸指令后，传动机构带动绝缘拉杆使可分触头机械分离，开始燃弧，灭弧装置内的绝缘介质使电弧熄灭，主电路断开，如图1-3所示。

（二）SF₆断路器分类

（1）SF₆断路器根据灭弧原理的不同，可分为单压式及双压式（双压式SF₆断路器结构复杂，容易凝露，未推广），单压式SF₆断路器又可以根据弧触头间距及吹弧方式的不同，分为定开距、变开距及自能吹弧式。

早期较成熟的SF₆断路器基本都是单压式的，使用较为广泛，按灭弧结构又可分为变开距SF₆断路器和定开距SF₆断路器，如图1-4所示。变开距就是灭弧室内的触头开距，随压气室的相对运动而逐渐加长，绝缘喷嘴通常采用聚四氟乙烯材料。定开距灭弧室是两个固定的金属喷嘴保持不变的开距，动触桥与绝缘材料制成的压气室一起运动，当动触桥金属离开喷嘴时，压气室内的高压气体经电弧、喷嘴向外排出。

自能吹弧式SF₆断路器是在原单压式基础上完善而来的，分为膨胀式和旋弧式，目前，主流产品基本采用"热膨胀+助吹"的自能式灭弧原理。

当开断短路电流时，电弧在动静弧触头间燃烧，巨大的能量加热膨胀室内的SF₆气体，使温度升高，膨胀室内气体压力随之升高，产生内外压差；当动触头分闸到一定位置，静弧触头拉出喷口，产生强烈气吹，在电流过零点熄灭电弧。开断过程中，由于电弧能量大，膨胀室内压力上升高于辅助压气室内压力上升，压气室阀片打开，压气室压力释放。

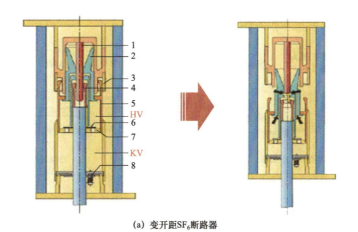

(a) 变开距SF₆断路器

1—静弧触头；2—喷口；3—主静触头；4—动弧触头；5—主动触头；
6—单向阀片；7—回气阀片；8—减压阀片

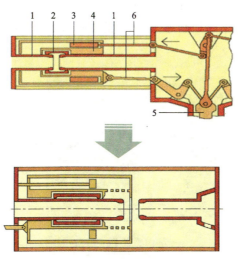

(b) 定开距SF₆断路器

1—动、静触头；2—动触头桥；3—活塞；4—压气室；5—绝缘拉杆；6—传动杆

图1-4　SF₆断路器灭弧原理

　　当开断小电感、电容电流或负荷电流时，所开断电流小，电弧能量也较小，膨胀室内压力上升比辅助压气室压力上升慢，压气室阀片闭合，膨胀室阀片打开，压缩气体进入膨胀室，产生气吹，在电流过零点时熄灭电弧。断路器灭弧室结构如图1-5所示。

　　旋转式SF₆断路器用短路电流建立磁场，使电弧在电磁力作用下高速旋转，在SF₆气体中，电弧的高速旋转使得其离子体不断地与新鲜的SF₆气体接触，以充分发挥SF₆气体的电负性，从而迅速熄灭电弧。由于旋转式SF₆断路器机构复杂，未有普及，在此不作介绍。

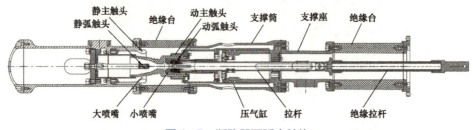

静主触头　动主触头　支撑筒　支撑座　绝缘台
静弧触头　绝缘台　动弧触头

大喷嘴　小喷嘴　压气缸　拉杆　绝缘拉杆

图1-5　断路器灭弧室结构

（2）SF_6 断路器本体基本结构。根据 SF_6 断路器断口数量可以分为单断口断路器和多断口断路器。

1）单断口断路器。断路器的断口是指动触头与静触头之间的接触断面数量，一个断面为单断口，两个断面为双断口，两个以上为多断口。550kV 以下高压断路器通常采用单断口断路器，常见的单断口断路器结构如图1-6和图1-7所示。

1

2

3

4

5

图1-6　三相联动断路器整体结构示意图
1—灭弧室；2—支持绝缘子；3—横梁；4—机构；5—支撑地脚

2）多断口断路器。550kV 及以上高压断路器通常每相由两个或多个断口串联，使得每一个断口承受的电压成倍降低，触头开断速度成倍提高，从而进一步提高灭弧能力（见图1-8）。根据布置形式的不同，瓷柱式双断口断路器可以分"Y"形和"T"形，由两组灭弧室、并联电容器和合闸电阻串联组成（对于 330kV 及以上的 SF$_6$ 断路器，应根据过电压计算结果决定是否装设合闸电阻）。

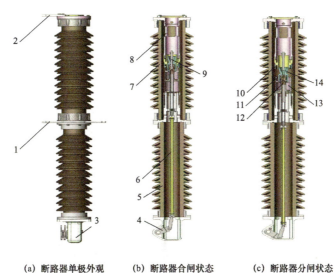

(a) 断路器单极外观   (b) 断路器合闸状态   (c) 断路器分闸状态

图 1-7　LW36-126 型断路器结构图

1—下出线端子板；2—上出线端子板；3—拐臂箱；4—内拐臂；5—支柱瓷套；6—绝缘拉杆；
7—灭弧室瓷套；8—静触头座；9—静弧触头；10—静主触头；11—动主触头；
12—动弧触头及热膨胀室；13—压气室；14—喷口

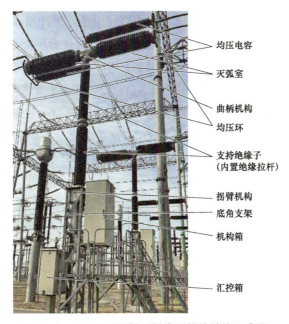

图 1-8　500kV 双断口断路器整体结构示意图

三、断路器操动机构结构及原理

（一）弹簧操动机构结构及原理

1. 拉、压弹簧机构

GL314 断路器（AREVA）压式弹簧机构原理结构图如图 1-9 所示。

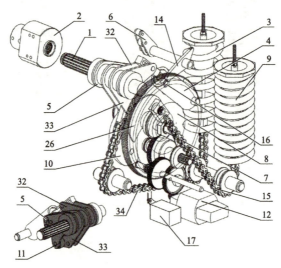

图 1-9　GL314 断路器（AREVA）压式弹簧机构原理结构图

驱动轴：主轴 1 通过轴套 2 与断路器的极相连。缓冲器 4 是与拐臂 32 相连的。在合闸位置上，主轴 1 的保持是通过拐臂 5 压在合闸挚子 6 上。在分闸位置，带滚子的拐臂 11 是靠在合闸凸轮 10 上的。分闸弹簧 3 通过链条 34 带动拐臂 33。该弹簧为螺旋压缩弹簧。拐臂 5-11-32-33 是一个整体。

合闸轴：合闸轴 7 上装有惯性飞轮 8、合闸凸轮 10、凸轮 26 与电机 12 的限位开关 17 连接。合闸弹簧 9 通过链条 15 来带动惯性飞轮 8。该弹簧为螺旋压缩弹簧。被压紧的合闸弹簧 9 作用在惯性飞轮 8 上产生的转动扭矩，由合闸挚 14 与滚子 16 来平衡。

（1）储能：电机上一级小齿轮带动二级大齿轮盘转动，二级大齿轮盘带动与之固定相连的轴端小齿轮转动，转动轴为单向轴承，二级轴小齿轮带动三级大齿轮盘转动，大齿轮盘在弹簧的作用下，与离合器摩擦块接触后带动摩擦块上齿，上齿终了带动三级齿轮轴及与之固定的轴小齿轮转动，三级轴小齿轮带动飞轮转动，并通过链条拉动压缩合闸弹簧储能，过储能死点后，合闸弹簧释放，通过链条拉动飞轮带动三级轴小齿轮反转，摩擦块反转与三级大齿轮盘脱离，随之三级轴小齿轮落入飞轮缺口，与过度齿轮配合接触，并自转释放电机剩余动能，此时，飞轮上的滚柱锁在合闸掣子上。

（2）合闸：合闸线圈通电，吸合动铁芯，动铁芯通过拉杆带动合闸掣子运动，释放飞轮上锁住的滚柱释放储能系统（合闸弹簧、飞轮，飞轮轴带动凸轮），凸轮转动一定距离后撞击与主轴固定连接的拐臂上的滚轮，凸轮与拐臂相对运动，直到凸轮与拐臂脱离，此时，拐臂带动主轴转动，主轴带动分闸弹簧压缩储能，主轴带动分闸拐臂越过分闸二级锁扣滑动接触面并脱离，二级锁扣在复位弹簧作用下抬起复位，并与一级锁扣锁死，在分闸弹簧作用下返回后被二级分闸锁扣锁住，合闸位置保持住。凸轮与主轴拐臂上的滚轮脱离后，在剩余动能的作用下合闸弹簧继续拉长，在拉升终了位置，合闸弹簧收缩带动飞轮反转，飞轮带动三级轴小齿轮正转将摩擦块上齿后拉回并与大齿轮盘锁死，三级大齿轮盘反转但由于与二级轴小齿轮齿合，被二级单向轴承锁住，实现合闸弹簧预拉伸（如离合器打滑，凸轮反转，挡住主轴拐臂滚轮分闸转动轨迹，断路器拒分）。

（3）分闸：分闸线圈通电后，吸合动铁芯，动铁芯通过拉杆带动分闸一级掣子（一级锁扣），释放二级锁扣及分闸拐臂，最终释放分闸弹簧并带动主轴实现分闸。

2. 盘卷式弹簧机构

盘卷式弹簧机构的断路器主要以 ABB 的 LTB 型断路器为主，LTB 型断路器三相共体式、三相分体式，BLK222 型断路器机构组成如图 1-10 所示。

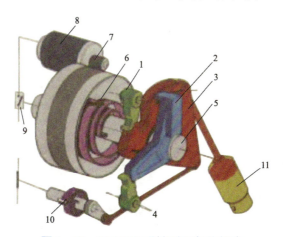

图 1-10 BLK222 型断路器机构组成

1—分闸掣子（脱扣器）；2—合闸（驱动）拐臂；3—分闸（偏心）拐臂；4—合闸掣子（脱扣器）；

5—传动主轴；6—合闸弹簧；7—涡轮驱动器；8—储能电机；9—限位开关；

10—分闸弹簧；11—分闸缓冲器阻尼器

（1）储能：电机 8 得电，电机输出齿轮 7 带动合闸卷簧 6 的齿轮外壳转动，外壳通过卷簧轴 5 带动合闸拐臂 2 逆时针转动直至口接在合闸掣子 4 上才开始储能，储能终了由行程开关断开储能电源，储能结束。

（2）合闸：合闸线圈带电，合闸掣子释放合闸拐臂逆时针转动，合闸拐臂上的凸块与分闸拐臂 3 上的凸块撞击接触后带动分闸拐臂逆时针转动，分闸拐臂通过连杆储能给分闸卷簧 10 储能，同时将缓冲器 11 的拉杆拉出，为分闸缓冲做准备，最后，分闸拐臂掠过分闸掣子 1 后分合闸拐臂脱离（分合闸拐臂不同心），分闸拐臂在分闸弹簧的作用下顺时针转动并扣接在分闸掣子上，保持合闸状态，完成合闸。

（3）分闸：分闸线圈带电，分闸掣子（脱扣器）释放分闸拐臂，分闸拐臂顺时针旋转带动输出轴实现分闸，在分闸过程中分闸拐臂压迫分闸缓冲器阻尼器拉杆实现缓冲功能。

（二）液压弹簧操动机构结构及原理

液压弹簧机构组成及原理如图 1-11 所示。操作机构通常由工作模块、储能模块、控制模块、监测模块、辅助模块、断路器连接件、机械防慢分等组成。

工作模块由工作缸和活塞杆组成，活塞杆与断路器直接相连，采用工作缸采用"常充压、差动式"工作方式。

合闸：活塞杆上下方均为高压油，活塞下方的受力面积比上方大，实现差压合闸。

分闸：活塞杆下方变成低压油，在两边高低压油差的作用下，实现快速分闸。

(a) HMB 型机构实物图

图 1-11 液压弹簧机构组成及原理（一）

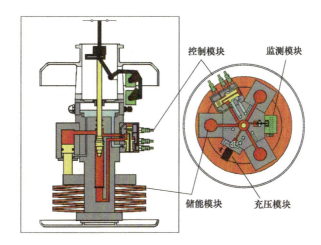

（b）HMB型液压弹簧机构总装图

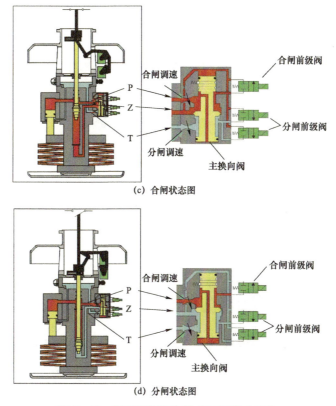

（c）合闸状态图

（d）分闸状态图

图 1-11　液压弹簧机构组成及原理（二）

　　储能模块包括储能机构和动力机构。储能机构包括储能活塞、储能介质（氮气筒、碟簧）等，采用压力平衡原理工作；动力机构包括电动机、油泵等，动力机构将低压油变成高压油，电能变成机械能。

控制模块包括 2 个分闸电磁阀、1 个合闸电磁阀、换向阀；控制模块接受分合闸命令使阀门开闭，改变油回路，达到分合闸目的。

监测模块包括分合闸指示与行程开关、安全阀、压力微动开关、油压表、SF_6 密度继电器、气压表；其中压力表起监视作用，微动开关或密度继电器起控制、报警和闭锁作用。

（三）液压氮气操动机构结构及原理

液压氮气机构组成如图 1-12 所示。

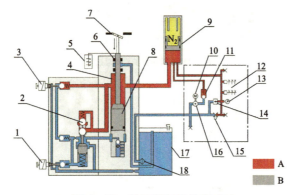

图 1-12　液压氮气机构组成

1—分闸阀；2—阀块；3—合闸阀；4—液压缸；5—辅助开关；6—密封圈；7—断路器；8—活塞；9—储压器；
10—储能电动机；11—单向阀；12—液压开关；13—压力表；14—安全阀；15—高压泄压阀；
16—高压油泵；17—低压油箱；18—过滤器；A—高压油；B—低压油

合闸动作原理：合闸示意图如图 1-13 所示，断路器分闸位置如图 1-13（a）

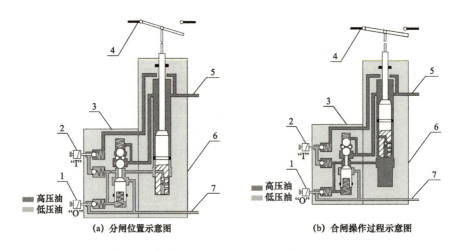

（a）分闸位置示意图　　　　　　　　　　（b）合闸操作过程示意图

图 1-13　合闸示意图（一）

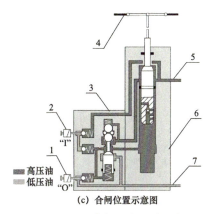

(c) 合闸位置示意图

图 1-13　合闸示意图（二）

1—分闸阀；2—合闸阀；3—阀块；4—断路器；5—高压油管（至储压器）；
6—液压缸；7—低压油管（至低压油箱）

所示（红色部分为高压油，蓝色部分为低压油）；合闸时合闸阀打开，高压油进入操作缸合闸侧，合闸侧的压力大于分闸侧的压力，断路器开始合闸动作，如图 1-13（b），最终合闸位置如图 1-13（c）所示。

分闸动作原理：分闸示意图如图 1-14 所示，断路器合闸位置如分闸图 1-14（a）所示（红色部分为高压油，蓝色部分为低压油）；分闸时分闸阀打开，操作缸合闸侧液压油失压，分闸侧的压力大于合闸侧的压力，断路器开始分闸动作，如图 1-14（b），最终分闸位置如图 1-14（c）所示。

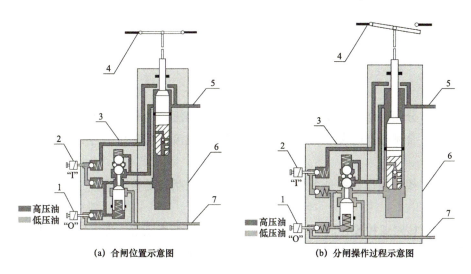

(a) 合闸位置示意图　　　　　(b) 分闸操作过程示意图

图 1-14　分闸示意图（一）

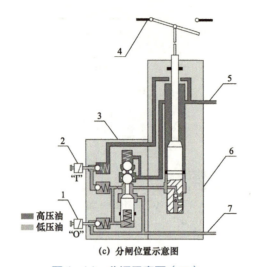

(c) 分闸位置示意图

图1-14 分闸示意图（二）

1—分闸阀；2—合闸阀；3—阀块；4—断路器；5—高压油管（至储压器）；

6—液压缸；7—低压油管（至低压油箱）

（四）对液压机构防慢分功能进行检测

（1）断路器本体、结构压力及状态均合格的情况下，将断路器合闸。

（2）断开液压结构储能、控制电源，打开泄压阀，将压力泄至"0"位。

（3）关闭泄压阀，投上储能、控制电源，启动电机储能，在此过程中，断路器应始终保持在合闸位置。

四、断路器常见异常处理

（一）拒分、拒合

1. 现象

（1）分闸操作时发生拒分，开关无变位，电流、功率指示无变化。

（2）合闸操作时发生拒合，开关无变位，电流、功率显示为零。

2. 处理

（1）核对操作设备是否与操作票相符，开关状态是否正确，"五防"闭锁是否正常。

（2）核对遥控操作时"远方/就地把手"位置是否正确，遥控压板是否投入。

（3）核对有无控制回路断线信息，控制电源是否正常，接线有无松动，各电气元件有无接触不良，分、合闸线圈是否有烧损痕迹。

（4）核对液压操动机构压力是否正常、弹簧操动机构储能是否正常、SF_6气体压力是否在合格范围内。

（5）对于电磁操动机构，应检查直流母线电压是否达到规定值。

（6）无法及时处理时，汇报值班调控人员，终止操作。

（7）联系检修人员处理，必要时按照值班调控人员指令隔离该开关。

（二）控制回路断线

1. 现象

（1）监控系统及保护装置发出控制回路断线告警信号。

（2）监视开关控制回路完整性的信号灯熄灭。

2. 处理

（1）应先检查以下内容：

1）上一级直流电源是否消失。

2）开关控制电源空气开关有无跳闸。

3）机构箱或汇控柜"远方/就地把手"位置是否正确。

4）弹簧储能机构储能是否正常。

5）液压、气动操动机构是否压力降低至闭锁值。

6）SF_6 气体压力是否降低至闭锁值。

7）分、合闸线圈是否断线、烧损。

8）控制回路是否存在接线松动或接触不良。

（2）若控制电源空气开关跳闸或上一级直流电源跳闸，检查无明显异常，可试送一次。无法合上或再次跳开，未查明原因前不得再次送电。

（3）若机构箱、汇控柜"远方/就地把手"位置在"就地"位置，应将其切至"远方"位置，检查告警信号是否复归。

（4）若开关 SF_6 气体压力或储能操动机构压力降低至闭锁值、弹簧机构未储能、控制回路接线松动、断线或分合闸线圈烧损，无法及时处理时，汇报值班调控人员，按照值班调控人员指令隔离该开关。

（5）若开关为两套控制回路时，其中一套控制回路断线时，在不影响保护可靠跳闸的情况下，该开关可以继续运行。

（三）SF_6 气体压力低

1. 现象

（1）监控系统或保护装置发出 SF_6 气体压力低告警、压力低闭锁信号，压力低闭锁时同时伴随控制回路断线信号。

（2）现场检查发现 SF_6 压力表（密度继电器）指示异常。

2. 处理

（1）检查 SF_6 压力表（密度继电器）指示是否正常，气体管路阀门是否正确开启。

（2）严寒地区检查开关本体保温措施是否完好。

（3）若 SF_6 气体压力降至告警值，但未降至压力闭锁值，联系检修人员，在保证安全的前提下进行补气，必要时对开关本体及管路进行检漏。

（4）若运行中 SF_6 气体压力降至闭锁值以下，立即汇报值班调控人员，断开开关操作电源，按照值班调控人员指令隔离该开关。

（5）检查人员应按规定使用防护用品；若需进入室内，应开启所有排风机进行强制排风，并用检漏仪测量 SF_6 气体合格，用仪器检测含氧量合格；室外应从上风侧接近开关进行检查。

（四）操动机构压力低闭锁分合闸

1. 现象

（1）监控系统或保护装置发出操动机构油（气）压力低告警、闭锁重合闸、闭锁合闸、闭锁分闸、控制回路断线等告警信息，并可能伴随油泵运转超时等告警信息。

（2）现场检查发现油（气）压力表指示异常。

2. 处理

（1）现场检查设备压力表指示是否正常。

（2）检查开关储能操动机构电源是否正常、机构箱内二次元件有无过热烧损现象、油泵（空气压缩机）运转是否正常。

（3）检查储能操动机构手动释压阀是否关闭到位，液压操动机构油位是否正常，有无严重漏油，气动操动机构有无漏气现象、排水阀、汽水分离装置电磁排污阀是否关闭严密。

（4）运行中储能操动机构压力值降至闭锁值以下时，应立即断开储能操动电机电源，汇报值班调控人员，断开开关操作电源，按照值班调控人员指令隔离该开关。

（五）操动机构频繁打压

1. 现象

（1）监控系统频繁发出油泵（空气压缩机）运转动作、复归告警信息。

（2）现场检查油泵（空气压缩机）运转频次超出厂家规定值。

2. 处理

（1）现场检查油泵（空气压缩机）运转情况。

（2）检查液压操动机构油位是否正常，有无渗漏油，手动释放阀是否关闭到位；气动操动机构有无漏气现象，排水阀、汽水分离装置电磁排污阀是否关闭严密。

（3）现场检查油泵（空气压缩机）启、停值设定是否符合厂家规定。

（4）低温季节时检查加热器是否正常工作。

（5）必要时联系检修人员处理。

（六）液压机构油泵打压超时

1. 现象

监控系统发出液压机构油泵打压超时告警信息。

2. 处理

（1）检查压力是否正常，检查油位是否正常，有无渗漏油现象，手动释压阀是否关闭到位。

（2）检查油泵电源是否正常，如空气开关跳闸可试送一次，再次跳闸应查明原因。

（3）如热继电器动作，可手动复归，并检查打压回路是否存在接触不良、元器件损坏及过热现象等。

（4）检查延时继电器整定值是否正常。

（5）解除油泵打压超时自保持后，若电动机运转正常，压力表指示无明显上升，应立即断开电机电源，联系检修人员处理。

（6）若无法及时处理时，汇报值班调控人员，停电处理。

案例分析

案例 1

20××年 12 月 17 日，500kV××变电站 5042 开关发 SF_6 气体压力低告警，现场查看 C 相开关压力表指示值 0.71MPa（额定压力 0.8MPa），检修人员到达现场后充气至 0.81MPa。12 月 22 日，该开关再次报 SF_6 压力低告警，C 相压力表指示值再次降到 0.71MPa，检修人员到场补气到 0.815MPa。两次补气时间间隔仅有 6 天，后进行检漏，运用红外检漏成像仪发现 5042 开关 C 相灭弧室连接法兰处有 SF_6 泄漏现象，如图 1-15 所示。

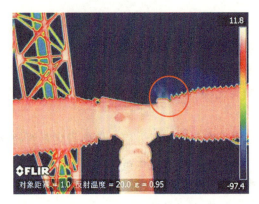

图1-15　5042开关C相灭弧室连接法兰处 SF$_6$泄漏

将开关停电，解体后发现瓷柱密封面有轻微裂痕，如图1-16所示。

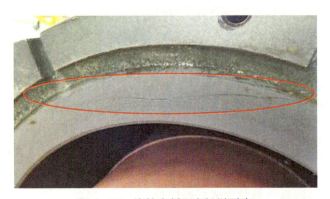

图1-16　瓷柱密封面有轻微裂痕

12月30日，更换5042开关C相灭弧室后投运正常。

案例2

密度继电器、充放气接口自身虽然具备一定的防雨功能，但仍多次发生密度继电器各部位进水而引发接地、短路，以及密度继电器误报警、闭锁的故障，因此对于密度继电器接线部位必须采取适当的防雨措施，但不局限于防雨罩一种防雨方式，对密度继电器表计、二次接线盒、充放气接口等部位，起到防雨作用。对于安装在断路器底脚横梁内的密度继电器，如横梁上部没有挡板对密度继电器起不到防雨作用，仍需采取措施，如加防雨罩或加装横梁挡板等方法。图1-17所示为二次接线受潮引起的锈蚀。图1-18所示为非有效的防雨措施。

《十八项反措》条文12.1.1.3.4规定，户外断路器应采取防止密度继电器二次接头受潮的防雨措施。

图 1-17　二次接线受潮引起的锈蚀

防雨罩不能完全防护接线端子

图 1-18　非有效的防雨措施

案例 3

某断路器在合于永久故障，由于辅助开关的动作时间与防跳继电器的动作时间配合错误，断路器机构防跳继电器动作时间大于断路器辅助开关动作时间，同时合闸脉冲始终存在，断路器合后立即分闸，但防跳继电器来不及启动，辅助开关已断开防跳回路的回路，在合闸脉冲的持续作用下，发生断路器跳跃现象。

断路器机构防跳继电器一般由断路器常开辅助接点启动，其常闭接点串入断路器合闸控制回路，常开接点接入防跳回路，其有启动后自保持功能。交接及例行试验必须检查断路器机构防跳功能正常，并测试其与辅助开关配合情况，可采取以下方法验证：

首先，在断路器"分闸"状态（储满能），按住"分闸"按钮，同时按住"合闸"按钮，断路器合闸后立即跳开，保持"分位"，不会再次合闸（不跳跃）；其次，在断路器"合闸"状态（储满能），按住"合闸"按钮，同时按住"分闸"按钮，断路器立即分闸，保持"分位"，不会再次合闸（不跳跃）。对于弹簧机构，手按时间还应大于机构储能时间。

《十八项反措》条文 12.1.2.1 规定，断路器交接试验及例行试验中，应对机构二次回路中的防跳继电器、非全相继电器进行传动。防跳继电器动作时间应小于辅助开关切换时间，并保证在模拟手合于故障时不发生跳跃现象。

习　题

1. 简答：高压断路器主要包括哪些？

2. 简答：根据 LW58-252 型三相联动断路器整体结构示意图，分别标注各部件名称？

3. 简答：根据盘卷式弹簧机构断路器结构图，分别标注各部件名称？

4. 简答：断路器（配弹簧结构）监控系统及保护装置发出控制回路断线告警信号，或监视开关控制回路完整性的信号灯熄灭，应先检查哪些内容？

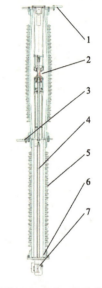

题 2 图：LW58-252 型三相联动断路器整体结构示意图

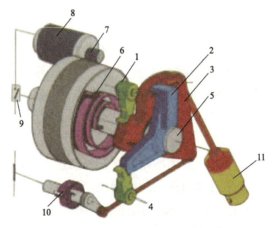

题 3 图：BLK222 机构元件组成

第二节　隔　离　开　关

学习目标

1. 了解隔离开关的分类
2. 了解隔离开关的典型案例分析

知识点

隔离开关是一种主要用于隔离电源、倒闸操作，用以连通和切断小电流电路，无灭弧功能的开关设备。隔离开关在"分"位置时，触头间有符合规定要求的绝缘距离和明显的断开标志；在"合"位置时，能承载正常回路条件下的电流及在规定时间内异常条件（如短路）下的电流的开关设备。一般用作高压隔离开关，即额定电压在 1kV 以上的隔离开关，它本身的工作原理及结构比较简单，但是由于使用量大，工作可靠性要求高，对变电所、电厂的设计、建立和安全运行的影响均较大。隔离开关的主要特点是无灭弧能力，只能在没有负荷电流的情况下分、合电路。

产品型号含义（以常用的 GW 系列隔离开关为例）见图 1-19。

隔离开关按照安装地点的不同，分为户内隔离开关和户外隔离开关。户内隔离开关体积较小，结构简单，安装方便，主要用于 35kV 及以下电压等级。户内隔离开关有单极和三极式，其可动触头装设与支持绝缘的轴垂直，并且大多为线接触，采用手动操作机构，轻型的采用杠杆式手动机构，重型的（额定电流在 3000A 及以上）采用涡轮式手动机构。户内 GN2-10 系列隔离开关如图 1-20 所示。目前，系统内 35kV 及以下户内电力设备均为金属铠装式开关柜，隔离断口都被断路器手车断口取代，在此对户内隔离开关不进行讨论。

户外隔离开关由于工作条件恶劣，绝缘和机械强度要求高，根据支持动静触头的绝缘子数的不同，一般分为双柱式隔离开关、三柱式隔离开关、单柱式隔离开关；按照隔离开关的运动方式，可分为水平旋转、垂直旋转、摆动、插入式；按照操动机构可分为手动、电动、气动、液压式。下面主要对以下几种常见的隔离开关进行介绍。

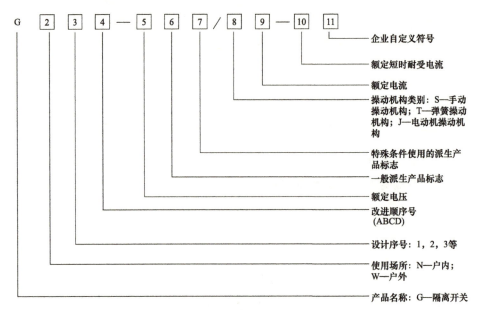

图1-19　GW系列隔离开关产品型号含义

注：如产品基本型号：GW4A-126DW；产品全型号：GW4A-126DW/J1250-31.5。

图1-20　户内GN2-10系列隔离开关

1. 单柱式隔离开关

单柱式隔离开关如图1-21所示。

(a) GW6型隔离开关　　　　　　　　(b) GW11型隔离开关

图1-21　单柱式隔离开关（一）

(c) GW16 型隔离开关　　(d) GW22 型隔离开关

图1-21　单柱式隔离开关（二）

2. 双柱式隔离开关

双柱式隔离开关如图1-22～图1-24所示。

(a) GW4 型隔离开关　　(b) GW5 型隔离开关　　(c) GW12 型隔离开关

(d) GW17 型隔离开关　　　　(e) GW23 型隔离开关

图1-22　双柱式隔离开关

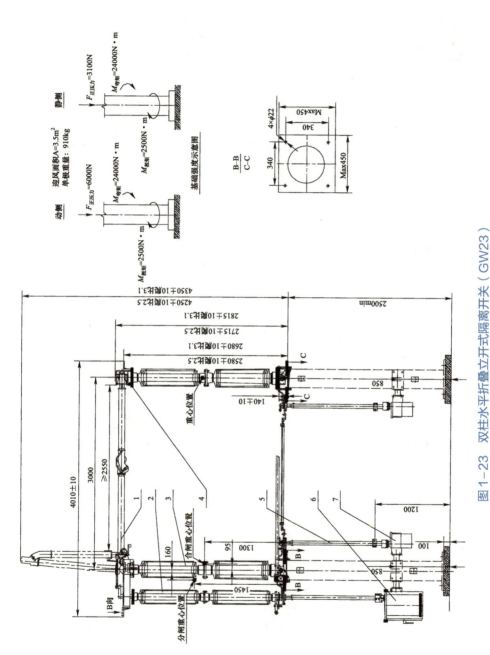

图1-23 双柱水平折叠立开式隔离开关（GW23）

1—上导电；2—操作绝缘子；3—支柱绝缘子；4—静侧触头；5—垂直联杆；6—电动机构；7—手动机构

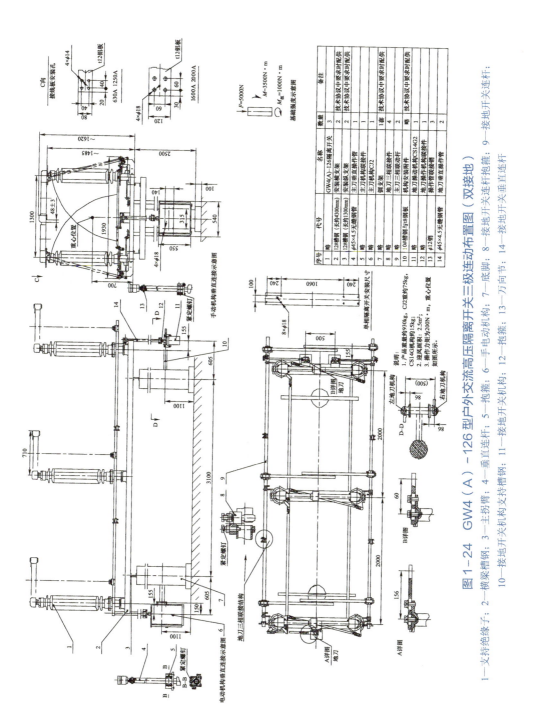

图1-24 GW4（A）-126型户外交流高压隔离开关三极连动布置图（双接地）

1—支持绝缘子；2—横梁槽钢；3—主拐臂；4—垂直连杆；5—抱箍；6—手电动机构；7—底脚；8—接地开关连杆抱箍；9—接地开关连杆；10—接地开关机构支持槽钢；11—接地开关机构；12—抱箍；13—万向节；14—接地开关垂直连杆

3. 三柱式隔离开关（三柱水平开启式）

三柱式隔离开关如图 1-25 和图 1-26 所示。

(a) GW7 型隔离开关　　　　　　　　(b) GN 系列隔离开关

图 1-25　三柱式隔离开关

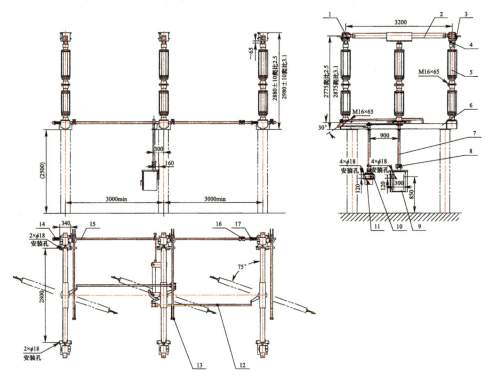

图 1-26　GW7B-252D（G）型户外高压交流隔离开关
三极连动布置图（左接地）

1—左侧静触头；2—导电管；3—右侧静触头；4—调节螺栓；5—绝缘子；6—基座；7—垂直杆；

8—接头（电动机构）；9—电动机构；10—接头（人力机构）；11—人力机构；

12—隔离开关三极联动杆；13—接地开关导电杆；14—接地开关平衡弹簧；

15—接地开关连接管；16—接地开关连接管接头；

17—平衡弹簧定位件

案例分析

案例 1

某变电站 220kV 隔离开关铜编织带普遍存在腐蚀、散股、断裂的情况。铜质软导电带腐蚀散股见图 1-27，转动触指盘老化脱落见图 1-28。

图 1-27　铜质软导电带腐蚀散股　　　图 1-28　转动触指盘老化脱落

《十八项反措》条文 12.3.1.4 规定，上下导电臂之间的中间接头、导电臂与导电底座之间应采用叠片式软导电带连接，叠片式铝制软导电带应有不锈钢片保护。

案例 2

某变电站隔离开关合闸后，后台和机构均已显示隔离开关合闸到位，但导电底座拐臂未过死点，动触指与静触头之间存在间隙，导致触头发热烧损，如图 1-29 所示，使隔离开关未过死点，无法可靠地保持于合闸位置及触头间接触压力不足。

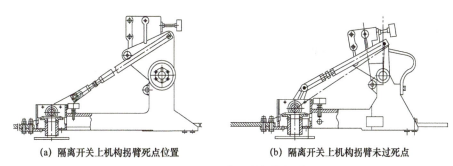

(a) 隔离开关上机构拐臂死点位置　　　(b) 隔离开关上机构拐臂未过死点

图 1-29　隔离开关机构拐臂

图1-30 死点指示装置

GW6 型隔离开关原采用蜗杆齿轮啮合的无死点设计，检修时应加强检查。采用密封传动箱结构，无法观测到拐臂合闸过死点情况的，可设置过死点指示装置，如图1-30 所示。

《十八项反措》条文 12.3.1.7 规定，隔离开关应具备防止自动分闸的结构设计。

《十八项反措》条文 12.3.3.2 规定，合闸操作时，应确保合闸到位，伸缩式隔离开关应检查驱动拐臂过"死点"。

案例3

某变电站双柱水平（含 V 形）旋转式隔离开关，伞齿传动箱内易进鸟筑巢，造成齿轮卡涩，如图 1-31 所示。

图1-31 传动箱内有鸟巢导致设备卡涩拒动

《十八项反措》条文 12.3.1.9 规定，隔离开关、接地开关导电臂及底座等位置应采取能防止鸟类筑巢的结构。

案例4

某变电站 220kV 隔离开关在操作过程中，绝缘子与上法兰连接处发生断裂，如图 1-32 所示。

《十八项反措》条文 12.3.1.10 规定，瓷绝缘子应采用高强瓷。瓷绝缘子金属附件应采用上砂水泥胶装（压花改上砂水泥胶装）。瓷绝缘子出厂前，应在绝缘子金属法兰与瓷件的胶装部位涂以性能良好的防水密封胶。瓷绝缘子出厂前应逐只无损探伤。

图 1-32 隔离开关在操作过程中绝缘子与法兰连接处断裂

案例 5

某 110kV 线路侧隔离开关主刀与接地开关间闭锁板安装不牢固，导致闭锁时机械强度不够，闭锁板与所连接部位发生位移甚至脱落，如图 1-33 所示。

图 1-33 隔离开关闭锁板脱落

《十八项反措》条文 12.3.1.11 规定，隔离开关与其所配装的接地开关之间应有可靠的机械联锁，机械联锁应有足够的强度。发生电动或手动误操作时，设备应可靠联锁。

📝 习　题

1. 简答：某变电站 220kV 隔离开关铜编织带普遍存在腐蚀、散股、断裂的情况，如下图所示，根据现象分析原因，并说明违反哪条反措条文？

题 1 图：铜质软导电带腐蚀散股　　　　　题 1 图：转动触指盘老化脱落

2. 某变电站隔离开关合闸后，后台和机构均已显示隔离开关合闸到位，但导电底座拐臂未过死点，动触指与静触头之间存在间隙，导致触头间拉弧烧损，如下图所示，根据现象说明问题，并说明违反哪条反措条文？

题 2 图：驱动拐臂未过死点导致触头钳夹未夹紧

第三节　开　关　柜

📋 学习目标

1. 了解开关柜的分类、典型开关柜的结构及"五防"功能

2. 通过案例分析，掌握开关柜的常见异常及故障处理

知 识 点

开关柜是金属封闭开关设备的俗称，按照《3.6kV～40.5kV 交流金属封闭开关设备和控制设备》（GB/T 3906）的定义，金属封闭开关设备是指除进出线外，完全被金属外壳包住的开关设备。开关柜主要用于发电厂、变电所、中小型发电机送电、工矿企事业单位配电以及大型高压电动机起动等，用于接受和分配电能，并对电路实行控制、保护及监测。当系统正常运行时，能切断和接通线路及各种电气设备的空载和负载电流；当系统发生故障时，能和继电保护配合迅速切除故障电流，以防止扩大事故范围。

一、开关柜的分类

开关柜按不同的分类标准可分为不同类别的各种开关柜，如表 1–2 所示。

表1–2　　　　　　　　　　　　开 关 柜 的 分 类

分类标准	具体类别	设备简介
产品名称	铠装式交流金属封闭开关设备	某些组成部件分别装在接地的、用金属隔板隔开的隔室中的金属封闭式开关设备
	间隔式交流金属封闭式开关设备	间隔式与铠装式一样，某些元件也分设在单独隔室内，但具有一个或多个非金属隔板
	箱式交流金属封闭式开关设备	除铠装式、间隔式以外的金属封闭开关设备
结构特性	固定式	断路器均采用固定安装方式。这种固定式开关柜运行可靠，简单经济但维护检修不方便。如 XGN2–12、GG–1A 等
	移开式	柜内的主要电器元件（如断路器）是安装在可抽出的手车上的，由于手车柜有很好的互换性，因此可以大大提高供电的可靠性，常用的手车类型有：断路器手车、TV 手车、计量手车、隔离手车等。主要有 KYN 系列和 JYN 系列等
作用	进线柜	主变压器间隔等
	馈线柜	出线间隔等
	电压互感器柜	电压互感器手车间隔
	高压电容器柜	电容器开关间隔
	电能计量柜	计量柜
	高压环网柜	高压环网柜
	母线分段柜	分段断路器、分段隔离手车间隔

分类标准	具体类别	设备简介
断路器的置放位置	落地式	落地式开关柜断路器手车本身落地，可直接推入柜内，落地式断路器互换性较差，柜体一般较宽，而窄型柜相间和对地都需要加装绝缘隔板，场强集中部位的绝缘隔板发热，加速绝缘老化
	中置式	中置式开关柜手车装于开关柜中部，手车的装卸需要手车架，但断路器小巧，互换性强，进出柜体轻便，受地坪平整度影响小，运行维护方便
绝缘介质	普通开关柜	以空气为绝缘介质
	充气柜	采用低气压的 SF_6、N_2 或混合气体（一般为 0.02～0.05MPa）作为开关设备的绝缘介质，用真空或 SF_6 为灭弧介质，将母线、断路器、隔离开关等集中密闭在箱体中，具有结构紧凑、操作灵敏、联锁安稳等特征，特别适用于环境恶劣的场所

开关柜的型号及含义见图 1-34。

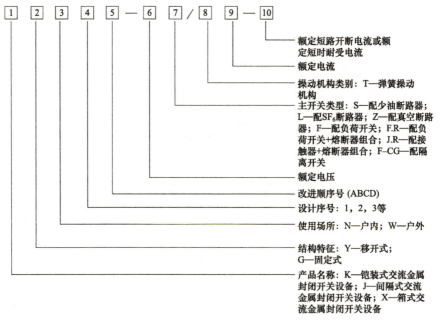

图 1-34　开关柜的型号及含义

注：如产品基本型号：KYN28-12；产品全型号：KYN28-12/T1250-31.5。

二、开关柜的基本结构

不同类型的开关柜，其内部的基本结构也有不同，下文主要以变电站目前常用的 KYN 系列高压开关柜为例介绍柜体的基本结构。

KYN 系列高压开关柜由固定的柜体和可移开部件两大部分组成。根据柜内电气设备的功能，柜体用隔板分成四个不同的功能单元，即断路器隔室、母线隔室、电缆隔室和仪表隔室。柜体的外壳和各功能单元之间的隔板均采用敷铝锌板弯折而成。其可移开部件包括断路器、避雷器、互感器和隔离手车等。开关柜的柜门关闭时防护等级应达到 IP4X 以上，柜门打开时防护等级达到 IP2X 以上。从结构上考虑了开关柜内部故障电弧的影响，并根据有关标准的规定进行了严格的引弧试验，能有效地保证操作人员和设备的安全。

其手车由底盘和断路器本体组成，推进机构安装在底盘内部。底盘两侧面各装有 2 个轮子，内装滚针轴承，使得手车在推进、拉出时轻便灵活。手车分为断路器手车、隔离手车、电压互感器手车、接地手车等。

当设备损坏或检修时可以随时拉出手车，再推入同类型备用手车，即可恢复供电，因此具有检修方便、安全、供电可靠性高等优点。

KYN 系列高压开关柜结构如图 1–35 所示。

（一）断路器隔室

1. 断路器隔室基本结构及原理

断路器隔室位于仪表隔室正下方，断路器隔室两侧安装了高强度轨道，供手车在柜内由隔离位置/试验位置移动滑行至工作位置。当手车从隔离位置/试验位置移动到工作位置的过程中，上、下静触头盒上的活门与手动联动，自动打开；当反方向移动时，活门则自动闭合，直至手车退至一定位置完全覆盖住静触头盒，形成有效隔离。同时由上、下活门联动，在检修时，可锁定带电侧的活门，从而保证检修维护人员不触及带电体。在断路器室门关闭时，手车同样能被操作。通过门上观察窗，可以观察隔室内手车所处位置，开关分、合指示，储能状况指示等。断路器隔室面板见图 1–36，断路器手车车体见图 1–37。

2. 断路器本体基本结构及原理

开关柜内断路器按灭弧介质一般分为真空断路器、SF_6 断路器，其中真空断路器在需进行频繁操作或需要开断短路电流的场合下具有极为优良的性能，因此使用最为广泛。真空断路器一般又分为可抽取式和固定式两种设计，可抽取式维护、检修方便，因此使用较为广泛。下文以可抽取式真空断路器为例介绍断路器基本结构及原理。GVSQ1–12 户内高压真空断路器结构见图 1–38。

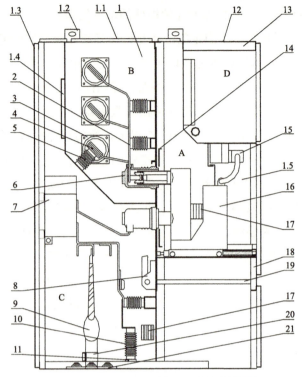

图 1-35　KYN 系列高压开关柜结构图

1—外壳；1.1—泄压盖板；1.2—吊装板；1.3—后封板；1.4—母线隔室后封板；1.5—控制线槽；2—分支母线；

3—母线绝缘套管；4—主母线；5—支持绝缘子；6——次静触头盒；7—电流互感器；8—接地开关；

9—电缆；10—避雷器；11—接地主母线；12—小母线顶盖板；13—小母线端子；14—活门；

15—二次插头；16—断路器（或 F—C）手车；17—加热器；18—可抽出式水平隔板；

19—接地开关操作机构；20—电缆夹；21—电缆盖板；A—断路器室；

B—母线隔室；C—电缆终端联接室；D—继电器仪表室

图 1-36　断路器隔室面板

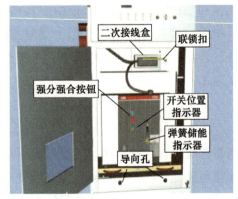

图 1-37　断路器手车车体

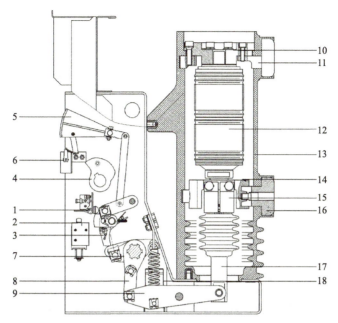

图1-38 GVSQ1-12户内高压真空断路器结构

1—脱扣半轴；2—分闸电磁铁；3—合闸保持掣子；4—凸轮；5—分合指示牌；6—计数器；7—主轴传动拐臂；
8—传动连板；9—传动拐臂；10—上支架；11—上出线座；12—真空灭弧室；13—绝缘筒；
14—下支架；15—软连接；16—下出线座；17—绝缘拉杆；18—油缓冲

真空断路器真空灭弧室是断路器完成承载、关合和开断电流功能的核心元件。断路器灭弧室绝缘外壳一般由陶瓷材料构成；灭弧室内层为金属屏蔽罩，在触头开合过程中电弧产生的金属蒸汽短时间内复合或凝聚在屏蔽罩，使灭弧室绝缘介质强度迅速恢复；可伸缩不锈钢波纹管使得动触头在完全密封的真空灭弧室内运动，其寿命和密封性能是决定真空灭弧室机械寿命的主要因素之一；GVSQ1-12及VD4真空断路器均采用铜铬合金的触头材料，保证断路器的开断能力和电气寿命，降低操作过电压水平。

GVSQ1-12及VD4真空断路器极柱直接安装在操动机构外壳上，固封极柱采用了环氧树脂浇注工艺，将断路器的主回路系统整体浇注在环氧树脂内，极大地提高了断路器的外绝缘水平，装有浇注式极柱的断路器杜绝了相间闪络和灭弧室沿面闪络的可能。

真空断路器操动机构采用模块化操动机构，具有手动和电动储能功能。操动机构由合闸模块、分闸模块、箱体和主轴模块及二次线路模块组成。极柱与操动机构前后布置成一体的形式，使传动环节简化，机构的输出特性更符合断路器要求的负载特性，降低了能耗、提高了机械可靠性。可抽取式VD4-40.5操作机构侧视图见图1-39，极柱侧视图见图1-40。

图1-39　可抽取式VD4-40.5
断路器手车侧视图

图1-40　可抽取式VD4-40.5极柱侧视图

1—前隔板；2—上触臂触指；3—浇注式极柱；
4—下触臂触指；5—接地触头夹；6—滚轮

（二）母线隔室

母线隔室布置在开关柜的背面上部，作为安装布置三相高压交流母线及通过支路母线实现与静触头连接之用。母线隔室主要包括主母线、分支母线以及母线连接的相关设备，见图1-41。主母线分段贯穿于相邻的间距，由分支母线及垂直隔板和套管支撑。主母线根据额定电流的大小采用单根或双根的铜质或铝质的矩形固体绝缘母线，主母线采用圆角母排，按柜宽尺寸分段安装。分支母线采用固定绝缘母线，其连接处罩有绝缘罩。支持绝缘子起固定分支母线的作用。相邻开关柜之间通过套管及隔板达到相互隔离从而限制事故蔓延。

（三）电缆隔室

电缆隔室位于断路器隔室和母线隔室的下部，可安装电流互感器、电压互感器、接地开关、避雷器以及电缆、连接铜牌等，见图1-42。

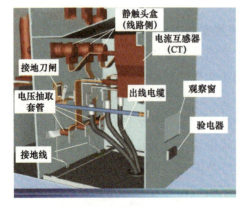

图1-41　母线隔室示意图

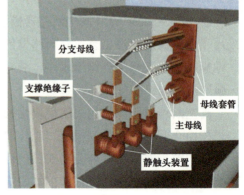

图1-42　电缆隔室示意图

（四）仪表隔室

继电器仪表隔室的面板及室内装有保护元件、仪表、带电显示器、操作开关以及特殊要求的二次设备，见图1-43。控制线路敷设在有足够空间的线槽内，并有金属盖板，使二次线与高压室隔离。

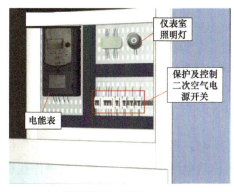

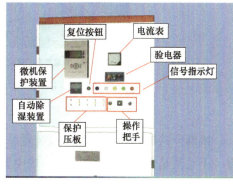

(a) 继电器仪表隔室面板   (b) 继电器仪表隔室室内

图1-43 继电器仪表隔室

三、开关柜的"五防"功能

开关柜具有可靠的机械联锁及电气联锁装置，保证操作人员的人身安全与设备安全。

1. 防止带负荷误拉、误合隔离手车

当断路器在合闸状态时，断路器手车将锁死在"工作"或"试验"位置，不允许移动。底盘车位置与断路器状态见图1-44。

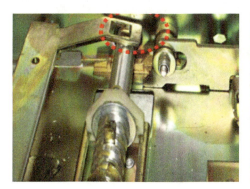

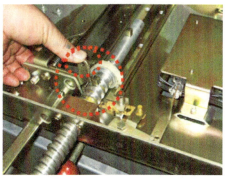

(a) 底盘车在"试验"位置，断路器在合位   (b) 底盘车在"工作"位置，断路器在合位

图1-44 底盘车位置与断路器状态（一）

(c) 底盘车在"试验"位置，断路器在分位

图1−44 底盘车位置与断路器状态（二）

2. 防止带电合接地开关

接地开关操作孔及底盘联锁装置见图1−45，当断路器手车处于"工作"位置（不论其是否处于合闸状态），或中置柜出线电缆带电时，接地开关操作孔小活门无法打开，不允许合接地开关。

采用电气强制连锁。只有当接地开关下侧电缆不带电时，接地开关才能合闸。安装强制闭锁型带电指示器，接地开关安装闭锁电磁铁，将带电指示器的辅助触点接入接地开关闭锁电磁铁回路，带电指示器检测到电缆带电后闭锁接地开关合闸，接地开关电缆门连锁见图1−46。

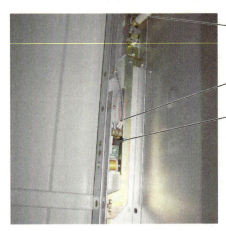

接地开关
操作杆

接地开关
操作档舌
连锁

接地开关
出线带电
闭锁电磁

图1−45 接地开关操作孔及
底盘联锁装置

图1−46 接地开关电缆门连锁

3. 防止接地开关合上时送电

当中置柜内接地开关处于合闸位置时，不允许直接将断路器手车推到工作位置并进行合闸操作。同时，在断路器手车处于中间位置时，接地开关操作孔小活门无法打开，不允许合接地开关。接地库管道轨连锁装置见图1-47。

 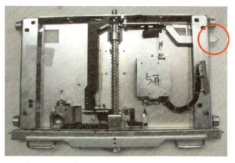

图1-47　接地开关道轨联锁装置

4. 防止误入带电间隔

（1）断路器室门上的开门把手只有用专用钥匙才能开启（见图1-48）。

（2）断路器手车拉出后，手车室活门自动关上，隔离高压带电部分。

（3）活门与手车机械连锁：手车摇进时，手车驱动器推动后并压住手车左右活门传动滚轮，带动活门与导轨连接杆使活门开启；手车摇出时，手车驱动器与活门传动滚轮脱离后，在活门自重下关闭。断路器室动静触头活动挡板如图1-49所示。

图1-48　开门把手　　　　　图1-49　断路器室动静触头活动挡板

（4）开关柜后封板采用内五角螺栓锁定，只能用专用工具才能开启。

（5）实现接地开关与电缆室门板的机械连锁。在线路侧无电且手车处于"试验"位置（检修位置）时才能合上接地开关，门板上的挂钩解锁，此时可打开电缆室门板。

（6）检修后电缆室门板未盖时，接地开关传动杆被卡住，使接地开关无法分闸，接地开关与电缆隔室门板闭锁关系见图 1−50。

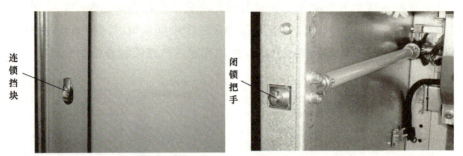

（a）接地开关未合闸时后门打不开　　　　（b）后门接地连锁机构，后门未关时，接地开关无法分闸

图 1−50　接地开关与电缆隔室门板闭锁关系

5. 防止误分、误合断路器

实现此功能，主要通过在断路器分合闸操作把手及远近控开关上加装钥匙开关功能，钥匙使用及保管纳入运行操作规范中进行管理，同时，要求一把钥匙配一把锁，不得互换，通过上述要求，实现防止误分、误合断路器功能。

断路器手车还配置以下几种典型的电气闭锁功能：

（1）断路器在分断状态，在该回路上的邻柜隔离手车或电流互感器手车才能摇动。

（2）隔离手车或电流互感器手车在"工作"位置时，在该回路的邻柜，断路器才能合闸。

（3）母线带电时，隔离手车或电流互感器手车不能拉出推进（如有）。

（4）母线带电时，母线接地开关不能操作（如有）。

案例分析

案例 1

某 35kV 变电站在验收过程中发现，10kV 开关柜现场设备与型式试验报告中断路器舱门板的结果不一致，如图 1−51 所示。现场 10kV 开关柜柜门铰链严重减配，型式试验中断路器室门为 4 个铰链以及 4 个螺栓，现场仅 3 个，同时，现场的门板无加强筋，门关闭后整体强度降低。

《十八项反措》条文 12.4.1.5 规定，开关柜各高压隔室均应设有泄压通道或压力释放装置。当开关柜内产生内部故障电弧时，压力释放装置应能可靠打开，压力释放方向应避开巡视通道和其他设备。

(a) 型式试验报告设备

(b) 开关柜现场设备

图 1-51　现场开关柜与型式试验报告不一致

案例 2

2010 年，在更换某变电站 10kV 母线电压互感器时，工作人员误碰带电的母线避雷器造成多名人员伤亡。经检查发现由于电压互感器和避雷器同处一个隔室，而避雷器直接接在母线上（见图 1-52），电压互感器经隔离手车与母线连接。隔离手车退出后，工作人员误认为电压互感器与避雷器均不带电，造成误碰带电部位。

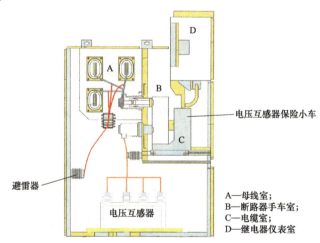

图 1-52　避雷器与母线直接连接

《十八项反措》条文 12.4.1.6 规定，开关柜内避雷器、电压互感器等设备应经隔离开关（或隔离手车）与母线相连，严禁与母线直接连接。开关柜门模拟显示图必须与其内部接线一致，开关柜可触及隔室、不可触及隔室、活门和机构等关键部位在出厂时应设置明显的安全警示标识，并加以文字说明。柜内隔离活门、静触头盒固定板应采用金属材质并可靠接地，与带电部位满足空气绝缘净距离要求。

案例3

某10kV变电站10kV高压室电缆孔洞封堵不严，10kV母线分段柜母线室二次电缆孔洞均未封堵（见图1-53），老鼠从室外沿电缆通道通过开关柜未封堵孔洞钻入母线分段柜母线室，造成母线接地短路。

(a) 未封堵完善电缆通道　　(b) 未封堵开关柜电缆室

图1-53　未封堵完善的电缆通道及开关柜电缆室

《十八项反措》条文12.4.1.8规定，开关柜间连通部位应采取有效的封堵隔离措施，防止开关柜火灾蔓延。

习 题

1. 简答：开关柜按照结构特征可以分为哪些类型？按照断路器放置位置可以分为哪些类型？

2. 简答：根据KYN系列高压开关柜结构如图分别标注各部件、仓室名称？

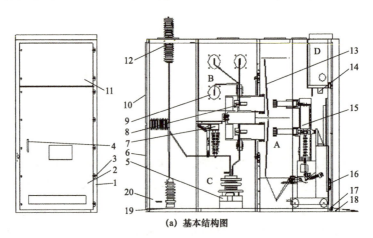

(a) 基本结构图

题2图：KYN系列高压开关柜结构图（一）

42

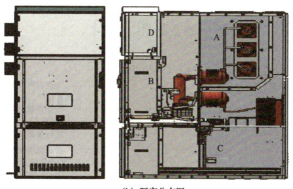

(b) 隔室分布图

题 2 图：KYN 系列高压开关柜结构图（二）

3. 简答：如何验证防止接地开关合上时送电？

第四节　气体绝缘全封闭式组合电器

学习目标

1. 了解 GIS 的结构、布置型式及原理
2. 掌握 GIS 的常见异常及典型案例分析

知 识 点

　　组合电器是指将两种或两种以上的电器，按接线要求组成一个整体而各电器仍保持原性能的装置，具有结构紧凑、外形及安装尺寸小、使用方便等优点，且各电器的性能可更好地协调配合。组合电器按电压高低可分为低压组合电器及高压组合电器。

　　常见的低压组合电器有熔断式刀开关、电磁起动器、综合起动器等。低压组合电器使用方便，可使系统大为简化。如在工业电力拖动自动控制系统的电动机支路中，只需使用一台由接触器、断路器（或熔断器）和热继电器等组合而成的低压电器，即具备远距离控制电动机频繁起动、停止及各种保护和控制的功能。

一、组合电器的型号及含义（见图1-54）

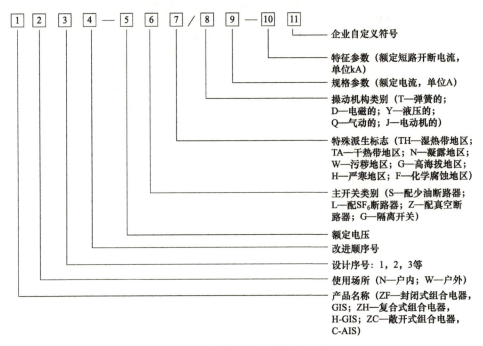

图1-54　组合电器的型号及含义

二、组合电器的分类

高压组合电器按绝缘结构分为敞开式及全封闭式两种。前者以隔离开关或断路器为主体，将电流互感器、电压互感器、电缆头等元件与之共同组合而成；后者是将各组成元件的高压带电部位密封于接地金属外壳内，壳内充以绝缘性能良好的气体、油或固体绝缘介质，各组成元件（一般包括断路器、隔离开关、接地开关、电压互感器、电流互感器、母线、避雷器、电缆终端等）按接线要求，依次连接和组成一个整体。20世纪60年代出现的六氟化硫（SF_6）全封闭电器具有安装体积小、安全性能好、可靠性高、检修周期长等特点，因此发展迅速。

目前电力系统中常用的组合电器指气体绝缘全封闭组合电器（gas insulated switchgear，GIS），由断路器、隔离开关、接地开关、互感器（TV及TA）、避雷器、连接母线和出线终端等组成。这些设备或部件全封闭在金属接地的外壳中，在其内部充有一定压力的SF_6绝缘气体，故也称SF_6全封闭组合电器。与常

规的敞开式高压电气设备的变电站相比，GIS 有以下优缺点：① 占地面积及体积小；② 维护周期长，或者不需要检修；③受环境影响小，可用于湿热、污秽、高寒地区等严酷环境条件；④ 可靠性高，安全性强；⑤ 配置灵活，安装方便；⑥ 制造困难，价格贵。室内高压 GIS 现场典型布置、室内高压 H-GIS 基本结构、室内高压 GIS 基本元件分别见图 1-55～图 1-57。

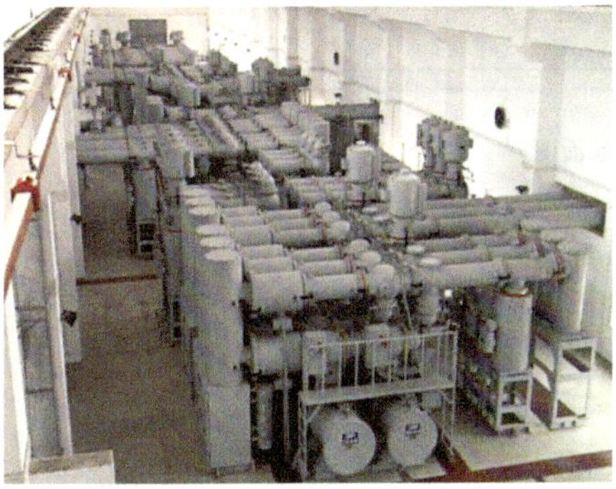

图 1-55　室内高压 GIS 现场典型布置

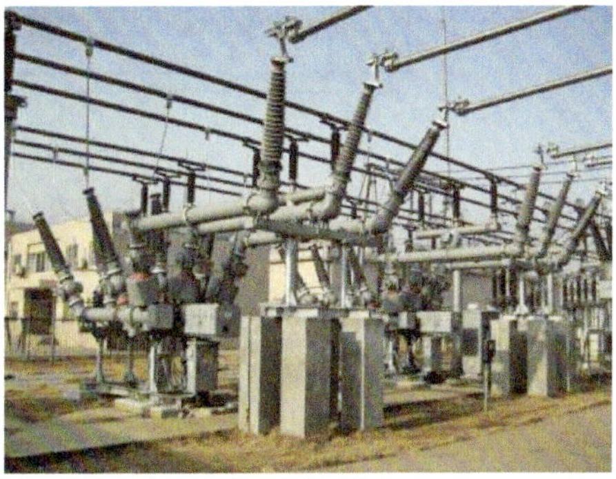

图 1-56　室内高压 H-GIS 基本结构

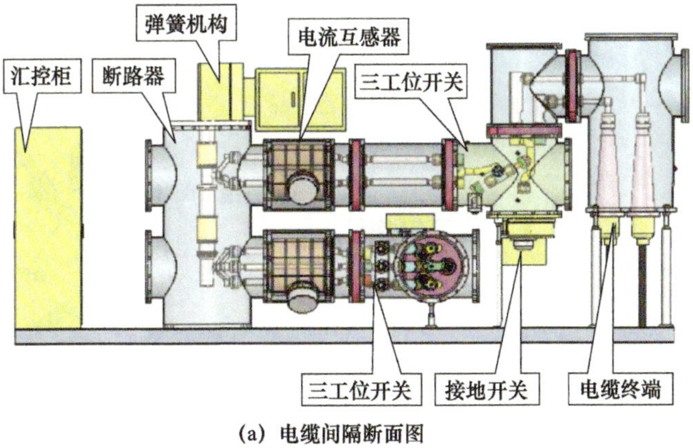

(a) 电缆间隔断面图

图 1-57　室外三相共体式高压 GIS 基本元件（一）

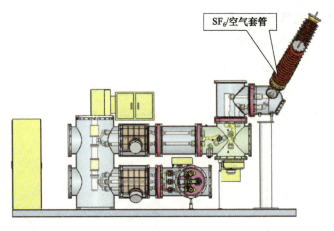

(b) 架空间隔断面图

图 1-57 室外三相共体式高压 GIS 基本元件 (二)

三、GIS结构、布置型式及原理

(一) GIS 基本结构

GIS 一般由实现各种不同功能的单元组成，即间隔，主要有进（出）线间隔、母联（母线分段）间隔、计量保护间隔（电压互感器）等。GIS 的气体系统可以分为若干气室。一般断路器气室压力高，气室内安装电流互感器；主母线、电压互感器、避雷器分别为独立的气室，其他元件根据工程确定气室划分。各气室分别由相应的密度控制器检测气体。典型 GIS 结构见图 1-58。

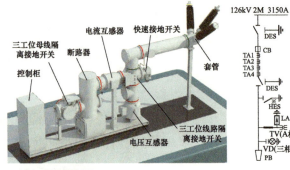

(a) 三相共筒式GIS

图 1-58 典型 GIS 结构 (一)

(b) 单相分体式GIS

图 1-58　典型 GIS 结构（二）

（二）GIS 布置型式

2010 年以前，220kV GIS 主要有两种布置形式：① 卧式布置，特点是三相断路器位于水平面最底部，往上沿高度方向扩展结构；② 立式布置，特点是三相断路器立式布置，沿水平方向扩展结构。2010 年以后，随着 220kV GIS 大量广泛的应用，在汲取这两种传统布置形式各自优点，克服其缺点基础上，又出现一些新的布置形式。

2010 以后，根据国网公司合理设置异物陷阱区，盆式绝缘子布置型式不宜水平布置等新要求，国内 GIS 厂家研发了断路器与母线立式平行布置、双母线隔离开关并联连接的结构形式。实现了断路器、隔离开关、接地开关等运动部件气室下部没有水平盆式绝缘子，间隔内水平绝缘数量最少；同时间隔易扩展、易维护。

1. 断路器卧式布置

（1）双母中心线与断路器垂直见图 1-59。

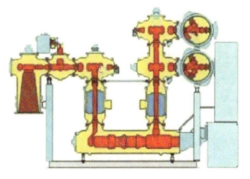

图 1-59　双母中心线与断路器垂直布置（一）

图1-59 双母中心线与断路器垂直布置（二）

（2）双母线中心线与断路器45°布置见图1-60。

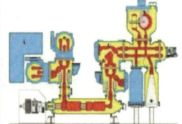

图1-60 双母线中心线与断路器45°布置

（3）双母线中心线与断路器平行布置见图1-61。

图1-61 双母线中心线与断路器平行布置（一）

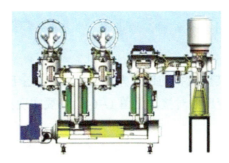

图1-61　双母线中心线与断路器平行布置（二）

2. 断路器立式布置

（1）双母线中心线与断路器垂直布置见图1-62。

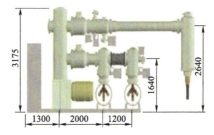

图1-62　双母线中心线与断路器垂直布置

（2）双母线中心线与断路器平行布置见图1-63。

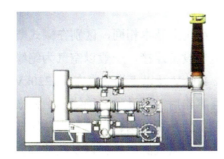
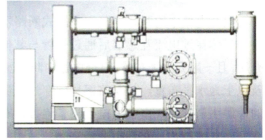

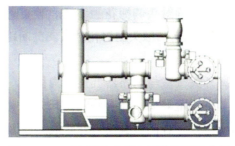

图1-63　双母线中心线与断路器平行布置

（三）GIS 单元、主部件结构及原理

1. 出线方式

出线方式按照与其他设备的连接方式可以分为架空出线方式、电缆出线方式、出线气室直接与变压器对接，见图 1-64，主要实现高压导体在不同介质中连接及电能的传输。

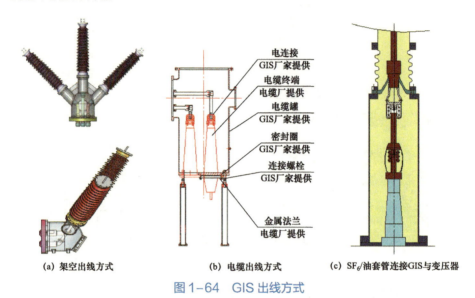

(a) 架空出线方式　　　(b) 电缆出线方式　　　(c) SF₆/油套管连接GIS与变压器

图 1-64　GIS 出线方式

2. 组合电器断路器

组合电器中的断路器气室与罐式断路器在结构上基本相同，区别在罐式断路器导体穿过电流互感器后通过套管与其他电气设备连接，一般以空气为绝缘介质，且一般为水平布置；组合电器中断路器在 110kV 及以下为竖直布置，220kV 及以上为水平布置，且断路器导体穿过电流互感器后，通过盆式绝缘子上镶嵌的静触头与其他气室中的电气设备连接，有独立的外置机构。灭弧室为单压式变开距双喷结构，它是由静触头和动触头、喷口、压气缸、拉杆以及其他部件组成。在合闸位置，电流从静触头侧梅花触头经静触头座、静触头、动触头、压气缸、中间触指和支持件流向动触头侧梅花触头。SF₆断路器灭弧室见图 1-65。

3. 隔离（接地）开关

组合电器中的隔离开关气室与断路器气室结构相似，但不同的是断路器是单独的封闭气室，与其他气室隔离，而有些隔离开关气室与其他气室联通，机构也是独立外置，由于其分、合闸装置没有开断能力，因此，与断路器、隔离开关及接地开关之间必须具有联锁。三工位开关结构紧凑，可实现导通、隔离、

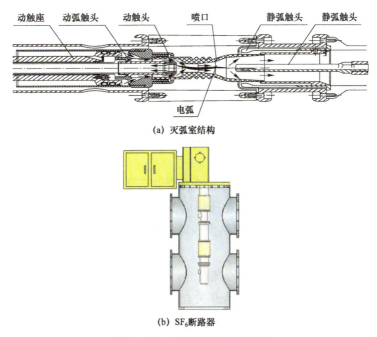

(a) 灭弧室结构

(b) SF$_6$断路器

图 1-65 SF$_6$断路器灭弧室

接地三种工况，三相共用一台操作机构，具有开合母线转换电流的能力。三工位开关配用电动操动机构，机构包括两台驱动电机，通过电机的正反转驱动丝杠转动，丝杠带动驱动螺母做直线运动，驱动螺母通过销轴推动输出轴转动，经齿轮、齿条的转换，实现动触头在导通↔隔离↔接地间的往复运动。GIS 所采用的隔离开关一般与接地开关组成一个元件，目前设计生产的接地开关很少单独构成一个元件。GIS 隔离开关内部结构见图 1-66。

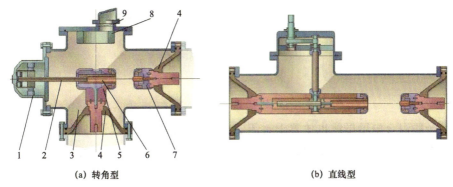

(a) 转角型　　　　　　　　　　　(b) 直线型

图 1-66 GIS 隔离开关内部结构

1—操动系统；2—绝缘拉杆；3—SF$_6$绝缘气体；4—盆式绝缘子；5—主静触头；
6—动触头；7—接地开关静触头；8—吸附剂；9—防爆膜

4. （快速）接地开关

为保证检修安全，在断路器的两侧和母线等处，都应安装手动或电动的接地开关，快速接地开关的作用相当于接地短路，可以就地和远方控制。快速接地具有关合短路电流的能力，及开合感应电流的能力。需要装设快速接地开关的地点主要有以下三点：

（1）停电回路的最先接地点。用来防止可能出现的带电误合接地造成组合电器的损坏。

（2）利用快速接地开关来短路组合电器内部的电弧，防止事故扩大，一般为分相操作，投入时间不小于接地飞弧后1s。

（3）利用快速接地开关来短路出线释放线路中的剩余电荷，与继电保护配合，实现断路器重合闸。

装在壳体中的动触头通过密封轴、拐臂和连接机构相连，壳体采用转动密封方式和外界环境隔绝，当该接地开关合闸时，其接地通路是静触头、动触头、壳体及接地端子。接地开关壳体与GIS壳体之间具有绝缘隔板，拆开接地线后，可用于主回路电阻的测量，断路器电气、机械特性的检测。

GIS接地开关内部结构件图1-67。

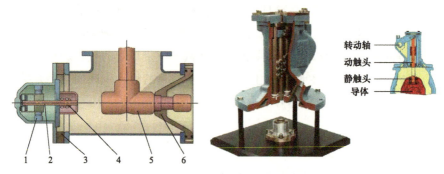

图1-67 GIS接地开关内部结构

1—操作系统；2—动触头；3—绝缘件；4—接地开关静触头；5—主静触头；6—盆式绝缘子

5. 母线

一般组合电器母线也放置于封闭的金属筒内，与敞开式设备母线功能一致，都是汇集及分配电能的作用，母线敞开式外置的称为HGIS。GIS母线采用单相或三相共箱式结构，导体连接采用表带触指、梅花触头，见图1-68。壳体材料采用不锈钢部件及铸铝壳体等非导磁材料，三相共箱式结构可避免磁滞和涡流循环引起的发热，采用主母线落地布置结构，降低了开关设备高度，缩小了开关设备占地面积，在适当位置布置金属波纹管。

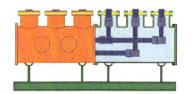

(a) GIS 三相共筒式母线结构

(b) GIS 母线静触头表带　　　　　　　(c) 梅花触指结构

图 1-68　GIS 母线

6. 盆式绝缘子

为实现组合电器中导体对地及相间绝缘，导体一般依靠盆式绝缘子进行支撑及对地绝缘。盆式绝缘子（及支持绝缘子）是用环氧树脂制成，具有发生短路故障时产生的电磁力，能够保持导体与外壳的安全净距的强度。母线、电压互感器盆式绝缘子结构图见图 1-69。

盆式绝缘子作用包括：① 固定母线从而达到气室穿越，应具有足够的机械强度；② 起到母线对地绝缘的作用，必须有可靠绝缘水平；③ 起密封作用，要求绝缘足够的气密性和承受压力的能力（见图 1-70 和图 1-71）。

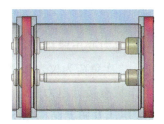

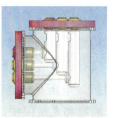

(a) 母线盆式绝缘子

图 1-69　盆式绝缘子结构图（一）

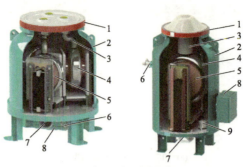

(b) 电压互感器盆式绝缘子

图1-69 盆式绝缘子结构图（二）

1—环氧浇筑绝缘子；2—铝焊接/铸造壳体；3—导电管；4—高压屏蔽罩；5—电磁单元；
6—充气阀门；7—防爆装置；8—二次端子盒；9—分子筛

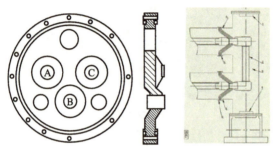

图1-70 气室连通盆式绝缘子结构示意图

图1-71 气室隔断盆式
绝缘子结构示意图

7. 电流互感器

组合电器中电感式电流互感器作用及原料与敞开式一致，都是通过电磁感应使二次侧测得一次电流，结构上一般为二次线圈先缠绕在环形铁芯上，环形包裹住一次导体，中间通过不同介质绝缘。组合电器二次线圈为环氧浇注，再通过 SF_6 气体与一次导体绝缘。三相共箱式 GIS 电流互感器见图 1-72，通过 SF_6 气体绝缘导体（初级线圈），次级线圈固定在环型铁芯上，电流互感器线圈处于地电位，属于无故障 TA，测量精度高可做到 0.2 级。

8. 电压互感器

电压互感器的构造、原理和接线都与电力变压器相同，差别在于电压互感器的容量小，通常只有几十或几百伏安，二次负荷为仪表和继电器的电压线圈，基本上是恒定高阻抗。电压互感器的工作状态接近电力变压器的空载运行，用于电力系统的电压测量和系统保护，GIS 电压互感器结构见图 1-73。

9. 避雷器

组合电器中的避雷器基本为罐式氧化锌型，封闭式结构，采用 SF_6 气体绝缘，

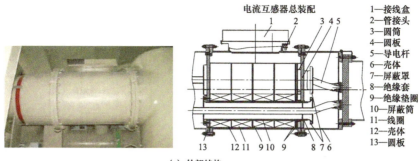

电流互感器总装配

1—接线盒
2—管接头
3—圆筒
4—圆板
5—导电杆
6—壳体
7—屏蔽罩
8—绝缘套
9—绝缘垫圈
10—屏蔽筒
11—线圈
12—壳体
13—圆板

(a) 外部结构

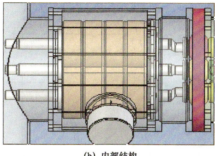

(b) 内部结构

图 1-72　三相共箱式 GIS 电流互感器

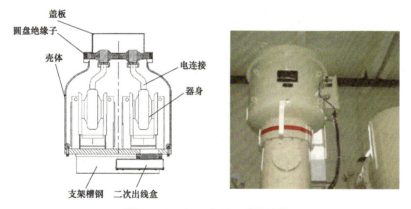

图 1-73　GIS 电压互感器结构

垂直安装。避雷器主要由罐体、盆式绝缘子、安装底座及芯体等部分组成，芯体是由氧化锌电阻片作为主要元件，它具有良好的伏安特性和较大的通流容量。GIS 避雷器结构见图 1-74。

10. 气体监视设备

每个单独的气室设置一个气压监视设备（带输出节点）监视 GIS 设备各气室 SF$_6$ 气体是否泄漏，该监视表带温度补偿功能，读数不受温度影响，显示值为气室相对压力。SF$_6$ 气体监视表见图 1-75，其中绿色区域为正常压力值，黄色

 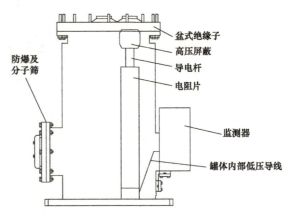

盆式绝缘子
高压屏蔽
导电杆
电阻片
防爆及分子筛
监测器
罐体内部低压导线

图 1-74　GIS 避雷器结构

  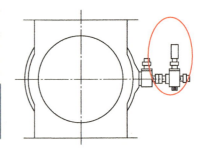

无可关闭阀门

在可关闭阀门

图 1-75　SF$_6$ 气体监视表

区域为告警压力值，红色区域为闭锁压力值。表内注有液体是为避免断路器分合闸操作中的剧烈振动造成损坏。

11. 防爆装置

防爆装置是为防止 SF$_6$ 气体压力过高，超出气室正常可以承受的压力造成气室爆炸而设置，在达到产品危险压力时动作，将高压力气体释放，从而保护气室。GIS 防爆装置见图 1-76。

(a) 装置处于正常状态　　　　(b) 防爆装置动作后　　　　(c) 内部膜破裂状态

图 1-76　GIS 防爆装置

12. 伸缩节

为保证因电流通电引起外壳与地基相对的热胀冷缩，在适当的位置连接上伸缩节，处于伸缩节部位的导体采用插入式镀银的梅花触指，以能对应于外壳的热胀冷缩。伸缩节是通过调整六角螺母和双头螺柱适当增减尺寸，来补偿微量长度误差。GIS 伸缩节见图 1-77。

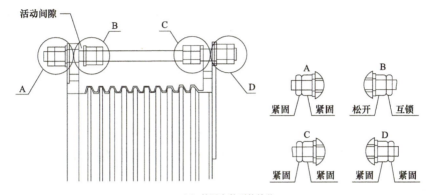

(a) 普通安装型伸缩节

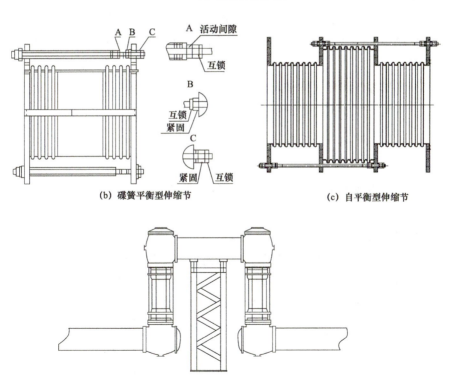

(b) 碟簧平衡型伸缩节　　　　　　(c) 自平衡型伸缩节

(d) 横向补偿型伸缩节

图 1-77　GIS 伸缩节

四、GIS常见异常处理

（一）运行中发生 SF$_6$ 气体微量泄漏的检查处理

1. 现象

在日常巡视检查维护中，发现表计异常、在运行中，"压力异常"光字牌亮、表压下降等，甚至有刺激性嗅味或自感不适等情况（处理泄露异常前根据相关规定做好个人防护）。

2. 处理

（1）记录故障时间并对告警信号进行检查，根据压力表及气路系统确认漏气气室。

（2）对压力表的可靠性进行鉴别，检查压力表阀门有无完全开启，若一个压力表同时监测几个气室，在确认漏气气室后，应即将漏气气室的测量支路方面关闭。

（3）对漏气室进行外表检查，注意有无异声、异味，并记录压力及相应的温度、负荷情况（注意：为以示区别应同时记录正常气室的压力）。

（4）经检漏确认有微量泄漏，一方面汇报调度，另一方面加强监视，增加抄表次数。

（5）查找漏气部分（检修人员实施）。

注："压力异常"也可能是空气、液压压力低发讯。

（二）SF$_6$ 气体压力低闭锁操作

1. 现象

在运行中出现"压力异常""压力闭锁"告警信号。

2. 处理

（1）记录事故发生时间、复归信号。

（2）根据就地控制柜及断路器操作机构箱信号及压力表读数确认漏气气室。

（3）对漏气气室进行外表检查，注意有无异声、异味，并记录压力表读数及相应环境温度及负荷情况（同时记录正常气室的压力以便鉴别）。

（4）在确认漏气气室后，应即将漏气气室的阀门关闭。

（5）拉开断路器操作电源，并将断路器锁定在合闸位置。

（6）将检查结果汇报调度，要求立即进行停电处理。

（7）加强监测。

注意：此时不能拉开回路信号电源。

案例分析

案例 1

某变电站 220kV GIS 设备进行排查中发现伸缩节配置不当导致组合电器支架变形，如图 1-78 所示。GIS 母线端头支架上端与下端偏差约 2cm，220kV 线路 268 开关、2 号主变压器 202 开关 GIS 工字钢架变形测量照片工字钢架与垂直线距离上端与下端相差 0.5cm。

图 1-78 工字型支架变形

《十八项反措》条文 12.2.1.3 规定，生产厂家应在设备投标、资料确认等阶段提供工程伸缩节配置方案，并经业主单位组织审核。方案内容包括伸缩节类型、数量、位置及"伸缩节（状态）伸缩量–环境温度"对应明细表等调整参数。伸缩节配置应满足跨不均匀沉降部位（室外不同基础、室内伸缩缝等）的要求。用于轴向补偿的伸缩节应配备伸缩量计量尺。

案例 2

某 220kV 组合电器在检修中进行主回路电阻测试时，发现 C 相未接地，检查中发现快速接地开关内部 C 相绝缘拉杆断裂，断裂原因是缓冲器卡槽处缺失固定卡圈，分闸缓冲器顶部漏油，内部几乎已无缓冲油，造成缓冲器在操作终了时无法吸收剩余能量，撞击动能过大，使 C 相绝缘拉杆断裂，接地开关合闸操作缺相，如图 1-79 所示。

《十八项反措》条文 12.2.3.2 规定，巡视时，如发现断路器、快速接地开关缓冲器存在漏油现象，应立即安排处理。

图 1-79 缓冲器漏油

习 题

1. 简答：组合电器（GIS）一般由哪些主要元件组成？

2. 简答：根据 GIS 接地开关内部结构图，分别标注各部件名称？

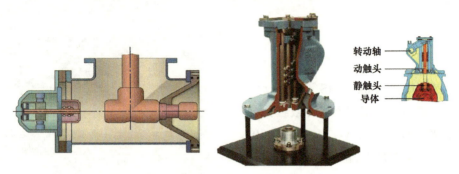

转动轴
动触头
静触头
导体

题 2 图：GIS 接地开关内部结构

3. 简答：组合电器有哪些优缺点？

4. 简答：在日常巡视检查维护中，发现表计异常、在运行中，"压力异常"光字牌亮、表压下降等，甚至有刺激性嗅味或自感不适等情况，如何处理？

5. 简答：根据反措，GIS 穿墙壳体与墙体间应采取哪些防护措施？

第二章

继电保护及自动化系统

第一节　继电保护整定原则及运方安排

📖 学习目标

1. 了解整定计算应遵循的原则
2. 理解电网运行方式变化对整定计算的影响
3. 解读定值单，掌握整定单中各定值项的含义

📋 知识点

一、整定计算遵循的原则

任何电力设备不允许无保护运行，运行中的电力设备，一般应有分别作用于不同断路器，且整定值满足灵敏度系数要求的两套独立的保护装置作为主保护和后备保护。

继电保护的任务是当被保护的电力系统元件发生故障时，应该由元件的保护装置迅速准确地给距离故障元件最近的断路器发出跳闸命令，使故障元件及时从电力系统中隔离，以最大限度地减少对电力元件本身的损害。整定计算是继电保护工作中一项非常重要的内容，针对具体的电力系统，通过网络计算工具进行分析计算，确定配置的各种系统保护的保护方式，得到保护装置的定值。在满足系统的安全稳定运行要求下，电网继电保护的整定应合理，保护方式应简化。

整定计算主要依据是《220kV～750kV 电网继电保护装置运行整定规程》(DL/T 559—2018)和《3kV～110kV 电网继电保护装置运行整定规程》(DL/T 584—2017)，并满足《继电保护和安全自动装置技术规程》(GB/T 14285—2006)中关于继电保护可靠性、速动性、选择性及灵敏性的基本要求，其中可靠性由继电保护装置的合理配置、本身的技术性能和质量以及正常的运行维护来保证，通过继电保护运行整定，实现选择性和灵敏性的要求，并处理运行中对快速切除故障的特殊要求。电力系统中的 220kV 电网短线路较多，环网线路密集，相邻线路之间整定配合困难，随着保护设备性能的提高以及通道可靠性的增加，线路纵联保护的作用愈来愈强化，一般情况下不考虑两套纵联保护同时拒动，在此基础上，某些线路保护后备段的整定按照整定规程的原则，允许部分后备保护不完全配合（指时间上能配合，但保护范围无法配合）。

二、整定计算说明书的内容

变电站或电厂整定计算说明书应包含但不限于以下内容：

（1）调度部门最新发布的相关变电站母线等值阻抗和整定限额单。

（2）整定时考虑的系统方式，厂、站方式，变压器中性点接地方式安排。

（3）继电保护的配置情况描述。

（4）继电保护整定的具体原则，考虑的特殊问题。

（5）系统图、阻抗图、整定配合图、重合闸方式。

（6）本站正常运行安排、存在的问题及运行注意事项。

（7）提供给接口单位的系统综合阻抗、接口定值。

三、整定计算的技术要求

电网继电保护的整定应满足速动性、选择性和灵敏性要求，整定计算时要全面考虑。如对于变电站的母线，母线差动保护是其主保护，变压器或线路后备保护是其后备保护，母线差动保护停用时，则必须由对母线故障有灵敏度的变压器后备保护或上级线路后备保护充任母线的主保护及后备保护。以 220kV 双端电源联络线为例，线路定值单上要求每套保护做好几个定值区，值班员按调度命令在不同运行条件下切换。如根据《电力系统安全稳定导则》(GB 38755—2019)的基本要求，当主网 220kV 线路、母线主保护停用时，发生单相永久接地故障，应采取措施保证电力系统稳定运行。继电保护整定中采用的措施是，在线路保护中预留好一个备用定值区，满足全线相间故障切除时间不大于 0.3s

（一般为相间距离Ⅱ段的时间），接地故障切除时间不大于 0.8s 或 1.1s（一般为接地距离Ⅱ段和零序电流Ⅱ段的时间），在对侧变电站母线保护需要停用超过 4h，切至该定值区，体现了线路保护充当对侧母线的主保护时灵敏度要求和快速动作要求。

快速切除故障能提高系统稳定性，减轻故障设备和线路的损坏程度，缩小故障波及范围，提高自动重合闸和备用电源或备用设备自动投入的效果等。根据继电保护的可靠性和速动性要求，220kV 系统联络线均配置两套全线速动保护，原则上要求任何时候至少有一套全线速动保护投运。如某变电站 220kV 侧为双母线带旁路接线方式，线路保护配置为其中一套保护与旁路保护一致，当线路开关改为旁路代线路运行时，要将该保护的收发信机回路切至旁路保护回路中来，以保证运行线路至少有一套全线速动保护。选择性是指首先由故障设备或线路本身的保护切除故障，当故障设备或线路本身的保护或断路器拒动时，才允许由相邻设备、线路的保护或断路器失灵保护切除故障。根据选择性要求，遵循局部电网服从整个电网，下一级电网服从上一级电网，局部问题自行处理，同时应尽量照顾局部电网和下级电网的需要。各级电网整定计算应满足上级调度所发定值单或整定限额要求，逐级配合，确保主网安全稳定运行。在满足选择性的条件下，应尽量加快动作时间和缩短时间级差。

保证选择性还可以从提高可靠性的角度出发，对 220～750kV 电网采用近后备保护方式，《十八项反措》要求，220kV 及以上电压等级线路、变压器、母线、高压电抗器、串联电容器补偿装置等输变电设备的保护应按双重化配置，相关断路器的选型应与保护双重化配置相适应，220kV 及以上电压等级断路器必须具备双跳闸线圈机构。按双重化原则配置和整定的保护，当故障元件的一套继电保护装置拒动时，由相互独立的另一套继电保护装置动作切除故障；而当断路器拒动时，启动断路器失灵保护，断开与故障元件相连的所有其他连接电源的断路器。如当 220kV 长线路带短线路带延时的后备保护（相间距离Ⅱ段）的定值整定，正常应与下级线路的同类型保护（相间距离Ⅰ段）配合，因为下级线路短，距离Ⅰ段无法整定可能不用，只能与相间距离Ⅱ段配合，则动作时间为下级线路Ⅱ段时间再加 0.3 秒的配合级差，会导致动作时间长，保护性能变差，因为下级线路配置了双套纵联保护，纵联保护可靠性大幅提高，可采用与相邻线路纵联保护配合的原则。但 3～110kV 电网一般遵循远后备保护方式，即故障元件的继电保护装置或断路器本身拒动时，由电源侧最邻近故障元件的上一级继电保护装置动作切除故障。如 110kV 线路串供线路或变压器时，上一级线路的后备保护整定值，应保证当下一级线路末端故障或所带变压器对侧母线故障时有足够灵敏度，同时还要保护范围有重叠的上下级保护之间动作时间的配合，防止越级跳闸。

特殊情况下，为补充主保护和后备保护的性能或当主保护和后备保护退出运行而增设的简单保护称为辅助保护，比如采用单套配置的 110kV 线路保护距离零序保护，当发生 TV 断线时会闭锁距离保护及带方向的零序保护，同时可选择自动投入的 TV 断线相过电流或 TV 断线零序过电流保护。

灵敏性是指在设备或线路的被保护范围内发生故障时，保护装置具有的正确动作能力的裕度，一般以灵敏系数来描述。灵敏系数应根据不利正常（含正常检修）运行方式和不利故障类型（仅考虑金属性短路和接地故障）计算。根据 GB/T 14285，短路保护的最小灵敏系数见表 2-1。

表 2-1 短路保护的最小灵敏系数

保护分类	保护类型	组成元件		灵敏系数	备注
主保护	带方向和不带方向的电流保护或电压保护	电流元件和电压元件		1.3～1.5	200km 以上线路，不小于 1.3；50～200km 线路，不小于 1.4；50km 以下线路，不小于 1.5
		零序或负序方向元件		1.5	
	距离保护	起动元件	负序和零序增量或负序分量元件、相电流突变量元件	4	距离保护Ⅲ段动作区末端故障，大于 1.5
			电流和阻抗元件	1.5	线路末端短路电流应为阻抗元件精确工作电流 1.5 倍以上。200km 以上线路，不小于 1.3；50～200km 线路，不小于 1.4；50km 以下线路，不小于 1.5
		距离元件		1.3～1.5	
	线路纵联保护	跳闸元件		2.0	
		对高阻接地故障的测量元件		1.5	个别情况下，为 1.3
	发电机、变压器、电动机纵差保护	差电流元件的启动电流		1.5	
	母线的完全电流差动保护	差电流元件的启动电流		1.5	
	发电机、变压器、线路和电动机的电流速断保护	电流元件		1.5	按保护安装处短路计算
后备保护	远后备保护	电流、电压和阻抗元件		1.2	按相邻电力设备和线路末端短路计算（短路电流应为阻抗元件精确工作电流 1.5 倍以上），可考虑相继动作
		零序或负序方向元件		1.5	
	近后备保护	电流、电压和阻抗元件		1.3	按线路末端短路计算
		负序或零序方向元件		2.0	
辅助保护	电流速断保护			1.2	按正常运行方式保护安装处短路计算

由表 2−1 可见，在同一套保护装置中，闭锁、启动、方向判别和选相等辅助元件的动作灵敏度，应大于所控制的测量、判别等主要元件的动作灵敏度。如零序功率方向元件的灵敏度，应大于被控零序电流保护的灵敏度。

如果由于电网运行方式、装置性能等原因不能兼顾继电保护的可靠性、速动性、选择性、灵敏性"四性"要求时，应在整定时合理地进行取舍，片面强调某一项要求，都会导致保护复杂化、影响经济指标及不利于运行维护等弊病。以 220kV 线路保护定值整定为例，相间和接地故障的延时段后备保护主要应保证选择性和灵敏性要求，在不能兼顾的情况下，优先保证灵敏性。如在单重方式下，保护单相跳闸后非全相运行期间，健全相又发生故障时，相邻元件的保护应保证选择性。在重合闸后加速的时间内发生区外故障时，允许被加速的线路保护无选择性。整定规程中明确了对 220～750kV 联系不强的电网，在保证继电保护可靠动作的前提下，应防止继电保护装置的非选择性动作。对于联系紧密的 220kV～750kV 电网，应保证继电保护装置的可靠快速动作。

四、运行方式变化对整定计算的影响

继电保护整定计算以常见运行方式为依据，即考虑被保护设备相邻近的一回线或一个元件检修的正常运行方式，在条件允许的前提下，计算时尽量兼顾常见的检修方式（两个或两个以上元件同时停役）。各种继电保护适应电力系统运行变化的能力都是有限的，继电保护整定方案也不是一成不变的，随着电力系统运行情况的变化（包括基本建设发展和运行方式变化），当其超出预定的适应范围时，就需要对全部或部分继电保护重新进行整定，以满足新的运行需要。

某 220kV 变电站，高、中压侧均为双母线接线，高压侧母联正常合闸位置，当站内第三台主变压器投运后，其中两台变压器为长期并列运行，对 110kV 侧母线及所带线路发生故障时短路电流的数值有较大增长，为了保持相电流保护原有的逐级配合关系，每一级电流定值应该调大，但是并列的主变压器高、中压侧，故障电流在两台主变压器上一分为二，每台变压器上流过的短路电流比分列运行时反而小了，导致原高后备复压过电流Ⅱ段定值对低压侧母线上故障的灵敏度不足，应该降低电流定值。解决办法可将主变压器后备保护定值分成并列运行和分列运行的两个定值区，要求运行人员在操作主变压器并列、分列运行过程中切换定值区，然而操作到哪一步时切定值区，而且主后一体的主变压器保护定值项冗长繁琐，运行中核对定值项很容易出错，不宜设置多个定值区。此时要做一点折中，兼顾灵敏性和可靠性要求，《继电保护和安全自动装置技术规程》（GB/T 14285—2006）中规定，变压器高压侧相间短路后备保护，对低压侧母线相间短路灵敏度不够时，为提高切除低压侧母线故障的可靠性，可在变压器低压侧配置两套相间短路后备保护，该两套后备保护接至不同的电流互感器。所以在低后备设置的过电流Ⅰ段定值按对本侧母线故障有 1.5 倍以上灵敏度整定，不经复压闭锁，以较短时限作用于跳开低压侧开关，以较长时限作用于跳开主变各侧开关。

五、整定计算与保护装置的关系

各种原理的保护装置都有其优缺点，主要是看安装位置是否适应，如在 10kV 线路上配置相电流保护，回路简单，但是当系统运行方式变化很大时，保护范围伸长到失配或者缩短到无保护区，可采用距离保护；距离保护的保护范围基本稳定，但是受电压回路影响，在区外故障同时发生电压断线时会误动，故障点有过渡电阻时可能拒动也可能误动，事故情况下发生负荷转移时重载线路可能误动；零序电流保护不受负荷电流大小的影响，也基本不受其他中性点不接地电网短路故障的影响，定值灵敏度允许整定较高，但是仅反映接地故障，且要考虑 TA 断线的影响。

为了提高各电压等级保护装置的标准化水平，2007 年国家电力调度中心提出了 220kV 电压等级的标准化设计规范，为保护装置的技术原则、配置原则以及相关二次回路的标准化设计提供技术标准和依据，照此标准设计生产的保护装置统称为"六统一"保护，后续还编写了覆盖其他电压等级的标准化设计规范，目前国网公司系统变电站新投或改造的保护按要求必须是"六统一"保护装置。

（一）新"六统一"线路保护定值单解读

针对 220kV 线路密集，短线路成串成环、同杆双线多、电缆线路多等特点，高频保护已逐步退出电力系统，目前最广泛的线路主保护就是配置双套纵联分相电流差动保护，随着光纤网的覆盖和保护专网的建设，新"六统一"光纤差动线路保护，均为双通道保护，可靠性大大提高。以某地一条系统联络线定值单为例，220kV 系统联络线定值单主保护标准化定值见图 2-1。

通道类型按实际是专用光纤还是复用光纤现场整定。

线路两侧的差动动作电流定值必须一致，按躲过正常运行时的最大差流整定，并保证本线路末端高阻接地故障灵敏度不小于 1.5，若电流补偿控制字置 0，可将此定值适当放大一点。定值试验时，所加电流最小动作值为 1.5 倍差动动作电流定值、4 倍计算电容电流、1.5 实测电容电流三者中的最大值。

设备参数定值

序号	定值项名称	定值	序号	定值项名称	定值
1	定值区号		5	TA 一次额定值	220kV
2	被保护设备	××线	6	通道一类型	
3	TA 一次额定值	2500A	7	通道二类型	
4	TA 二次额定值	5A			

纵联电流差动保护

序号	定值项名称	定值	序号	定值项名称	定值
1	变化量启动电流定值	250/0.5A	6	线路零序容抗定值	5280/1200Ω
2	零序启动电流定值	250/0.5A	7	本侧电抗器阻抗定值（二次值）	1200Ω
3	差动动作电流定值	500/1A	8	本侧小电抗器阻抗定值（二次值）	1200Ω
4	TA 断线后分相差动定值	2500/5A	9	本侧识别码	9601
5	线路正序容抗定值	5280/1200Ω	10	对侧识别码	9600

后备保护

序号	定值项名称	定值	序号	定值项名称	定值
1	线路正序阻抗定值	2.40/0.55Ω	13	相间距离Ⅱ段时间	2.3s
2	线路正序灵敏角	81°	14	相间距离Ⅲ段定值	30/6.82Ω
3	线路零序阻抗定值	7.02/1.6Ω	15	相间距离Ⅲ段时间	4.1s
4	线路零序灵敏角	74°	16	负荷限制电阻定值	40/9.09Ω
5	线路总长度	7.9km	17	零序过电流Ⅱ段定值	2200/4.4A
6	接地距离Ⅰ段定值	1.6/0.36Ω	18	零序过电流Ⅱ段时间	2.3s
7	接地距离Ⅱ段定值	12/2.73Ω	19	零序过电流Ⅲ段定值	250/0.5A
8	接地距离Ⅱ段时间	2.3s	20	零序过电流Ⅲ段时间	4.1s
9	接地距离Ⅲ段定值	30/6.82Ω	21	零序过电流加速段定值	750/1.5A
10	接地距离Ⅲ段时间	4.1s	22	单相重合闸时间	0.8s
11	相间距离Ⅰ段定值	1.8/0.41Ω	23	三相重合闸时间	1.5s
12	相间距离Ⅱ段定值	12/2.73Ω	24	同期合闸角	30°

自定义定值项

序号	定值项名称	定值	序号	定值项名称	定值
1	工频变化量阻抗	1.6/0.36Ω	2	零序补偿系数 K_z	0

图 2-1 220kV 系统联络线定值单主保护标准化定值

TA 断线后分相差动定值：按躲过线路最大负荷电流整定，当控制字选择 TA 断线不闭锁差动保护时，差动保护除需满足差动方程外，最大差流还需大于该定值才能动作；TA 断线闭锁差动控制字投入后，TA 断线后闭锁断线相差动保护。

识别码：用来防止两套相同的装置之间通道交叉，自环试验时将本侧识别码和对侧识别码整定为一致，一个变电站内任意两套保护的识别码不要重复。

220kV 系统联络线定值单后备保护标准化定值如图 2-2 所示，所有线路参数按实测参数整定。

接地/相间距离Ⅰ段定值：按 0.5~0.85 倍本线路正序阻抗整定。正常有光差保护时，0s 动作的距离Ⅰ段保护范围要求缩回来整定，仅保护线路出口处金属性故障。

后备保护

序号	定值项名称	定值	序号	定值项名称	定值
1	线路正序阻抗定值	2.40/0.55Ω	13	相间距离Ⅱ段时间	2.3s
2	线路正序灵敏角	81°	14	相间距离Ⅲ段定值	30/6.82Ω
3	线路零序阻抗定值	7.02/1.6Ω	15	相间距离Ⅲ段时间	4.1s
4	线路零序灵敏角	74°	16	负荷限制电阻定值	40/9.09Ω
5	线路总长度	7.9km	17	零序过电流Ⅱ段定值	2200/4.4A
6	接地距离Ⅰ段定值	1.6/0.36Ω	18	零序过电流Ⅱ段时间	2.3s
7	接地距离Ⅱ段定值	12/2.73Ω	19	零序过电流Ⅲ段定值	250/0.5A
8	接地距离Ⅱ段时间	2.3s	20	零序过电流Ⅲ段时间	4.1s
9	接地距离Ⅲ段定值	30/6.82Ω	21	零序过电流加速段定值	750/1.5A
10	接地距离Ⅲ段时间	4.1s	22	单相重合闸时间	0.8s
11	相间距离Ⅰ段定值	1.8/0.41Ω	23	三相重合闸时间	1.5s
12	相间距离Ⅱ段定值	12/2.73Ω	24	同期合闸角	30°

图 2-2　220kV 系统联络线定值单后备保护标准化定值

接地/相间距离Ⅱ段定值、零序Ⅱ段定值：正常按全线有灵敏度整定，在符合逐级配合原则的前提下，尽可能提高带延时段保护的灵敏度。

当双套纵联保护退出运行时，要求相间故障全线切除故障时间≤0.3s，接地故障全线切除故障时间≤1.1s 时，线路两侧后备保护相间距离Ⅱ段（全线灵敏度段）时间改为不大于 0.3s；接地距离Ⅱ段（全线灵敏度段）和方向零序保护Ⅱ段改 1.1s；若相邻线路对侧接地故障后备保护对本侧有灵敏度段时间为 1.1s，或为 500kV 变电站 220kV 出线时，Ⅱ段动作时间应改为不大于 0.8s。综上，为适应不同运行方式下均能发挥出保护作用，避免频繁更改定值，通常线路保护都做好几个备用区，备注好各区的使用条件，变电值班员按调度命令切换。

接地/相间距离Ⅲ段定值：按躲过最大负荷情况下的测量阻抗，且与相邻线路Ⅱ段配合整定，与Ⅱ段配合困难时，可与Ⅲ段配合。

零序电流Ⅱ段：保护全线有灵敏度段，应保证常见运行方式下本线末端金属性接地故障有足够灵敏度，动作时间不小于取 1.1s。

零序电流保护Ⅲ段：整定计算时，按一次值 100Ω 接地电阻考虑，一次整定值在 300A（单线）左右，动作时间一般取 2.9s 及以上。

重合闸时间：需满足故障跳闸后的熄弧时间（三相一次重合闸不小于 0.3s，单相重合闸不小于 0.5s）。为优化保护逐级配合，末段保护动作后，三跳不重；单相重合闸时间一般整定为 0.8s，均与线路纵联保护配合，当纵联保护全停，重合闸停。

220kV 系统联络线定值单自定义部分见图 2-3。

零序补偿系数：单回线零序补偿系数按线路实测值整定，对于有互感短线路（Z_L 小于 10Ω），零序补偿系数建议整定为零，此时实际的零序补偿系数不等于零，其接地距离保护灵敏度略有下降。对于有互感长线路（Z_L 大于 10Ω），零序补偿系数建议取双线运行的值，以保证全线故障时的灵敏度，实际为单线运行时接地距离保护范围略有增大，要求接地距离Ⅰ段定值适当降低一点。

自定义定值项

序号	定值项名称	定值	序号	定值项名称	定值
1	工频变化量阻抗	1.6/0.36Ω	5	振荡闭锁过电流	2000/4A
2	零序补偿系数 K_z	0	6	对侧电抗器阻抗定值（二次值）	1200Ω
3	接地距离偏移角	30°	7	对侧小电抗器阻抗定值（二次值）	1200Ω
4	相间距离偏移角	15°			

图 2-3　220kV 系统联络线定值单自定义部分

接地距离偏移角：距离Ⅰ、Ⅱ段的特性圆可向第一象限偏移，线路长度大于 40km 时取 0°，大于 10km 时取 15°，小于 10km 时取 30°，主要考虑到短线路定值小，对经过渡电阻故障的保护能力差，带偏移后在 +R 方向上有更大的保护范围。

相间距离偏移角：线路长度≥10km 时取 0°，线路长度≥2km 时取 15°，线路<2km 时取 30°。

振荡闭锁过电流：按线路 2 倍的负荷电流整定，启动元件开放瞬间，若正序过电流元件不动作，或动作时间尚不到 10ms，将振荡闭锁开放，振荡闭锁只闭锁距离保护Ⅰ、Ⅱ段。

220kV 系统联络线定值单控制字部分见图 2-4。

重合闸方式选择：220kV 系统联络线采用单相重合闸方式，对于全线电缆线路，由于电缆故障多为永久性故障，线路两侧重合闸停用。

要求线路单相重合闸随本线路纵联保护同步运行，当纵联保护全停，重合闸停。

（二）新"六统一"母线差动保护定值单解读

新"六统一"母线保护每套均含差动保护、失灵保护功能，线路、主变压器开关失灵电流判别在母差保护中实现。220kV 母线保护按双重化配置，正常时两套差动保护均投跳、两套失灵保护均投入，每套母线保护分别对应开关的一组跳圈，每套线路保护（变压器保护）一一对应启动母线保护中的断路器失灵保护）。新"六统一"母线保护定值单见图 2-5。

标准控制字（置 1 为投入，置 0 为退出）

序号	定值项名称	定值	序号	定值项名称	定值
1	纵联差动保护	1	13	三相跳闸方式	0
2	双通道方式	1	14	Ⅱ段保护闭锁重合闸	0
3	TA 断线闭锁差动	0	15	多相故障闭锁重合闸	1
4	通道一通信内时钟	1	16	重合闸检同期方式	0
5	通道二通信内时钟	1	17	重合闸检无压方式	0
6	电压取线路 TV 电压	0	18	单相重合闸	1
7	振荡闭锁元件	1	19	三相重合闸	0
8	距离保护Ⅰ段	1	20	禁止重合闸	0
9	距离保护Ⅱ段	1	21	停用重合闸	0
10	距离保护Ⅲ段	1	22	单相 TWJ 启动重合闸	1
11	零序电流保护	1	23	三相 TWJ 启动重合闸	0
12	零序过流Ⅲ段经方向	1			

自定义控制字（置 1 为投入，置 0 为退出）

序号	定值项名称	定值	序号	定值项名称	定值
1	电流补偿	0	4	负荷限制距离	1
2	远跳受启动元件控制	1	5	三重加速距离Ⅱ段	0
3	工频变化量距离	0	6	三重加速距离Ⅲ段	0

软压板（置 1 为投入，置 0 为退出）

序号	定值项名称	定值	序号	定值项名称	定值
1	光纤通道一	1	5	停用重合闸	0
2	光纤通道二	1	6	远方投退压板	0
3	距离保护	1	7	远方切换定值区	0
4	零序过流保护	1	8	远方修改定值	0

图 2-4　220kV 系统联络线定值单控制字部分

被保护设备		220kV 母线		基准 TA 变比	2000/1A
装置型号	NSR-371A-DA-G	版本号	V1.31	校验码	95AD4C1A

参数设置

序号	定值项名称	定值	序号	定值项名称	定值
1	TV 一次额定值	220kV			

差动保护

序号	定值项名称	定值	序号	定值项名称	定值
1	差动保护启动电流定值	2000/1A	4	母联分段失灵电流定值	500/0.25A
2	TA 断线告警值		5	母联分段失灵时间	0.3s
3	TA 断线闭锁定值	120/0.06A			

断路器失灵保护

序号	定值项名称	定值	序号	定值项名称	定值
1	低电压闭锁定值（相电压）	40V	5	失灵零序电流定值	250/0.13A
2	零序电压闭锁定值	6V	6	失灵负序电流定值	250/0.13A
3	负序电压闭锁定值	4V	7	失灵保护 1 时限	0.3s
4	三相失灵相电流定值		8	失灵保护 2 时限	0.3s

控制字（置 1 为投入，置 0 为退出）

序号	定值项名称	定值	序号	定值项名称	定值
1	投差动保护控制字	1	2	投失灵保护控制字	1

图 2-5　新"六统一"母线保护定值单

参数设置：各支路 TA 一次值整定范围为 0~9999A，未使用的支路"支路 TA 一次值"建议整定为 0，表示该支路不参与差动计算。

TA 断线告警定值由现场根据投运试验和正常运行时的差动最大不平衡电流整定，定值小于 TA 断线闭锁定值。

母线保护差电流起动元件应保证正常小方式下母线故障有足够灵敏度，灵敏系数不小于 2。按可靠躲过区外故障最大不平衡电流和尽可能躲任一元件电流回路断线时由于最大负荷电流引起的差电流整定。

差动保护电压元件定值固定，低电压闭锁定值为 0.7 倍额定相电压、零序电压闭锁定值为 6V，负序电压闭锁定值（相电压）为 4V。

失灵保护低电压闭锁元件：按躲过最低运行电压整定。一般整定为 60%~70%的额定电压；负序、零序电压闭锁元件按躲过正常运行最大不平衡电压整定，负序电压可整定 2~6V（二次值），零序电压可整定 4~8V（二次值）。

三相失灵相电流定值应保证变压器故障时灵敏度大于 1.3~1.5；线路支路失灵相电流定值由装置按有流判据固定，不需整定。失灵零序电流/负序电流定值：按躲过所有支路最大不平衡电流整定。

断路器失灵出口逻辑通过母差保护实现，失灵保护动作后 0.3s 跳母联和所有断路器，500kV 变电站新投运的 220kV 双母线母差中失灵保护跳相邻断路器的延时时间统一整定为 0.2~0.3s 跳母联和所有断路器。

习 题

1. 简答：根据远后备原则思考 110kV 变压器应配置哪些后备段保护和各段保护范围描述。

2. 简答：线路距离保护的零序补偿系数整定值比实测值大，会带来什么后果？

3. 简答：某变电站为内桥接线，配置桥开关备投，试分析哪些情况下导致的主变失电，桥备投应动作，哪些情况下应闭锁。

第二节 继电保护"九统一"规范

学习目标

1. 了解保护装置的配置

2. 了解"六统一"原则

3. 了解"九统一"规范相关内容

知识点

2013 年，国调中心依据《国网电网公司关于下 2013 年度公司技术标准制修订计划的通知》（国家电网科 2013〔50〕号文）要求，对原有"六统一"规范进行修订，再加上陆续颁布的几个文件，形成继电保护"九统一"规范。它针对继电保护装置的特点，重点规范了保护装置的输入输出量、压板设置、装置端子、装置虚端子、通信接口类型与数量、报告和定值、技术原则、配置原则、组屏（柜）方案、端子排设计、二次回路设计原则、操作界面、信息输出等。

一、保护装置的配置

根据《十八项反措》《国网公司防止变电站全停十六项措施（试行）》（国家电网运检〔2015〕376 号）（简称《防全停十六项措施》）和相关规程规范，继电保护装置的配置有如下要求：

（1）继电保护装置的配置和选型，必须满足有关规程规定的要求，并经相关继电保护管理部门同意。保护选型应采用技术成熟、性能可靠、质量优良并经专业检测合格的产品。

（2）220kV 及以上电压等级线路、变压器、母线、高压电抗器、串联电容器补偿装置等输变电设备的保护应按双重化配置，相关断路器的选型应与保护双重化配置相适应，220kV 及以上电压等级断路器必须具备双跳闸线圈机构。1000kV 变电站内的 110kV 母线保护宜按双套配置，330kV 变电站内的 110kV 母线保护宜按双套配置。

（3）双重化配置的两套保护装置的跳闸回路应与断路器的两个跳闸线圈分别一一对应。每一套保护均应能独立反应被保护设备的各种故障及异常状态，并能作用于跳闸或发出信号，当一套保护退出时不应影响另一套保护的运行。双重化配置的保护装置应采用不同厂家的产品。

二、"六统一"原则

"六统一"即功能配置、接口标准、保护定值格式、保护报告格式、端子排布置、回路设计的统一。

（1）功能配置统一的原则：主要解决各地区保护配置及组屏方式的差异而

造成保护的不统一。

（2）接口标准统一的原则：对继电保护装置的开入开出接口进行统一，避免出现不同时期、不同厂家装置开入开出接口杂乱无序的问题。

（3）保护定值格式统一的原则：要求保护制造商按照统一格式进行保护定值的整定，简化了定值整定工作。

（4）报告格式统一的原则：要求保护制造商按照统一格式形成保护动作报告，并要求动作报告有中文简述，为现场运行维护创造有利条件。

（5）端子排布置统一的原则：通过按照"功能分区、端子分段"的原则统一端子排的设置，解决交直流回路、输入输出回路在端子排上排列位置不同的问题，为统一设计创造了条件。

（6）回路设计统一的原则：解决由于各地区运行和设计单位习惯不同造成二次回路上存在的差异。

三、"九统一"规范相关内容

（一）公共部分

1. 总体原则

（1）优化设计原则。优先通过保护装置自身实现相关保护功能，尽可能减少外部输入量，以降低对相关回路和设备的依赖。优化回路设计，在确保可靠实现继电保护功能的前提下，尽可能减少装置间的连线。

（2）双重化原则。保护装置的双重化以及与保护配合回路（包括通道）的双重化，双重化配置的保护装置及其回路之间应完全独立，无直接的电气联系。

（3）保护装置软件构成原则。保护装置功能由基础型号功能和选配功能组成；功能配置由设备制造厂出厂前完成。出厂时未选配功能对应项自动隐藏，其他项顺序排列。基础软件版本含有所有选配功能，不随选配功能不同而改变；基础软件版本描述由基础软件版本号、基础软件生成日期、程序校验码组成。

2. 压板设置

（1）硬压板。智能变电站的保护装置只设"远方操作"和"保护检修状态"硬压板，保护功能投退不设硬压板。"远方操作"只设硬压板。"保护检修状态"硬压板投入时，保护装置报文上送带品质位信息。"保护检修状态"压板遥信不置检修标志。"远方投退压板""远方切换定值区"和"远方修改定值"只设软压板，三者功能相互独立，分别与"远方操作"硬压板采用"与门"逻辑。当"远方操作"硬压板投入后，上述三个软压板远方功能才有效。

（2）软压板。保护装置应在发送端设置 GOOSE 输出软压板；线路保护及辅助装置不设 GOOSE 接收软压板；保护装置应按 MU 设置 SV 接收软压板。保护装置软压板与保护定值相对独立，软压板的投退不应影响定值。

3. 检修机制

（1）GOOSE 报文检修处理机制。当装置检修压板投入时，装置发送的 GOOSE 报文中的 test 应置位。GOOSE 接收端装置应将接收的 GOOSE 报文中的 test 位与装置自身的检修压板状态进行比较，只有两者一致时才将信号作为有效进行处理或动作，不一致时宜保持一致前状态。当发送方 GOOSE 报文中 test 置位时发生 GOOSE 中断，接收装置应报具体的 GOOSE 中断告警，但不应报"装置告警（异常）"信号，不应点"装置告警（异常）"灯。

（2）SV 报文检修处理机制。当合并单元装置检修压板投入时，发送采样值报文中采样值数据的品质 q 的 Test 位应置 True。SV 接收端装置应将接收的 SV 报文中的 test 位与装置自身的检修压板状态进行比较，只有两者一致时才将该信号用于保护逻辑，否则应按相关通道采样异常进行处理。对于多路 SV 输入的保护装置，一个 SV 接收软压板退出时应退出该路采样值，该 SV 中断或检修均不影响本装置运行。

4. 通用要求

（1）保护装置单点开关量输入定义采用正逻辑，即触点闭合为"1"，触点断开为"0"。开关量输入"1"和"0"的定义统一规定如下："1"肯定所表述的功能；"0"否定所表述的功能。

（2）智能站保护装置双点开关量输入定义："01"为分位，"10"为合位，"00"和"11"为无效。

（3）保护装置功能控制字"1"和"0"的定义统一规定如下："1"肯定所表述的功能；"0"否定所表述的功能，或根据需要另行定义；不应改变定值清单和装置液晶屏显示的"功能表述"。

（二）线路保护

1. 配置原则

（1）3/2 接线。

1）线路、过电压及远方跳闸保护配置原则。配置双重化的线路纵联保护，每套纵联保护应包含完整的主保护和后备保护；配置双重化的过电压及远方跳闸保护。远方跳闸保护应采用"一取一"经就地判别方式。

2）断路器保护及操作箱（智能终端）配置原则。断路器保护按断路器配置，常规变电站单套配置，智能变电站双套配置。断路器保护具有失灵保护、重合闸、充电过电流（2 段过电流+1 段零序电流）、三相不一致和死区保护等功能。常规变电站配置单套双跳闸线圈分相操作箱，智能变电站配置双套单跳闸线圈分相智能终端。

3）短引线保护配置原则。配置双重化的短引线保护，每套保护应包含差动保护和过电流保护。

（2）双母线接线。

1）线路保护、重合闸配置原则。配置双重化的线路纵联保护，每套纵联保护包含完整的主保护和后备保护以及重合闸功能；同杆双回线路应配置双重化的纵联差动保护。当系统需要配置过电压保护时，配置双重化的过电压及远方跳闸保护。远方跳闸保护应采用"一取一"经就地判别方式。

2）操作箱（智能终端）配置原则。常规变电站配置双套单跳闸线圈分相操作箱或单套双跳闸线圈分相操作箱，智能变电站配置双套单跳闸线圈分相智能终端。

2. 技术原则

（1）纵联电流差动保护技术原则。

1）纵联电流差动保护两侧启动元件和本侧差动元件同时动作才允许差动保护出口。线路两侧的纵联电流差动保护装置均应设置本侧独立的电流启动元件，必要时可用交流电压量和跳闸位置触点等作为辅助启动元件，但应考虑 TV 断线时对辅助启动元件的影响，差动电流不能作为装置的启动元件。

2）线路两侧纵联电流差动保护装置应互相传输可供用户整定的通道识别码，并对通道识别码进行校验，校验出错时告警并闭锁差动保护。纵联电流差动保护装置应具有通道监视功能，如实时记录并累计丢帧、错误帧等通道状态数据，具备通道故障告警功能。纵联电流差动保护装置宜具有监视光纤接口接收信号强度功能。

3）纵联电流差动保护在任何弱馈情况下，应正确动作。纵联电流差动保护两侧差动保护压板不一致时发告警信号。"TA 断线闭锁差动"控制字投入后，纵联电流差动保护只闭锁断线相。集成过电压远跳功能的线路保护，保留远跳功能。

（2）相间及接地距离保护技术原则。除常规距离保护Ⅰ段外，为快速切除中长线路出口短路故障，应有反映近端故障的保护功能。用于串补线路及其相邻线路的距离保护应有防止距离保护Ⅰ段拒动和误动的措施。为解决中长线路躲负荷阻抗和灵敏度要求之间的矛盾，距离保护应采取防止线路过负荷导致保护误动的措施。

（3）零序电流保护技术原则。零序电流保护应设置二段定时限（零序电流Ⅱ段和Ⅲ段），零序电流Ⅱ段固定带方向，零序电流Ⅲ段方向可投退。TV 断线后，零序电流Ⅱ段退出，零序电流Ⅲ段退出方向。零序电流保护可选配一段零序反时限过电流保护，方向可投退，TV 断线后自动改为不带方向的零序反时限过电流保护。应设置不大于 100ms 短延时的后加速零序电流保护，在手动合闸或自动重合时投入使用。线路非全相运行时的零序电流保护不考虑健全相再发生高阻接地故障的情况。零序反时限电流保护启动时间超过 90s 应发告警信号，并重新启动开始计时。零序反时限电流保护启动元件返回时，告警复归。

（4）自动重合闸技术原则。当重合闸不使用同期电压时，同期电压 TV 断线不应报警。检同期重合闸采用的线路电压应是自适应的，用户可选择任意相间电压或相电压。不设置"重合闸方式转换开关"，自动重合闸仅设置"停用重合闸"功能压板，重合闸方式通过控制字实现。单相重合闸、三相重合闸、禁止重合闸和停用重合闸有且只能有一项置"1"，如不满足此要求，保护装置应报警并按停用重合闸处理。

（5）3/2 断路器接线的断路器失灵保护技术原则。在安全可靠的前提下，简化失灵保护的动作逻辑和整定计算：设置线路保护三个分相跳闸开入，变压器、发变组、线路高抗等共用一个三相跳闸开入。设置可整定的相电流元件，零、负序电流元件，三相跳闸开入设置低功率因数元件。

失灵保护不设功能投/退压板。断路器保护屏（柜）上不设失灵开入投/退压板，需投/退线路保护的失灵启动回路时，通过投/退线路保护屏（柜）上各自的启动失灵压板实现。三相不一致保护如需增加零、负序电流闭锁，其定值可和失灵保护的零、负序电流定值相同，均按躲过最大不平衡电流整定。

（6）远方跳闸保护技术原则。远方跳闸保护的就地判据应反映一次系统故障、异常运行状态，应简单可靠、便于整定，宜采用如下判据：零、负序电流；零、负序电压；电流变化量；低电流；分相低功率因数；分相低有功。远方跳闸保护应采用"一取一"经就地判别方式。TV 断线后，远方跳闸保护闭锁与电压有关的判据。

（三）变压器保护

1. 配置原则

220kV 及以上电压等级变压器应配置双重化的主、后备保护一体化电气量保护和一套非电量保护。常规站变压器按断路器单套配置分相或三相操作箱。双母线主接线，应双重化配置电压切换装置。

2. 技术原则

（1）差动保护技术原则。具有防止励磁涌流引起保护误动的功能；具有防止区外故障保护误动的制动特性；具有差动速断功能；330kV 及以上电压等级变压器保护，应具有防止过励磁引起误动的功能。电流采用"Y 形接线"接入保护装置，其相位和电流补偿应由保护装置软件实现；3/2 断路器接线或桥接线的两组 TA 应分别接入保护装置；具有 TA 断线告警功能，可通过控制字选择是否闭锁差动保护。

（2）过励磁保护技术原则。采用相电压"与门"关系；定时限告警功能；反时限特性应能整定，与变压器过励磁特性相匹配；可通过控制字选择是否跳闸。

（3）阻抗保护技术原则。具有 TV 断线闭锁功能，并发出 TV 断线告警信号，电压切换时不误动；阻抗保护应设置独立的电流启动元件；阻抗保护按时限判别是否经振荡闭锁；大于 1.5s 时，则该时限不经振荡闭锁，否则经振荡闭锁。

（4）复压过流（方向）保护技术原则。在电压较低的情况下应保证方向元件的正确性，可通过控制字选择方向元件指向母线或指向变压器。方向元件取本侧电压，灵敏角固定不变，具备电压记忆功能。

高（中）压侧复压元件由各侧电压经"或门"构成；低压侧复压元件取本侧（或本分支）电压；低压侧按照分支分别配置电抗器时，电抗器复压元件取本分支电压，否则取两分支电压。

具有 TV 断线告警功能。高（中）压侧 TV 断线或电压退出后，该侧复压过电流（方向）保护，退出方向元件，受其他侧复压元件控制；当各侧电压均 TV 断线或电压退出后，高（中）压侧复压过电流（方向）保护变为纯过电流；低压侧 TV 断线或电压退出后，本侧（或本分支）复压（方向）过电流保护变为纯过电流。

（5）零序过电流（方向）保护技术原则。高、中压侧零序方向过电流保护的方向元件采用本侧自产零序电压和自产零序电流，过电流元件宜采用本侧自产零序电流。

自耦变压器的高、中压侧零序过电流保护的过电流元件宜采用本侧自产零序电流，普通三绕组或双绕组变压器零序过电流保护宜采用中性点零序电流。

自耦变压器公共绕组零序电流保护宜采用自产零序电流，变压器不具备时，可采用外接中性点 TA 电流。

具有 TV 断线告警功能，TV 断线或电压退出后，本侧零序方向过电流保护退出方向元件。

（6）间隙保护原则。常规变电站保护零序电压宜取 TV 开口三角电压，TV 开口三角电压不受本侧"电压压板"控制。智能变电站保护零序电压宜取自产电压。间隙电流取中性点间隙专用 TA。

（7）非电量保护原则。非电量保护动作应有动作报告。重瓦斯保护作用于跳闸，其余非电量保护宜作用于信号。

用于非电量跳闸的直跳继电器，启动功率应大于 5W，动作电压在额定直流电源电压的 55%～70%范围内，额定直流电源电压下动作时间为 10～35ms，应具有抗 220V 工频干扰电压的能力。

分相变压器 A、B、C 相非电量分相输入，作用于跳闸的非电量三相共用一个功能压板。用于分相变压器的非电量保护装置的输入量每相不少于 14 路，用于三相变压器的非电量保护装置的输入量不少于 14 路。

（8）变压器保护各侧 TA 接入原则。纵差保护应取各侧外附 TA 电流。500kV 及以上电压等级变压器的分相差动保护低压侧应取三角内部套管（绕组）TA 电流。500kV 及以上电压等级变压器的低压侧分支后备保护取外附 TA 电流，低压绕组后备取三角内部套管（绕组）TA 电流。220kV 电压等级变压器低压侧后备保护取外附 TA 电流；当有限流电抗器时，宜增设低压侧电抗器后备保护，该保护取电抗器前 TA 电流。

（四）母线保护

1. 配置原则

（1）3/2 断路器接线，每段母线应配置两套母线保护，每套母线保护应具有边断路器失灵经母线保护跳闸功能。

（2）双母线接线，配置双套含失灵保护功能的母线保护，每套线路保护及变压器保护各启动一套失灵保护。

2. 技术原则

（1）主保护技术原则。母线保护应具有可靠的 TA 饱和判别功能，区外故障 TA 饱和时不应误动；应能快速切除区外转区内的故障；应允许使用不同变比的 TA，并通过软件自动校正。具有 TA 断线告警功能，除母联（分段）TA 断线不闭锁差动保护外，其余支路 TA 断线后固定闭锁差动保护。

双母线接线的差动保护应设有大差元件和小差元件；大差元件用于判别母线区内和区外故障，小差元件用于故障母线的选择。对构成环路的各种母线，保护不应因母线故障时电流流出的影响而拒动。双母线接线的母线保护，在母线分列运行,发生死区故障时,应能有选择地切除故障母线。

母线保护应能自动识别母联(分段)的充电状态,合闸于死区故障时,应瞬时跳母联(分段),不应误切除运行母线。差动保护出口经本段电压元件闭锁,除双母双分段分段断路器以外的母联和分段经两段母线电压"或门"闭锁,双母双分段分段断路器不经电压闭锁。双母线接线的母线 TV 断线时,允许母线保护解除该段母线电压闭锁。

双母线接线的母线保护,通过隔离刀闸辅助触点自动识别母线运行方式时,应对刀闸辅助触点进行自检,且具有开入电源掉电记忆功能。双母双分段接线母差保护应提供启动分段失灵保护的出口触点。双母线接线的母线保护应具备电压闭锁元件启动后的告警功能。宜设置独立于母联跳闸位置、分段跳闸位置并联的母联、分段分列运行压板。装置上送后台的刀闸位置为保护实际使用的刀闸位置状态。

(2)断路器失灵保护技术原则。

1)3/2 断路器接线。失灵保护动作经母差保护出口时,应在母差保护装置中设置灵敏的、不需整定的电流元件并带 50ms 延时。

2)双母线接线。断路器失灵保护应与母差保护共用出口。应采用母线保护装置内部的失灵电流判别功能;各线路支路共用电流定值,各变压器支路共用电流定值;线路支路采用相电流、零序电流(或负序电流)"与门"逻辑;变压器支路采用相电流、零序电流、负序电流"或门"逻辑。

3)线路支路应设置分相和三相跳闸启动失灵开入回路,变压器支路应设置三相跳闸启动失灵开入回路。"启动失灵""解除失灵保护电压闭锁"开入异常时应告警。母差保护和独立于母线保护的充电过流保护应启动母联(分段)失灵保护。为缩短失灵保护切除故障的时间,失灵保护宜同时跳母联(分段)和相邻断路器。

4)为解决某些故障情况下,断路器失灵保护电压闭锁元件灵敏度不足的问题:对于常规变电站,变压器支路应具备独立于失灵启动的解除电压闭锁的开入回路,"解除电压闭锁"开入长期存在时应告警,宜采用变压器保护"跳闸触点"解除失灵保护的电压闭锁,不采用变压器保护"各侧复合电压动作"触点解除失灵保护电压闭锁,启动失灵和解除失灵电压闭锁应采用变压器保护不同继电器的跳闸触点;对于智能变电站,母线保护变压器支路收到变压器保护"启动失灵"GOOSE 命令的同时启动失灵和解除电压闭锁。

5)含母线故障变压器断路器失灵联跳变压器各侧断路器的功能。母线故障,变压器断路器失灵时,除应跳开失灵断路器相邻的全部断路器外,还应跳开该变压器连接其他电源侧的断路器，失灵电流再判别元件应由母线保护实现。

📝 **习　题**

1. 简答：继电保护装置的"六统一"是什么？
2. 简答：继电保护装置的双重化具体内容？
3. 简答：智能站中 GOOSE 报文的检修处理机制如何实现？

第三节　二次回路构成原理及异常解析

📋 **学习目标**

1. 了解二次回路图的分类
2. 掌握二次回路识图基本方法

📋 **知 识 点**

在电力系统中，根据电气设备的作用，通常将其分为一次设备和二次设备。

一次设备：直接生产、传输、分配电能的电气设备称为一次设备，如发电机、变压器、断路器、隔离开关、互感器、母线、输电线路、电力电缆等。一次设备相互连接构成的电路，称为一次接线。

二次设备：对一次设备进行控制、监测、保护的电气设备称为二次设备，如各种监测仪表、测控装置、继电保护及自动装置、直流电源装置等。

二次回路：二次设备经导线、电缆相互连接而构成的电路，称为二次回路或二次接线。

一、二次回路图分类

二次回路是一个非常复杂的系统，为便于设计、制造、安装、调试及维护，通常在图纸上使用标准的图形符号及文字符号，并按一定规则连接起来，这些图纸称为二次回路接线图。

按图纸的作用，二次回路图可分为原理接线图和安装接线图。原理接线图又可以分为归总式原理接线图和展开式原理接线图（简称展开图）。安装接线图主要有屏面布置图、屏背面接线图、端子排接线图。

（一）归总式原理接线图

归总式原理接线图简称为原理图。原理图是以设备（元件）为中心，将二次接线和一次接线相关部分画在一起，电气元件以整体形式表示（将线、图和触点画在一起），其相互联系的电流回路、电压回路和直流回路全部综合在一起，表明二次设备构成、数量及电气连接，使看图者对装置的构成有一个明确的整体概念。

归总式原理接线图用统一的图形和文字符号表示，按动作顺序画出，便于分析动作原理，但也存在以下不足之处：

（1）只能表示继电保护的主要元件，细节之处无法表示。

（2）不能反映继电器之间连接线的实际位置，无法满足现场维护和调试工作的需要。

（3）不能反映出各元件内部的接线情况，比如端子编号。

（4）不能反映直流电源来自哪一组电源，直流"正""负"极标注的较为分散。

（5）很难表明完整的继电保护装置。原理图体现了二次回路的设备及其工作原理，无法说明各元件之间的具体连接情况，更没有标明具体的接线端子和回路编号。

原理图只能作为二次回路的设计依据，不可作为二次回路的施工图，数字化的二次设备已基本不采用归总式原理接线图。10kV 线路保护原理图如图 2-6 所示。

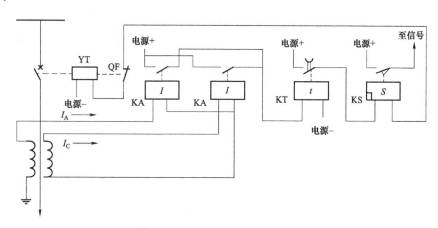

图 2-6　10kV 线路保护原理图

（二）展开式原理接线图

展开式原理接线图简称为展开图。展开图是以回路为中心，把归总式原理接线图按交流电流、交流电压、控制回路、信号回路等独立回路展开表示出来，每一个设备或元件的不同组成部分按照逻辑关系分别画在不同的回路中。展开式原理接线图接线清晰，易于阅读，便于掌握保护装置及二次回路的动作原理和过程。

展开图的特点如下：

（1）按不同的电源划分成多个独立回路。主要有交流电流回路和交流电压回路、直流回路。直流回路按其作用可分为控制回路、测控回路、保护回路和信号回路等。在这些回路中，各继电器的排列顺序是自上而下、自左而右。

（2）展开图的画图特点是能方便地看出动作顺序，清晰地了解回路的连接顺序，它是将继电器的组成部分拆分开来表示。

（3）继电器和每一个动作回路的作用都在展开图的右侧注明。

（4）各导线、端子均有统一规定的回路编号和标号，便于分类查找、施工和检修。

（5）图上画出的触点状态是继电器未通电、未动作时的状态。

（6）直流正极按奇数顺序标号，负极回路则按偶数顺序编号。回路经过元件后，其标号也随之改变。

（7）常用的回路有固定的编号，如跳闸回路用 33、133、233、333 等，合闸回路用 3、103 等。

（8）交流回路的标号除用三位数外，前面加注文字符号。

（9）展开图中二次设备接线关系清晰，动作顺序层次分明，便于读图和分析。但现场安装施工需要更具体的安装接线图。10kV 线路保护展开图如图 2-7 所示。

（三）屏面布置图

屏面布置图是加工制造屏柜和安装屏柜设备的重要依据，应按一定比例绘制屏上设备（元件）的安装位置及设备（元件）间的距离，并标注外形尺寸和中心线。屏面布置图是正视图，从屏的正面可熟悉屏上设备（元件）的配置和排列顺序。屏上设备的排列、布置应根据运行操作的合理性及维护的方便性而定，不经常调整操作的设备（元件）置屏上方或中间，经常操作变动的设备（元件）置屏面下方，以便于运行操作及维护，在屏面布置图中所列的设备表中应注明每个设备（元件）的顺序编号、符号、名称、型号、技术参数和数量等。

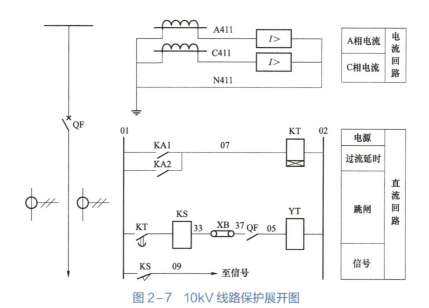

图 2-7 10kV 线路保护展开图

（四）屏背面接线图

屏背面接线图是以屏面布置图为依据，并以展开图为基准绘制的接线图。标明了屏上各个设备的代表符号、顺序号，以及每个设备引出端子之间的连接情况和设备与端子排之间的连接情况。为了配线方便，在接线图中，对各设备和端子排一般都增加了一种采用相对编号法的编号，用以说明这些设备相互连接的关系。

（五）端子排接线图

端子排接线图从屏背面看是表明屏内设备与屏外设备连接情况，以及屏上需装设的端子类型、数目和排列顺序的图纸。端子排用于连接屏内与屏外设备，连接同一屏上属于不同安装单位的电气设备，连接屏顶的小母线和自动空气开关等在屏后安装的设备，它由各种接线端子组成。端子外侧标注与屏外设备的连线，屏外连接主要是电缆，电缆要标注清楚编号、去向、型号、芯数和截面等，且每一回路都要按等电位的原则分别予以回路编号。

二、二次回路识图方法

二次回路中屏柜、元件的接线端子间通过导线进行连接，对这些连接导线均要进行标号，这就是二次回路编号，分为回路编号法和相对编号法。

（一）回路编号法

回路编号法是按回路的功能，以"等电位"的原则标注，即在电气回路中，连接于同一电气点上的所有导线标以相同的回路编号。

回路编号法规则如下：

（1）直流回路从正电源出发以奇数编号，负极按偶数编号，对于不同用途的直流回路，使用不同的数字范围，按电源所属回路进行分组。

（2）同一间隔多台开关设备的，按开关设备的数字序号进行。

（3）交流回路自互感器引出端开始，按电流流动方向依次编号，并加相序，每经过一个元件，回路编号增加一个数。

（4）常用或重要回路给以专用的编号。如电源 101、201，102、202；合闸 7；分闸 37。

（二）相对编号法

相对编号法指连接甲、乙两个端子（元件）的导线，在甲侧端子侧标注乙侧端子的位置，乙侧端子旁标注甲侧端子的位置。相对编号法常应用于安装接线图，方便安装接线和查线。相对编号法如图 2-8 所示。

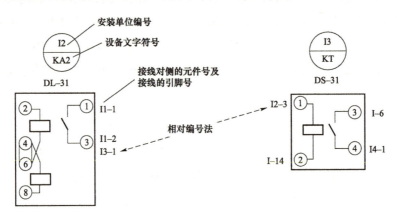

图 2-8　相对编号法

（三）基本识图方法

二次接线的最大特点是其设备（元件）的动作严格按照设计的先后顺序进行，其逻辑性强，读图时只需要按一定的规律进行，便会条理清楚，易读易记。

识图的基本方法可以归纳为"六先六后"：① 先一次，后二次；② 先交流，后直流；③ 先电源，后接线；④ 先线圈，后触点；⑤ 先上后下；⑥ 先左后右。

（1）"先一次，后二次"，就是当图中一次接线和二次接线同时存在时，应先看一次部分，弄清是什么设备和工作性质，再看二次部分，具体起什么作用。

（2）"先交流，后直流"，就是当图中交流回路和直流回路同时存在时，应先看交流回路，再看直流回路。因为交流回路一般由电流互感器和电压互感器的二次绕组引出，直接反映一次设备的运行状况，而直流回路则是对交流回路各参数的变化所产生的反应。

（3）"先电源，后接线"，就是不论在交流回路还直流回路中，二次设备的动作都是由电源驱动的，所以在看图时，应先找到电源（交流回路的电流互感器和电压互感器的二次绕组），再由此顺回路接线往后看；交流沿闭合回路依次分析设备的动作；直流从正电源沿接线找到负电源，并分析各设备的动作。

（4）"先线圈，后触点"，就是先找到继电器或装置的线圈，再找到其相应的触点。因为只有线圈通电（并达到其动作值），其相应触点才会动作；由触点的通断引起回路的变化，进一步分析整个回路的动作过程。

（5）"先上后下"和"先左后右"，就是二次图纸都是按照保护装置或回路的动作逻辑先后顺序，从上到下，从左到右画出来的。端子排图和屏背面接线图也是这样布置的，所以识图时先上后下，先左后右的看是符合保护动作逻辑的，更容易看懂图纸。

以上是二次识图的基本方法，对于具体问题还需要具体分析。

习　题

1. 简答：二次回路采用哪两种标号方法？并解释两种标号方法？
2. 简答：识图的基本方法是什么？

第四节　厂站自动化

学习目标

1. 掌握常规变电站和智能变电站综合自动化系统结构和技术特征
2. 掌握变电站主要自动化设备及配置原则
3. 掌握变电站二次系统安全防护策略、构架和典型安全防护设备

知识点

厂站自动化系统是指应用控制技术、信息处理和通信技术，利用计算机软件与硬件系统或自动装置代替人工进行各种运行作业，提高变电站运行、管理水平的一种自动化系统；它是将变电站的二次设备经过功能的组合，利用先进的计算机技术、现代电子技术、通信技术和信号处理技术，实现对全变电站的主要设备及变电、配电线路的自动监视、测量、自动控制和调度通信等综合性的自动化的功能。

一、变电站综合自动化系统

（一）常规变电站综合自动化系统

常规变电站综合自动化系统典型结构图如图 2-9 所示，常规变电站综合自动化系统通过测控装置、监控主机、远动装置等设备完成自动化信息的采集、处理与传输；就地监控与运行管理功能通过操作员工作站、"五防"工作站的人机界面实现。常规变电站自动化系统的基本特征是：以电网运行监控为主，具备数据采集与监视控制（SCADA）、保护信息和电能量的采集与传输功能。

常规变电站综合自动化系统存在以下问题：

（1）采集资源重复、设计复杂：变电站内存在多套系统；数据采集要求不一致；大量设备都有数据采集单元。

（2）系统、设备之间互操作性差：通信规约繁杂；缺乏一致性测试、权威认证；线性点表传输割裂了数据之间的联系。

（3）信息不标准不规范，难以充分应用：原理、算法、模型不一致导致信息输出不一致；装置信息输出不平衡；通讯规约的信息承载率低。

（二）智能变电站综合自动化系统

智能变电站是指采用先进、可靠、集成和环保的智能设备，以全站信息数字化、通信平台网络化、信息共享标准化为基本要求，自动完成信息采集、测量、控制、保护、计量和检测等基本功能，同时具备支持电网实时自动控制、智能调节、在线分析决策和协同互动等高级功能的变电站。

在设备部署方面，监控主机负责采集电网运行和设备工况等实时数据。增加综合应用服务器，并将其部署在安全Ⅱ区，承担与变电设备在线监测单元、故障录波装置、电能量采集终端、辅助应用设备等的通信接口与信息交互。独

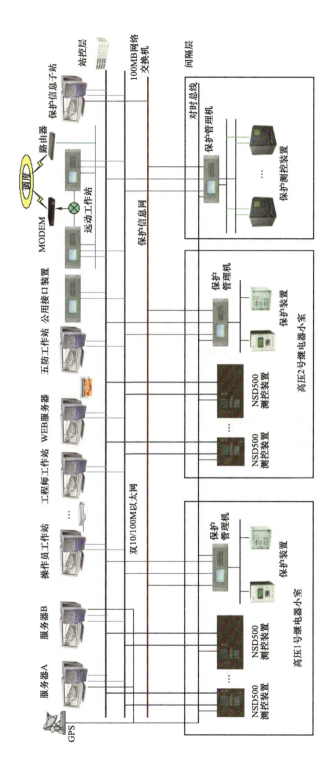

图 2-9 常规变电站综合自动化系统典型结构图

立配置数据服务器，存储变电站模型、图形和操作记录、告警信息、在线监测、故障波形等历史数据，为各类应用提供数据查询和访问服务，强调数据模型统一的要求。针对远程通信服务多样化的要求，配置Ⅰ、Ⅱ、Ⅲ/Ⅳ区数据通信网关机。

电网运行实时量测数据采集，主要通过测控、同步相量测量装置（phasor measurement unit，PMU）装置实现。监控主机、Ⅰ区数据通信网关机以DL/T 860标准接口直接采集测控装置数据。电网动态数据由PMU数据集中器与PMU装置完成数据交互，并直接上送至主站端。电网运行状态与事件信息采集，主要通过测控、保护、稳控装置等实现。监控主机融合原保护信息管理子站的功能，以DL/T 860标准接口实现保护事件信息、管理信息、故障录波信息的采集。故障录波文件格式采用GB/T 14598.24–2017标准。综合应用服务器以DL/T 860标准接口连接位于安全Ⅱ区的智能装置（子系统），实现输变电设备在线监测、计量、电源、消防、安防、环境监测等的信息采集。

变电设备、二次设备的远程控制操作，由Ⅰ区数据通信网关机以DL/T8 60标准接口直接与测控、保护、稳控装置交互，完成控制过程。变电设备、二次设备的当地后台机控制操作，由监控主机以DL/T 860标准接口直接与测控、保护、稳控装置交互，完成控制过程。辅助设备的远程或当地后台机控制操作，需经由综合服务器连接辅助设备，完成控制过程的交互。

智能变电站的主要技术特征：全站信息数字化；信息共享标准化；高级应用互动化。

全站信息数字化：模拟信号逐步被数字信号和光纤代替，断路器和变压器通过智能组件统一的对外信息接口，实现一、二次设备双向通信功能。

信息共享标准化：基于IEC61850标准的统一标准化信息模型实现了站内外信息共享。通过统一标准、统一建模来实现变电站内的信息交互与共享。

高级应用互动化：实现各种站内外高级应用系统相关对象间的互动、满足智能电网互动化的要求。实现变电站与调控中心、变电站与变电站之间、变电站与用户之间和变电站与其他应用要求之间的互联、互通和互动，高级应用。

智能变电站综合自动化系统采用三层两网体系结构，三层指站控层、间隔层、过程层。两网指站控层网络和过程层网络。智能变电站综合自动化系统典型结构图见图2–10。

具体的设备划分如下：

站控层：监控主机、数据通信网关、数据服务器、综合应用服务器、操作员站、工程师工作站、PMU数据集中器和计划管理终端。

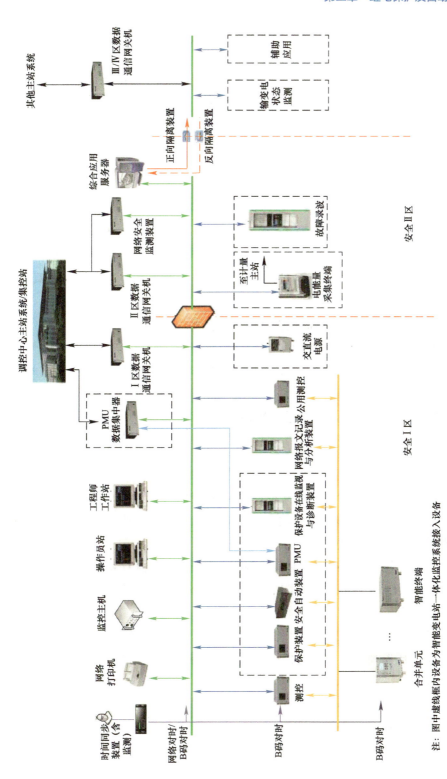

图 2-10 智能变电站综合自动化系统典型结构图

注：图中虚线框内设备为智能变电站一体化监控系统接入设备

间隔层：继电保护装置、测控装置、故障录波装置、稳控装置等。

过程层：合并单元、智能终端、智能组件等。

站控层网络：包括站控层中心交换机和间隔交换机，站控层和间隔层之间的网络通信协议采用 MMS，网络可通过划分 VLAN 分割成不同网段。

过程层网络：GOOSE 网和 SV 网，GOOSE 网用于间隔层与过程层设备间状态和控制数据交换，SV 网用于间隔层与过程层采样值传输。

二、变电站主要自动化设备配置原则

(一) 监控主机

监控主机用于实现变电站一、二次系统运行监视、操作与控制、综合信息分析与智能告警、运行管理和辅助应用等功能。变电站监控主机配置原则如下：

（1）110kV 及以上变电站监控主机应双套配置。

（2）110kV 以下变电站监控主机宜单套配置。

（3）监控主机宜集成操作员站、工程师站等功能，1000kV 变电站操作员站、工程师站应分列。

（4）监控主机应配置国产安全操作系统。

(二) 测控装置

变电站测控装置是厂站计算机监控系统的信息采集、数据处理及控制单元，遵循 DL/T 860 标准，支持模拟量采样、数字量采样、模型导入和导出，具备交流电气量采集、开关量采集、控制输出、防误闭锁、设备状态监测等功能的 IED。变电站测控装置配置原则如下：

（1）各电压等级母线配置单套测控装置，公用测控装置双套配置。

（2）3/2 接线的 500kV 及以上电压等级断路器单套独立配置测控装置，500kV 及以上电压等级线路测控单套独立配置。

（3）220kV 及以下电压等级按间隔单套独立配置测控装置。

（4）主变压器高、中压侧单套独立配置测控装置，低压侧及本体测控装置单套独立配置。

（5）35kV 及以下间隔（主变压器进线除外）采用保护测控一体化装置。

（6）测控装置应具备交流电气量采集、状态量采集、GOOSE 模拟量采集、控制、同期，防误逻辑闭锁等功能。

（三）同步相量测量装置

同步相量是指以协调世界时间或世界标准时间（Universal Time Coordinated，UTC）为基准进行同步采样并转换而得到的相量。电网同步相量之间的相角关系反映了电网相应交流电气量的实际相角关系。同步相量测量装置是指用于进行同步相量的测量、传输和记录的装置。变电站同步相量测量装置配置原则如下：

（1）500kV 及以上变电站应配置同步相量测量装置。

（2）220kV 以下变电站宜配置同步相量测量装置：接入 220kV 并网电厂或接入新能源电站的变电站；在重要电力外送通道上的变电站；配置解列装置的变电站；出线模板超过 8 回的变电站。

（3）其他稳定问题突出的变电站，也应配置同步相量测量装置。

（4）同步相量测量装置集中器应双重化配置，通过两个独立路由与主站通信。

（四）时间同步系统

时间同步装置是指能同时接收至少两路外部时间基准信号，具有内部时间基准（晶振或原子频标），按照要求的时间准确度向外输出时间同步信号和时间信息的装置。变电站时间同步系统配置原则如下：

（1）应配置全站统一的时间同步系统。

（2）时间同步系统由主时钟和时钟扩展装置组成。

（3）主时钟应双台冗余配置，每台主时钟应支持北斗导航系统（BDS）、全球定位系统（Global Positioning System，GPS）和地面授时信号，优先采用北斗导航系统。

（4）时钟扩展装置数量按工程实际需求确定。

（5）站控层设备条件具备时应优先采用 IRIG－B 对时，不具备时宜采用简单网络时间协议（SNTP）对时方式。

（6）间隔层和过程层设备应采用 IRIG－B 对时，优先采用光 B 码。

（7）应具备时间同步监测功能。时间同步监测模块集成于时间同步装置，采用独立模块，用于监测时间同步装置及被授时设备的时间同步状态，主时钟作为授时源为站内设备提供时间同步信号，由备时钟监测模块负责站内被授时设备时间同步监测，时间同步监测信息上送调度主站。

（五）数据通信网关机

数据通信网关机是指实现变电站与调度、生产等主站系统之间的通信，为主站系统实现变电站监视控制、信息查询和远程浏览等功能提供数据、模型和图形的传输服务的一种通信装置。变电站数据通信网关机配置原则如下：

（1）220kV 及以上变电站安全Ⅰ、Ⅱ区数据通信网关机应分别双台冗余配置，Ⅲ/Ⅳ区数据通信网关机应单套配置。

（2）110kV 及以下变电站安全Ⅰ区数据通信网关机应双台冗余配置，Ⅱ区数据通信网关机应单套配置，Ⅲ/Ⅳ区数据通信网关机宜单套配置。

（3）Ⅰ区数据通信网关机应具备告警直传、远程浏览、远程运维、主站顺控和自动验收等功能，Ⅱ区数据通信网关机应具备远程参数配置、录波召唤、保护数据召唤、远程模型和图形文件交互等功能。

（六）调度数据网设备

电力调度数据网是指为电力调度生产服务的专用广域数据网络，是实现各级调度之间及调度与厂站之间实时和准实时生产数据传输和交换的基础设施。变电站调度数据网设备配置原则如下：

（1）厂站应接入调度数据网，调度数据网接入设备应按双套配置。

（2）每套调度数据网接入设备含 1 台路由器、2 台接入交换机。

（3）500kV 省级接入网路由器按汇聚路由器配置，622M 及以上接口不少于 4 个。

（4）220kV 双平面数据网路由器按环网路由器配置，622M 及以上接口不少于 4 个。

（5）110kV 及以下变电站双平面数据网路由器按环网路由器配置，100M 及以上接口不少于 4 个。

（七）监控系统安全防护设备

监控系统安全防护设备是根据《电力监控系统安全防护总体方案》的要求，用于强化变电站边界防护，加强内部的物理、网络、主机、应用和数据安全的完全防护设备的总称。变电站监控系统安全防护设备配置原则如下：

（1）横向边界防护。生产控制大区和管理信息大区之间通信应当部署电力专用横向单向安全隔离装置。

（2）控制区（安全区Ⅰ）与非控制区（安全区Ⅱ）之间应当采用具有访问控制功能的网络设备、安全可靠的硬件防火墙或者相当功能的设备，实现逻辑隔离、报文过滤、访问控制等功能。

（3）纵向边界防护。生产控制大区系统与调度端系统通过电力调度数据网进行远程通信时，应当采用认证、加密、访问控制等技术措施实现数据的远方安全传输以及纵向边界的安全防护。

（4）加密认证装置配置 4 台，正向、反向隔离装置各 1 台，110kV 以上变电站站控层Ⅰ、Ⅱ区网络及过程层网络应双网设计，配置横向防火墙 2 台；110kV 及以下变电站站控层Ⅰ、Ⅱ区网络及过程层网络可单网设计，配置横向防火墙 1 台。

（八）网络安全监测装置

网络安全监测装置部署于电力监控系统局域网网络中，用于对监测对象的网络安全信息进行采集，为网络安全管理平台上传事件并提供服务代理功能。变电站网络安全监测装置配置原则如下：

（1）在变电站涉网区域部署Ⅱ型网络安全监测装置，采集变电站涉网区域服务器、工作站、网络设备和安全防护设备等系统及设备的网络安全事件信息，分析处理后通过调度数据网上报至调度主站的网络安全管理系统。主机类探针软件宜采用监控厂商原厂开发，保证主业务兼容性。

（2）若变电站安全Ⅰ/Ⅱ区内部署了防火墙，在安全区Ⅱ配置 1 台Ⅱ型网络安全监测装置，安全区Ⅰ相关设备的数据通过防火墙传至安全Ⅱ区Ⅱ型网络安全监测装置。若变电站安全Ⅰ/Ⅱ区内未部署防火墙，在安全Ⅰ、Ⅱ区各配置 1 台Ⅱ型网络安全监测装置。

（3）新建或改造的 220kV 及以上变电站网络安全监测装置需双套配置，Ⅰ、Ⅱ区各配置一套。

三、电力监控系统安全防护

电力监控系统安全防护是为了保障电力监控系统的安全，防范黑客及恶意代码等对电力监控系统的攻击及侵害，特别是抵御集团式攻击，防止电力监控系统的崩溃或瘫痪，以及由此造成的电力设备事故或电力安全事故（事件）。

安全防护主要针对电力监控系统，即用于监视和控制电力生产及供应过程的、基于计算机及网络技术的业务系统及智能设备，以及作为基础支撑的通信及数据网络等。重点强化边界防护，同时加强内部的物理、网络、主机、应用和数据安全，加强管理制度、机构、人员、系统建设、系统运维的管理，提高系统整体安全防护能力，保证电力监控系统及重要数据的安全。

（一）电力监控系统安全防护总体原则

1. 安全分区

根据系统中业务的重要性和对一次系统的影响程度进行分区，所有系统都必须置于相应的安全区内；对实时控制系统等关键业务采用认证、加密等技术实施重点保护。

2. 网络专用

建立调度专用数据网络，实现与其他数据网络物理隔离。并以技术手段在专网上形成多个相互逻辑隔离的子网，以保障上下级各安全区的纵向互联仅在相同安全区进行，避免安全区纵向交叉。

3. 横向隔离

采用不同强度的安全隔离设备使各安全区中的业务系统得到有效保护，关键是将实时监控系统与办公自动化系统等实行有效安全隔离，隔离强度应接近或达到物理隔离。

4. 纵向认证

采用认证、加密、访问控制等手段实现数据的远方安全传输以及纵向边界的安全防护。

（二）变电站监控系统安全防护

变电站计算机监控系统应该在变电站层面构造控制区和非控制区，继电保护管理模块及安自装置管理模块应当置于控制区；故障录波装置、电能量采集装置和在线状态监测置于非控制区。

变电站计算机监控系统在与主站端调度自动化系统进行数据通信的生产控制大区纵向边界处，应当部署纵向加密认证装置。具有远方遥控功能的业务（如AVC、继电保护定值远方修改）应采用加密、身份认证等技术措施进行安全防护。

加强变电站，尤其是无人值班变电站的物理安全保护和现场设备的运行管理，防止无关人员接近自动化、继电保护和电力通信相关设备。

变电站网络主要由安全Ⅰ区和安全Ⅱ区组成，Ⅰ、Ⅱ区之间通过防火墙进行逻辑隔离，各业务主机上联至交换机，经过加密装置到路由器，路由器采用CPOS接口分别与省级接入网、市级接入网汇聚点互联，通过骨干网一、二平面与主站进行通信。变电站监控系统安全防护示意图如图2-11所示。

（三）变电站监控系统安全防护设备介绍

1. 纵向加密认证装置

纵向加密认证是电力监控系统安全防护体系的纵向防线。采用认证、加密、访问控制等技术措施实现数据的远方安全传输以及纵向边界的安全防护。对于重点防护的调度中心、发电厂、变电站在生产控制大区与广域网的纵向连接处，应当设置经过国家指定部门检测认证的电力专用纵向加密认证装置或者加密认证网关及相应设施，实现双向身份认证、数据加密和访问控制。

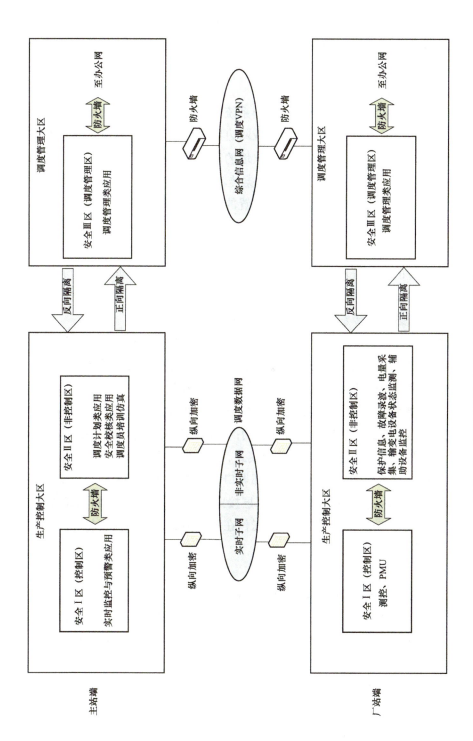

图 2-11 变电站监控系统安全防护示意图

纵向加密认证采用基于非对称密钥技术的单向认证等安全措施，重要业务采用双向认证。为广域网通信提供认证与加密功能，实现数据传输的机密性、完整性保护，同时具有安全过滤功能。

纵向加密认证装置功能特点如下：

（1）纵向加密认证装置位于电力控制系统的内部局域网与电力调度数据网络的路由器之间，用于安全区Ⅰ/Ⅱ的广域网边界保护，可为本地安全区Ⅰ/Ⅱ提供一个网络屏障，同时具有类似过滤防火墙的功能，为上下级控制系统之间的广域网通信提供认证与加密服务，实现数据传输的机密性、完整性保护。

（2）加密认证网关除具有加密认证装置的全部功能外，还应实现应用层协议及报文内容识别的功能。

2. 防火墙

防火墙的目的是保证网络内部数据流的合法性，防止外部非法数据流的侵入，同时管理内部网络用户访问外部网络的权限，并在此前提下将网络中的数据流快速地从一条链路转发到另外的链路上去。

防火墙对流经它的数据流进行安全访问控制，只有符合防火墙安全策略的数据才允许通过，不符合安全策略的数据将被拒绝。防火墙可以关闭不使用的端口，禁止特定端口的流出通信或来自特殊站点的访问。

防火墙主要有以下作用：过滤进、出网络的数据流；管理进、出网络的访问行为；记录通过防火墙的信息内容和活动；对网络攻击进行检测和报警。

防火墙一般有 3 种工作模式：透明模式、路由模式和混合模式。防火墙的工作模式是通过设置接防火墙透明模式部署口的工作模式来实现的，当防火墙工作在透明模式时，需要将接口设置为二层接口。当防火墙工作在路由模式时，需要将接口设置为三层接口。当防火墙工作在混合模式时，则需要将相关接口分别设置为二层接口和三层接口。

3. 隔离装置

横向隔离是电力安全防护体系的横向防线。采用不同强度的安全设备隔离各安全区，在生产控制大区与管理信息大区之间设置经国家指定部门检测认证的电力专用横向单向安全隔离装置，安全接入区与生产控制大区相连时，采用电力专用横向单向安全隔离装置进行集中互联。

正向安全隔离装置用于生产控制大区到管理信息大区的非网络方式的单向数据传输。

反向安全隔离装置用于从管理信息大区到生产控制大区的非网络方式的单向数据传输，是管理信息大区到生产控制大区的唯一数据传输途径。

控制区与非控制区之间采用具有访问控制功能的设备或相当功能的设施进行逻辑隔离。

4. 网络安全监测装置

网络安全监测装置（安全网关机）是网络安全管理平台数据的来源方和命令的传递者。负责采集监测对象的安全信息，控制监测对象执行指定命令，向平台提供安全事件数据、支持相关服务调用。

网络安全监测装置分为Ⅰ型和Ⅱ型。Ⅰ型网络安全监测装置主要实现对主站调度机构内部的主机设备、网络设备、安全设备进行监测；Ⅱ型网络安全监测装置主要实现对变电站站控层、发电厂涉网部分的主机设备、网络设备、安全设备进行监测。

习　题

1. 简答：简述常规变电站综合自动化系统存在的问题。

2. 简答：变电站主要自动化设备有哪些？

3. 简答：电力监控系统安全防护总体原则是什么？

第三章

站用交直流系统

第一节 交 流 系 统

学习目标

1. 了解站用交流系统典型配置及接线方式
2. 熟悉站用交流系统各类负荷及作用
3. 掌握站用交流系统运维注意事项及异常处置要点
4. 掌握站用交流系统典型事故案例分析

知 识 点

　　站用交流系统作为变电站的重要组成部分，是保证变电站安全可靠运行的一个必不可少的环节，为主变压器提供冷却电源、消防灭火装置电源，为断路器提供储能电源，为隔离开关提供操作电源及电机电源，为充电机、监控系统等子系统提供可靠的工作电源，另外交流系统还提供站内照明、生活用电以及检修电源。如果站用交流系统失去将严重影响变电站设备的正常运行，甚至引起系统停电和设备损坏故障。运行人员必须十分重视站用交流系统的安全运行。

一、站用交流系统典型配置方案

　　（1）300kV 及以上变电站和地下 220kV 变电站，配置三路电源，其中两路分别取自本站不同主变压器，另一路取自站外可靠电源，该站外电源应与本站提供站用电源的主变压器独立，提供站用电源的主变压器停电时站外电源仍能可靠供电。当因故障或检修仅剩一路可靠站用电源时，现场应配置临时发电装置，如图 3−1 所示。

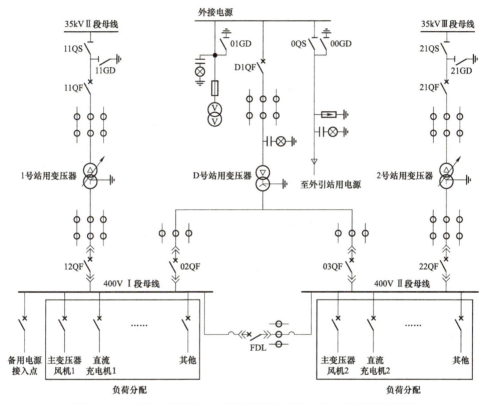

图 3−1　300kV 及以上变电站和地下 220kV 变电站站用电配置

（2）装有两台及以上主变压器的 220kV 及以上变电站，应至少配置两路电源，分别取自本站不同主变压器；或一路取自本站主变压器，另一路取自站外可靠电源，该站外电源应与本站提供站用电源的主变压器独立，如图 3−2 所示。

（3）提供站用电源的主变压器停电时，站外电源仍能可靠供电。

（4）装有一台主变压器的变电站，应配置两路电源，其中一路取自本站主变压器，另一路取自站外可靠电源，如图 3−3 所示。

（5）不装设变压器的开关站，应配置两路电源，分别取自不同的站外可靠电源。两路站用电源不得取自同一个上级变电站。

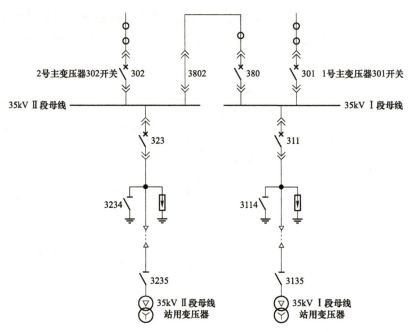

图 3-2 两台及以上主变压器的 220kV 及以下变电站站用电配置

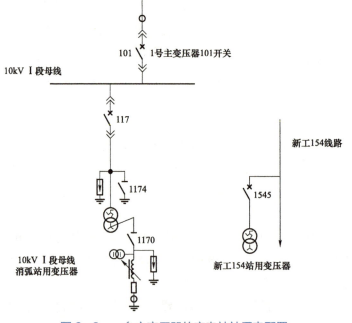

图 3-3 一台主变压器的变电站站用电配置

二、站用交流系统自投配置方案及站用电源接线方式

变电站站用电源自动切换功能是确保站用电源可靠、不间断运行的一种自动切换技术，即当工作电源因某种原因失去电压时，电源自动切换装置能够自动、快速的将站用电切换到备用电源上，确保了站用电不因工作电源的消失而失去电源。因此，对站用电低压电源自动切换装置的要求是具有自动性、准确性、快速性、可靠性。

（一）自动切换功能介绍

目前变电站站用交流电源自动切换功能的实现方式主要有三类：① 接触器（电磁式）切换回路方式；② 微机型备自投装置方式；③ 自动切换开关电器（Automatic Transfer Switching，ATS）方式。

1. 接触器切换回路方式

接触器切换回路以接触器为切换执行部件，切换功能用接触器线圈、辅助触点组成二次回路完成控制功能。典型的交流电源接触器切换回路主要有主变压器冷却器工作和备用电源自动切换回路。

接触器切换回路方式的优点是接线简单、设备元件少，缺点是二次回路长期通电，容易产生温升发热、触点黏结、线圈烧毁等故障。

2. 微机备自投装置方式

微机型备自投装置是一种利用微型计算机控制开关分断实现电源切换的自动装置，其基本工作原理是利用高速微型处理器对采集的模拟量、开关量信息进行逻辑判断，通过驱动电路控制开关设备的关断，实现电源切换。

采用备自投装置时，备自投充放电条件及动作逻辑应满足下列要求：

（1）备自投充电条件：备自投投入工作、工作电源和备用电源电压正常、工作和备用断路器位置正常、无闭锁条件、无放电条件等。

（2）备自投放电条件：断路器位置异常、手跳/遥跳闭锁、备用电源电压低于有压定值延时、闭锁备自投开入、备自投合上备用电源断路器等。

（3）进线备自投装置动作逻辑：判断工作电源电压低于无压定值、工作电源断路器电流小于无流定值，且备用电源电压大于有压定值，延时跳开工作电源断路器，确认断路器跳闸后，合备用电源低压侧进线断路器。备自投动作后，确认备用电源低压侧进线断路器在合位。

微机型备自投装置的优点是技术成熟、功能强大、可靠性高、适应性强，缺点是采集量较多、二次回路接线复杂。

3. 自动切换开关电器方式

自动切换开关电器是一种包含控制器和开关电器的自动切换装置，控制器用于监测电源电路（失压、过压、低压、断相、频率偏差等），ATS 用于将负载电路从一个电源自动转换到另一个电源。

ATS 基本工作原理为自动切换控制器对常用电源和备用电源的相电压同时进行检测，当电源出现偏差时，内部电路对电压幅值及相位的检测结果进行判断，处理结果通过延时后，驱动相应的指令继电器向电动操作机构发出分闸合闸指令。

ATS 装置控制逻辑在控制器实现，目前电网中采用的控制方式主要有自投自复式自动切换控制器和自投不自复式自动切换控制器两种。

（二）各类变电站站用电源接线方式

各类变电站站用电源接线情况及自投配置方式主要分为以下几种：

（1）330～750kV 变电站站用交流系统存在两种电源切换方式、三种接线形式：ATS 自投、带分段备自投、无分段备自投。

（2）220kV 变电站站用电系统主要存在两种接线配置方案：两变无备投方案、两变 ATS 自投方案。

（3）110kV 变电站站用电系统主要存在三种接线形式：双 ATS 自投（同220kV）、单 ATS 自投、单母线分段。

三、站用交流系统各类负荷及馈线方式

（1）站用交流系统负荷按使用途径，主要分为以下几类：

1）Ⅰ类负荷：主变压器冷却系统，消防系统、交流不间断电源（UPS）。

2）Ⅱ类负荷：断路器电机电源、隔离开关操作电源、蓄电池充电机。

3）Ⅲ类负荷：照明、生活用电、检修试验电源。

（2）站用交流系统负荷由站用电母线经交流空气开关送出，分成三种情况：

1）单电源馈线：站用电系统一般负荷，如各房间照明、空调、动力电源等采用单回路供电，可接于任一段母线或公用母线上。

2）双电源馈线（见图 3-4）：站用电系统重要负荷（不允许失电），如主变压器冷却器、直流系统充电机、交流不间断电源（UPS）、消防水泵等采用双回路供电，且接于不同的站用电母线段上，并能实现自动切换。双电源馈线的两路电源不允许并列运行。

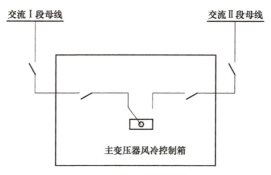

图 3-4　双电源馈线接线方式

3）环网馈线（见图 3-5）：各电压等级的端子箱内的交流电源采用环网供电方式，如端子箱内的加热，储能，刀闸操作等，从一站用电母线段空气开关引出交流电经同一电压等级设备间隔的所有端子箱至另一站用电母线段空气开关形成环网，环网馈线必须开环运行，开断点空气开关上必须做好"并列危险，严禁合闸"的明显标志。

图 3-5　环网馈线接线方式

（3）UPS 系统。不间断电源（Uninterruptible Power System，UPS）是指在主电源（通常是市电）出现供应故障情况下临时向需要不间断工作的系统连续供电的电源系统。UPS 在主电源输入正常时，也可对品质不良的电源进行稳压、稳频、抑制浪涌、滤除噪声、防雷击、净化电源、避免高频干扰等，从而提供给使用者一个稳定纯净的电源，同时具备较高的电压、频率稳定性及波形失真小等优点。

变电站采用交流供电的通信设备、自动化设备、防误主机交流电源等重要负荷应取自站用交流不间断电源系统。

UPS 系统有多种不同的接线方式，目前典型 UPS 系统应具备三个独立的供电电源：① 来自站用电的交流屏上 380V 交流电源（交流输入 2 路）；② 来自直流主馈电屏上的直流 220V 直流电源；③ 来自另一台 UPS 机直接输出 220V 交流电源。

目前新建重要变电站多采用双 UPS 配置（见图 3-6），下面以这种 UPS 系统进行详细说明。

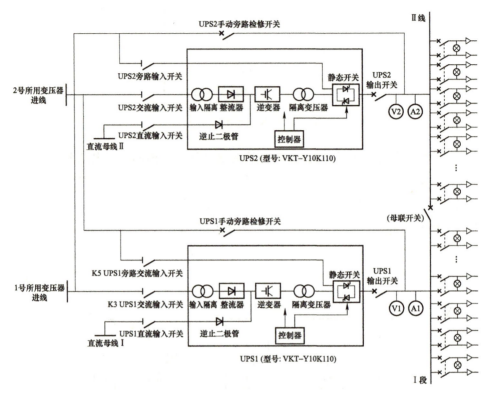

图 3-6　典型双 UPS 配置接线方式

UPS1 站用变电源 1 经 K3 进入 UPS 主回路，整流器将交流电源变换为直流，该直流电源给逆变器供电，逆变器将直流电源变换为高质量交流电源，经静态开关 1 给负载供电。站用变电源 2 分为两路：一路经 KS 进入自动静态旁路，通过静态开关给负载供电；另一路经手动旁路检修开关，直接给负载供电。在站用变压器电源正常情况下，由主回路、整流器、逆变器、静态开关给负载供电。

当交流电源异常时或整流器发生故障停止运行时，将转由直流电源至逆变器以替代中断的整流器输出电源。在转换的过程中，输出无任何中断。

当逆变器处于不正常状况，如逆变器未开启、过温、短路、输出电压异常或者负载超出逆变器承受范围等，逆变器将自动停止运行以防损坏。此时静态开关由交流电源经旁路输出开关给负载使用。

当 UPS 需要维护或者维修时，才能使用手动旁路检修开关。具体操作方法如下：

（1）将 UPS 的逆变开关键置为 OFF 状态，使 UPS 切换到静态旁路输出状态。

（2）闭合手动旁路检修开关。

（3）断开交流输入开关。

（4）断开旁路交流输入开关。

（5）断开直流输入开关。

（6）断开交流输出开关。

此时整个 UPS 除接线排上带电，其余地方均无交流电，可以开始维护。UPS 处于逆变工作状态，手动旁路检修开关严禁闭合！

四、站用交流系统运维注意事项及异常处置、反措要点

（一）站用交流系统运维注意事项

（1）交流电源采用环网供电方式时，交流环网应分别在不同电源的两段交流母线上各有一个引出空气开关及电源指示灯，严禁合环运行，并在交流屏的空气开关上张贴"禁止合闸"警示标志。

1）正常方式：在两段交流母线上的电源起点断开，如交流 I 段母线上的空气开关合位，交流 II 母线上的空气开关分位，交流环路中每个端子箱内的两个空气开关均在合位。此时两段交流母线屏上的电源指示灯都亮，表示交流环路有电。

2）特殊方式：在环路的中间点断开（通常选择在母联开关端子箱内断开），如交流 I、II 段母线上的空气开关都在合位，交流环路中的任一个端子箱内的一个空气开关分开（此空气开关张贴"禁止合环"警示标志）。此时两段交流母线屏上的电源指示灯都亮，表示交流环路有电。

（2）用电系统重要负荷（如主变压器冷却系统、直流系统等）应采用双回路供电，且接于不同的站用电母线段上，并能实现自动切换。正常由一路电源供电，另一路备用。当主供电电源消失，电压继电器会动作，自动切换至备用电源。

（3）站用交流电源系统涉及拆动接线工作后，恢复时应进行核相。接入发电车等应急电源时，应进行核相。试验操作方法列入现场运行专用规程。备用站用变压器切换试验时，先停用运行站用变压器低压侧断路器，确认相应断路器已断开、低压母线已无压后，方可投入备用站用变压器。切换试验前后应检查直流、不间断电源系统、主变压器冷却系统电源情况，强油循环主变压器还应检查负荷及油温。

（4）站用变压器倒闸操作时，要遵循"先停后合"的操作顺序，严禁将两台站用变压器并列。

（二）站用交流系统异常处置要点

1. 环网负载失电（如断路器电机电源消失）检查处理

以图 3-5 所示接线为例进行介绍，正常运行方式下，交流Ⅰ母空气开关合位，交流Ⅱ母空气开关分位，各端子箱空气开关合位。

先检查交流Ⅰ母屏上正常供电的环路空气开关是否跳开，以及电源灯是否亮。如Ⅰ母空气开关跳开，合上此空气开关，恢复环路电源。如合不上，可能环路存在短路。此时从环路中间一个点断开，如在正母线电压互感器端子箱内断开，将两段交流母线屏上的环路电源都合上，此时如Ⅰ母空气开关能合上，Ⅱ母空气开关合上仍跳，可判断为正母电压互感器端子箱至交流Ⅱ母间有短路。可以通过选择不同的断开点来判断，通知检修人员前来排查。如判断为副母电压互感器端子箱内短路，可将正母电压互感器端子箱和出线 2 开关端子箱至副母电压互感器端子箱的空气开关分开，交流Ⅰ母、Ⅱ母上的空气开关合上恢复其他正常间隔的交流电源。如交流Ⅰ母屏上正常供电的环路空气开关在合位，指示灯也亮，而交流Ⅱ母屏上指示灯不亮，则可从此电源消失间隔端子箱至Ⅰ母所有端子箱内检查电源空气开关是否跳开，用万用表测量是否电压正常，可判断故障点。

特殊运行方式下，交流Ⅰ、Ⅱ母空气开关合位，正母电压互感器端子箱内有一个空气开关断开点。

先检查两段交流屏上正常供电的环路空气开关是否跳开，以及电源灯是否亮。如其中一个空气开关跳开，合上此空气开关，恢复环路电源。如合不上，可能环路存在短路。检查方法与正常运行方式相同。

2. 备自投装置异常告警处理要点

（1）检查备自投方式是否选择正确，检查备自投装置交流输入情况。

（2）检查备自投装置告警是否可以复归，必要时将备自投装置退出运行，联系检修人员处理。

（3）外部交流输入回路异常或断线告警时，如检查发现备自投装置运行灯熄灭，应将备自投装置退出运行。

（4）备自投装置电源消失或直流电源接地后，应及时检查，停止现场与电源回路有关的工作，尽快恢复备自投装置的运行。

（5）备自投装置动作且备用电源断路器未合上时，应在检查工作电源断路器确已断开，站用交流电源系统无故障后，手动投入备用电源断路器。工作电源断路器恢复运行后，应查明备用电源拒合原因。

（6）对于成套备自投装置，在排除上述可能的情况下，可采取断开装置电源再重启一次的方法检查备自投装置异常告警是否恢复。

3. 交流馈线失电处理要点

当出现馈线支路低压断路器跳闸、熔断器熔断时。应检查故障馈线回路，未发现明显故障点时，可合上低压断路器或更换熔断器，试送一次。试送不成则不得再行强送。在未查明原因并加以消除前，不得将该回路切至另一段母线或合上环路联络闸刀，以免事故扩大。隔离故障馈线或查明故障点但无法处理，联系检修人员处理。

（三）站用交流系统反措要点

1. 防止全站失去交流电源措施

（1）当任意一台工作变压器退出时，专用备用变压器应能自动切换至失电的工作母线段，继续供电。

（2）站用低压工作母线间装设自动投入装置时，应具备低压母线故障闭锁备自投功能。

（3）低压脱扣器的反措要求。变电站内如没有对电能质量有特殊要求的设备，应尽快拆除低压脱扣装置。若有长时间低电压运行会造成设备损坏的情况（如电机等），确需装设低压脱扣装置时，应将低压脱扣装置更换为具备延时整定和面板显示功能的低压脱扣装置。延时时间应与系统保护和重合闸时间配合，躲过因系统瞬时故障引起的电压暂降波动时间。

（4）站用交流电源系统启用备用变压器自投装置的，应取消次总断路器失压脱扣功能，防止由于时间配合不当造成所用电全停。

（5）ATS 切换装置采用直流电源作为工作电源的，应能在直流电源失电时保持原工作状态。

（6）站用变压器高压电缆不应与低压动力电缆同沟敷设，如同沟敷设应设置有效的防火措施；站用变压器低压动力电缆应与控制电缆分层敷设。

2. 防止部分失去站用交流电源措施

（1）断路器、隔离开关的动力电源应按区域分别设置环形供电网络，禁止并列运行。

（2）站用电系统重要负荷（如主变压器冷却器、直流系统充电机、交流不间断电源、消防水泵等）应采用双回路供电，接于不同的站用电母线段上，并能实现自动切换。

（3）站用变压器低压出口处应设置保护电器，防止站用变压器低压侧电缆故障造成事故扩大。

（4）两台站用变压器分列运行的变电站，电源环路中应设置明显断开点，并做好安全措施，不允许两台站用变压器合环运行。

（5）站用变外接电源线路改造结束恢复送电时，外接站用变压器应与站内站用变压器进行核对相序。

（6）站用变压器低压回路涉及拆动接线工作后，恢复时应进行核相。

（7）站用交流电源系统电源切换操作后，应重点检查主变压器冷却器、直流系统充电机、交流不间断电源、消防水泵等重要负荷的切换功能正常。

3. 防止站用交流电源越级跳闸措施

（1）站用交流电源系统保护层级设置不应超过四层，馈线断路器上下级之间的级差配合不应少于两级。

（2）设计图纸中应包含站用电交流系统图，图中应标明级差配合及交流环路。

（3）站用变压器低压总断路器宜带延时动作，馈线断路器宜先于总断路器动作，上下级保护电器应保持级差，决定级差时应计及上下级保护电器动作时间的误差。

4. 防止站用交流不间断电源装置事故措施

（1）220kV 变电站应配置两套站用交流不间断电源装置。

（2）220kV 及以上变电站的每台站用交流不间断电源装置应采用两路站用交流输入、一路直流输入。

（3）站用交流不间断电源系统应采用单相交流电源输出接线方式，输出馈线应采用辐射状供电方式。

（4）双机双母线带母联接线方式的站用交流不间断电源装置，母联开关应具有防止两段母线带电时闭合母联开关的防误操作措施。手动维修旁路开关应具有防误操作的闭锁措施。

（5）正常运行中，禁止两台站用交流不间断电源装置并列运行。

案例分析

站用交流系统事故一般处理原则为：站用电因故失电，应尽快查明原因，隔离故障点，尽快恢复送电，事故处理过程中应充分考虑站用电失去对重要负荷的影响。站用电故障跳闸，经检查无法找到明显故障点时，可采用分段逐路试送的办法，找到故障支路后，应尽快隔离修复。

案例 1

1. 事件经过

某变电站站用变压器一次接线图见图 3-7，施工单位进行备用变压器滤油工作时，滤油施工现场用电设备或电缆存有原因不明的单相接地故障，其临时施工检修电源箱内的断路器未跳闸，站内交直流配电室的 400A 分支断路器未跳闸，导致站用变压器次级开关越级跳闸。由于该变电站站用变压器备自投装置不具备 400V 母线故障闭锁备自投功能，导致两台分段开关由于备自投装置动作相继合上，三台所变次级开关又由于低压侧故障依次跳开，最终导致全站交流失电。

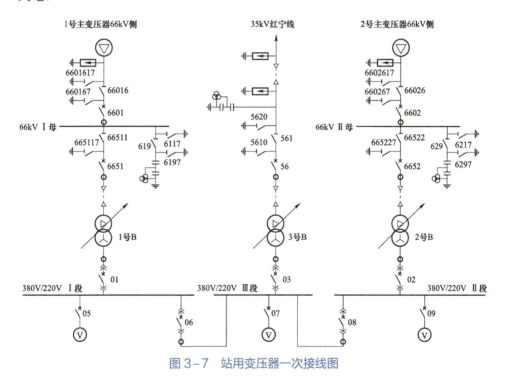

图 3-7 站用变压器一次接线图

2. 防范措施

本次全站交流失电事故直接原因是由检修用电单相接地引起，但本质原因则是站内交流系统配置不当，主要存在以下问题：

（1）交流系统各级空气开关（熔丝）级差配合不正确，导致越级跳闸。

（2）变电站站用变压器备自投装置不具备 400V 母线故障闭锁备自投功能，

导致正常电源自投于故障母线，扩大了故障范围。

（3）检修电源未配置剩余电流动作保护器。

为避免类似故障发生，建议新建站用交流系统在投运前，应完成断路器上下级级差配合试验，核对熔断器级差参数，合格后方可投运。当正常运行的站用交流系统装设备自投装置时，应具备低压母线故障闭锁备自投功能，同时站用交流电源系统的备自投装置应纳入定值管理。对于检修电源要求配置剩余电流动作保护器，并定期对带有漏电保护功能的空气开关测试。

案例 2

1. 事件经过

2007 年 7 月，35kV 某变电站因雷雨天气造成站用变压器高压侧电网电压严重波动引起站用变压器低压侧次级 3QF、4QF 空气开关失压装置动作（属正常动作），造成 3QF、4QF 空气开关跳闸，由于 3QF、4QF 开关有自投功能，瞬时自投成功，此时电源系统一切动作正常。

但交流屏所有的馈线开关自带失压脱扣功能且未设置延时，所以所有的负荷开关瞬时跳闸。由于该开关必须手动复归，在交流母线再次来电是不能自动投入，导致交流馈线屏所有出线开关全部失电（见图 3−8）。

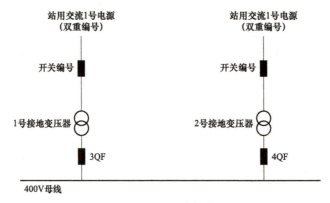

图 3−8　所用电接线图

2. 防范措施

本次交流系统馈线全部失电事故主要暴露了以下问题：

（1）设置了不必要的低压脱扣装置，特别是交流馈线设置低压脱扣装置（影响正常倒站用变压器操作）。

（2）低压脱扣装置应具备延时整定功能，延时时间应与系统保护和重合闸时间配合，躲过系统瞬时故障。

建议变电站内如没有对电能质量有特殊要求的设备，应尽快拆除低压脱扣装置。若需装设，低压脱扣装置应具备延时整定和面板显示功能，延时时间应与系统保护和重合闸时间配合，躲过系统瞬时故障。同时站用交流电源系统的失压脱扣装置应纳入定值管理便于正常运维工作。

案例 3

1. 事件经过

2010 年 8 月 31 日 13 时 18 分，220kV 某变电站 110kV 917 线 B 相故障，继电保护动作跳闸，重合成功。13 时 24 分，110kV991 线 BC 相间故障，继电保护动作跳闸，重合不成功。两条线路跳闸后，监控中心发现多个 110kV 设备间隔发"交流失却"告警信号，917 线路开关及 991 线路开关均发"机械合闸闭锁""弹簧未储能"信号。

操作班人员到达现场后发现交流分屏上接于 2 号站用变压器的 110kV 环路总电源空气开关跳闸，试合成功后，917 线路开关及 991 线路开关电机启动正常，信号复归。

2. 原因分析

变电站 110kV 设备交流环网图见图 3-9。110kV 部分交流环路，正常接于 2 号站用变压器，经交流分屏Ⅲ上空气开关后分别接于 991 线-备用十六 992-备用三 919-918 线-917 线-备用一 916-正母 TV-副母 TV-母联 910-2 号主变压器 902-915 线-914 线-1 号主变压器 901-913 线-备用十二 911-备用十三

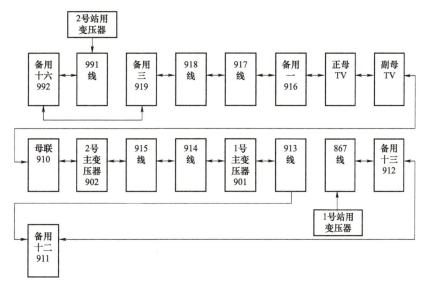

图 3-9　变电站 110kV 设备交流环网图

912-867线开关端子箱,最终回到交流分屏,经交流分屏Ⅰ上另一空气开关(110kV端子箱一)接于1号站用变压器。正常情况下,110kV交流电源由2号站用变压器供电,开断点在交流分屏上1号站用变压器的110kV环路总电源空气开关。

经现场查看,发现交流分屏上110kV环路电源总开关容量为16A(图纸与实际装设一致),而户外开关端子箱内环路空气开关容量为63A,开关端子箱内各负载空气开关容量均为32A。正常情况下交流负载主要为各端子箱、机构箱加热器。通过测量各相电流,发现正常情况下A相:12A,B相:2.5A,C相:2.5A,A相电流远高于B、C两相,原因在于各端子箱、机构箱加热电源均接于A相,且开关机构箱、闸刀机构箱内加热器均无温湿度控制器,均为常投状态,只有开关端子箱内的加热器(100W)有温湿度控制器,可以通过温度或湿度自动控制加热器的投切。考虑到8月31日发生异常时为雷雨天气,空气较潮湿,各加热器正常应均为投入状态。而检修测量上述电流时的天气晴朗,加热器不会全部投入,而这些100W的加热器总共有17只共1700W,电流有7A。因此可以推算出8月31日110kV交流环路A相电流必然大于12A,已经接近于110kV交流环路总开关16A跳闸的临界状态。

当110kV线路跳闸并重合闸后,弹簧机构的3AP1FG西门子开关电机需要启动储能,开关储能电源也是接于A相,电机的瞬时启动电流完全有可能使A相电流达到甚至超过16A后跳闸,使整个110kV交流环路电源失却,导致开关无法储能。

3. 防范措施

(1)设计阶段应提前考虑交流电三相负荷情况,应尽可能使交流电三相负荷均衡分配。

(2)交流环路中各级空气开关的级差配置对交流正常运行至关重要,在新改扩建变电所要注意这方面的验收。

(3)变电所要绘制详细的交直流配置图,从交直流分屏至各隔间负载,各空气开关及熔丝配置均要详细标明,以便牢固掌握变电所交直流回路及事故异常处理。

案例 4

1. 事件经过

110kV某变电站交流电源系统配置有两台10kV站用变压器,两路电源由相互联锁的交流接触器及其控制回路(现场为CB级ATS装置)实现主、备供电源自动切换,见图3-10。该变电站在进行1号、2号站用电切换过程中,由于站用电屏内 2 号进线交流接触器故障,在 1 号站用变压器断开后,2 号站用变压器三相投入不完全,造成变电站低压交流系统 B 相缺相异常。检查发现全站交流系统三相负荷很不平衡,其中 B 相负荷比 A、C 两相负荷大两倍以上,造成接触器 B 相接点发热严重,在接触器接点带负荷开合过程中拉弧较大,最终造成接点损坏。

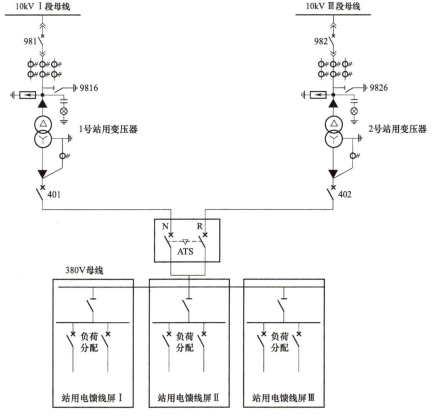

图 3-10 交流系统 ATS 切换装置

本次事故是由于交流系统 B 相负荷较大且自动切换开关电器(ATS)切换装置老化所引起。

2. 防范措施

站用电正常运行时应选择合适的运行分接头位置,低压侧首端相间电压应满足 380~420V 的要求,且三相不平衡值应小于 10V,同时交流电三相负荷应尽可能均衡分配。

ATS 按照工作类别可分为 PC 级和 CB 级。PC 级只能完成双电源自动转换的功能,不具备短路电流分断(仅能接通、承载)的功能。CB 级 ATS 既完成双电源自动转换的功能，又具有短路电流保护（能接通并分断）的功能。从 ATS 应用情况来看，PC 级 ATS 的可靠性高于 CB 级。《站用交直流一体化电源系统技术规范》（Q/GDW 576—2010）推荐采用 PC 级。

运维人员应加强对 ATS 装置的日常检查维护工作，及早发现 ATS 装置隐患并及时消缺。

案例 5

1. 事件经过

110kV 某变电站配置两台站用变压器，一台运行于站内母线上，另一台运行于 10kV 出线上。站内 1 号交流屏中配置双电源切换开关，可实现主、备供电源自动切换，见图 3–11。正常运行时，由 10kV Ⅰ母 2 号站用变压器做为主供电源供电。该变电站运维班组平时未进行备用站用变压器应定期进行切换试验。2015 年 5 月，10kV Ⅰ段母线上的 2 号站用变压器高压侧 A 相熔丝烧坏，1 号交流屏中的双电源自动切换装置动作不成功，导致站内低压交流系统失压。

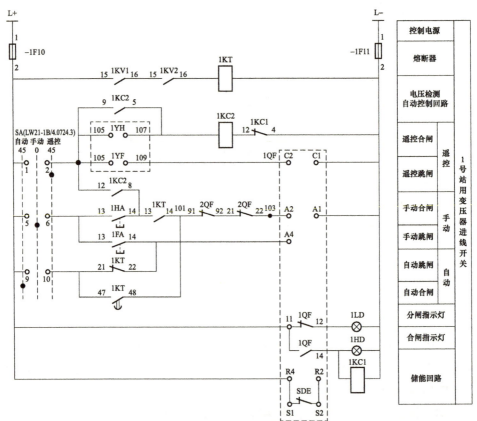

图 3–11　自动切换原理图

检修人员检查发现，1号交流屏中缺相继电器1KV2的15、16一对接点虚接，造成交流屏自动切换功能失效。

2. 防范措施

备自投装置的优点是技术成熟、功能强大、可靠性高、适应性强，但是缺点是采集量较多、二次回路接线复杂，且备自投装置失效不易发现。

日常维护工作中，运行人员必须按照相关管理规定，对备用站用变压器定期进行切换试验，以便及时发现切换装置问题。

习 题

1. 简答：下图为变压器强油循环风冷却器工作和备用电源自动切换回路，试述其切换过程。

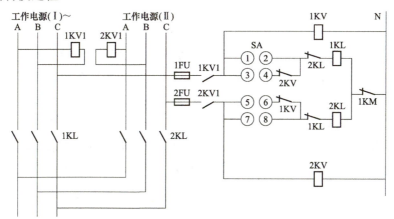

题1图：变压器强油循环风冷却器工作和备用电源自动切换回路

2. 填空：站用交流不间断电源装置交流主输入、交流旁路输入及不间断电源输出均应有_____，直流输入应装设_____。

3. 多选：按工作原理 UPS 分为（　　）等类型。

A. 后备式　　　　B. 在线式　　　　C. 主备冗余式　　　　D. 并机冗余式

4. 单选：微机五防装置交流电源应是使用（　　）电源。

A. 交流　　　　　B. 直流　　　　　C. 不间断　　　　　D. 保护

5. 单选：下列有关站用电系统的说明哪一条是正确的（　　）。

A. 站用变压器高压侧可以两相运行

B. 由于站用变压器中压侧中性点不接地，所变低压侧可以单相接地运行

C. 两台站用变压器可以许并列运行

D. 两段母线上主变压器冷却电源开关应同时合上

第二节 直流系统

学习目标

1. 了解站用直流系统典型配置及接线方式
2. 熟悉站用直流系统各类负荷及作用
3. 掌握站用直流系统运维注意事项及异常处置要点
4. 掌握站用直流系统典型事故案例分析

知识点

直流系统为变电站控制系统、继电保护及自动装置、信号系统提供电源。同时作为独立的电源，在站用交流电失却后可作为应急的备用电源，即使在全站停电的情况下仍能保证继电保护装置、自动装置、控制及信号装置等的可靠工作。若直流系统故障，将直接导致控制回路、保护及自动装置等设备不能正常工作，如果此时发生异常或事故，继电保护及自动装置不能启动，将引起故障无法有效切除，事故范围扩大，并且无法进行正常操作。因此直流系统的可靠稳定运行非常重要，确保直流系统的正常运行是保证变电站安全运行的决定性条件之一。

站用直流系统由直流母线、充电装置（也叫整流装置、充电机等）、蓄电池、绝缘监测、集中监测单元及其他辅助装置组成，如图 3-12 所示。

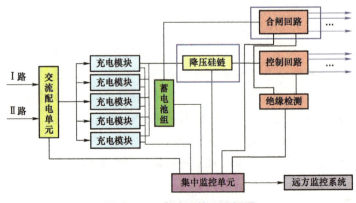

图 3-12 直流系统原理框图

老式变电站的断路器操作机构为电磁式操作机构，需较大的合闸电流来启动合闸线圈，这样会导致断路器在合闸的时候直流母线压降较大，所以直流母线分合闸母线和控制母线，合闸母线指提供给大电流合闸回路负载的直流电源母线，控制母线指提供给控制回路负责的直流母线。充电机和蓄电池直接接入合闸母线，合闸母线电压比控制母线电压高，合闸母线通过降压硅链降压后引出控制母线。

降压硅链由多只大功率整流二极管串联而成，利用 PN 结基本恒定的正向压降来调整电压，通过改变串入的二极管数量来获得适当的压降，达到电压调节的目的，如图 3-13 所示。

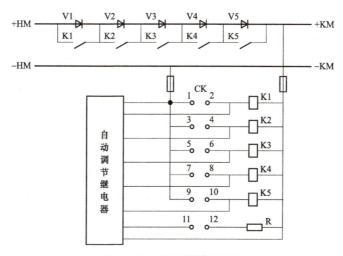

图 3-13　降压硅链原理图

现在随着科技的发展，电磁操作机构断路器已经被淘汰，取而代之的是气动机构、弹簧机构、液压机构等，这些断路器的跳合闸靠储能机构提前储好能量，不需要很大的合闸电流，所以现在的变电站基本没有合闸母线的概念。

一、站用直流系统典型配置方案

1. 330～750kV 变电站典型配置及运行方式

330～750kV 变电站直流电源系统均满足两电三充配置要求，按运行方式不同，分为三种方案：分段充电、短时并列方案；分段充电、分段联锁方案；公用充电、短时并列方案。

2. 220kV 变电站典型配置及运行方式

220kV 站用直流系统存在四种接线配置方案：两电两充、短时并列方案；两电两充、分段联锁方案；两电三充、短时并列方案；两电三充、分段联锁方案。

3. 110kV 变电站典型配置及运行方式

110kV 站用直流系统主要存在两种接线形式：单电单充方案、两电两充方案。

二、站用直流系统各类负载及馈线方式介绍

（1）直流母线上接的主要负载有继电保护及自动装置电源、测控装置电源、自动化及通信装置电源、断路器控制电源、交换机电源、故障录波器、UPS 直流电源等。

（2）66kV 及以上应按电压等级设置分电屏供电方式，不应采用直流小母线供电方式。直流系统的馈出网络应采用辐射状供电方式，严禁采用环状供电方式。35kV 及以下开关柜每段母线采用辐射供电方式，即在每段柜顶设置一组直流小母线，每组直流小母线由一路直流馈线供电，开关柜配电装置由柜顶直流小母线供电。

（3）双重化配置的主变压器、线路保护等，两套主保护电源分别取自直流Ⅰ、Ⅱ段母线，开关控制电源回路两路分别取自直流Ⅰ、Ⅱ段母线（第一组跳闸回路及合闸回路取自直流Ⅰ母、第二组跳闸回路取自直流Ⅱ母）。

（4）采用直流小母线方式供电，采用环路供电的直流回路，一般应在直流配电屏上将一路电源开关合上，另一环路电源开关分开，并在该环路开关上挂"不得合闸"的标示牌。

（5）变电站内保护装置集中在一个保护室内，各装置直流电源直接从直流馈线屏引入，如果保护（含智能终端、合并单元、合智一体装置）分散在几处，可从直流馈线屏接至直流分电屏以便就地供直流电。

（6）部分 220kV GIS、110kV GIS、10kV/35kV 开关柜设备直流电源为环路接线，正常只合一路电源、另一路电源分开，主电源故障时手动先分后合切换至备用电源供电。

（7）部分早期的 220kV 变电站，直流负载（保护装置电源）为屏顶直流小母线接线方式。

三、站用直流系统绝缘监测装置

（一）直流接地的危害

直流系统正常与否，直接影响到变电所继电保护及自动化设备的运行。当直流二次回路对地绝缘不良时，可能会造成二次回路短路、引起继电保护装置

误动或拒动等后果。所以对直流二次回路进行绝缘监测非常必要。

以图 3-14 的接线方式为例说明。

（1）若直流系统正极接地没有得到及时处理，又发生继电保护出口继电器正端接地，则必然使继电保护出口继电器动作，断路器误跳闸（当直流系统发生 AB 两点接地时）。

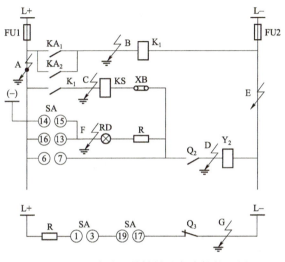

图 3-14　直流系统接地的危害接线示例

（2）若直流系统负极接地没有得到及时处理，又发生保护出口继电器另一侧接地，则使保护出口继电器短接，系统故障时将造成保护拒绝动作而越级跳闸，事故范围会扩大并使一次设备受到损害（如接地发生在 BE 两点、DE 两点或 CE 两点时）。

（3）两点接地可能造成熔断器熔断：当接地发生在 AE 两点时，会引起熔断器熔断（当接地点发生在 BE 和 CE 两点，继电保护动作时）。

（4）一点接地引起的继电保护误动（长电缆电容效应）。

（二）直流绝缘监测原理

直流绝缘监测装置可以实现母线电压、母线对地电压、对地绝缘电阻、支路接地电阻和支路号及瞬时接地监测、显示和报警（接地选线）。《十八项反措》规定，绝缘监测装置配置具有交流窜入直流故障的测记和告警功能。

对于 220V 直流系统两极对地电压绝对值差超过 40V 或绝缘降低到 25kΩ 以下，110V 直流系统两极对地电压绝对值差超过 20V 或绝缘降低到 7kΩ 以下，应视为直流系统接地。

直流母线对地绝缘电阻的检测有两种方法可供选择：平衡电桥法和不平衡电桥法。

1. 平衡电桥法

一种由正、负极等值人工接地电阻与直流母线接地电阻构成的（惠斯通）检测电桥，在母线绝缘良好或接地电阻阻值相近时检测电桥处于平衡状态。常用于直流电源系统非对称性接地电阻的检测。平衡电桥法在绝缘监测仪主机内部设置2个阻值相同的对地分压电阻 R_1、R_2（40～300K），通过它们测得母线对地电压 V_1、V_2。平衡电桥法如图3-15所示。

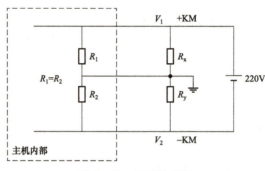

图3-15 平衡电桥法

当系统无接地时，$R_x = R_y = \infty$，$V_1 = 110V$，$V_2 = -110V$。

当系统正母线单端接地时，$R_x \neq \infty$，$R_y = \infty$，测量 V_1、V_2，通过解式（3-1）可求得接地电阻 R_x。

$$\frac{V_1}{R_1 // R_x} = \frac{V_2}{R_2} \tag{3-1}$$

当系统双端接地时，$R_x \neq \infty$，$R_y \neq \infty$，平衡公式见式（3-2），此时 R_x、R_y 为未知数，此方法不能求解。

$$\frac{V_1}{R_1 // R_x} = \frac{V_2}{R_2 // R_y} \tag{3-2}$$

2. 不平衡电桥法

通过正极或负极人工接地电阻的（交替）投切与直流母线接地电阻构成的检测电桥，检测电桥始终处于不平衡状态。常用于直流电源系统对称性接地电阻的检测和协助查找接地支路。不平衡电桥法是由主机内部两个阻值相等的对地电阻通过电子开关 K1K2 按照一定的开合顺序接地。不平衡电桥法如图3-16所示。

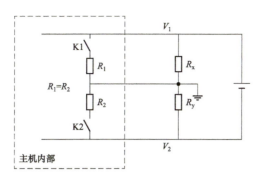

图 3-16　不平衡电桥法

当 K1 闭合，K2 断开，测得 V_1、V_2，得式（3-3）

$$\frac{V_1}{R_1 // R_x} = \frac{V_2}{R_y} \tag{3-3}$$

当 K1 断开，K2 闭合，测得 V_1、V_2，得式（3-4）

$$\frac{V_1}{R_x} = \frac{V_2}{R_2 // R_y} \tag{3-4}$$

联立式（3-3）和式（3-4）就可直接求得正负母线接地电阻 R_x、R_y。

3. 两种直流接地检测方法的比较

平衡电桥法属于静态监测，即测量正负母线对地的静态直流电压，母线对地电容的大小不影响测量精度，由于不受接地电容的影响，检测速度快。但是当直流正负两端都有接地时，测量误差较大，不能准确检测正负两端平衡接地。

不平衡电桥法理论上任何接地方式都能准确检测，当在测量过程中，需要正负母线分别对地投电阻，因此母线对地电压是变化的，为了获得准确的测量结果，每次投入电阻后需要一定的延时，待母线对地电压稳定后再测量，因此检测速度慢，同时受母线对地电容的影响。

正常运行中，绝缘电阻检测应以平衡桥方式为主，不平衡桥方式为辅。

（三）支路监测原理（直流接地支路选线原理）

目前支路对地绝缘电阻的检测主要有两种方法可供选择，即交流低频法和直流差值法。

1. 交流低频法

用已知频率和振幅的正弦交流低频激励信号产生的接地故障电流信号，侦测接地故障支路的方法。较早的微机绝缘监测仪对于支路电阻检测基本上都采用了交流低频注入法。交流低频法如图 3-17 所示。

（1）当母线检测接地异常时，将一个 5～10V，7～15Hz 的低频信号加在直流母线与地之间。

（2）在直流屏的各馈线回路上安装交流互感器。

（3）绝缘正常情况下交流低频回路没有沟通，互感器没有输出。

（4）当某一直流馈线回路对地绝缘电阻下降或接地时，交流低频回路沟通。

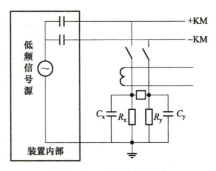

图 3-17　交流低频法

2. 直流差值法

直流差值法是指通过对直流电源系统发生直流接地时支路电流不平衡度（漏电流）的测量，定位接地故障支路的方法。直流差值法如图 3-18 所示。

图 3-18　直流差值法

（1）采用直流漏电流传感器，不需注入交流信号。

（2）测量时分别投入 R_1、R_2（不平衡电桥法）或同时投入 R_1、R_2（平衡电桥法）。

（3）当支路接地时，可测得支路正负出线的电流差，根据欧姆定律求得支路接地电阻。

3. 两种直流接地支路选线方法的比较

交流低频法的优点是交流互感器结构简单，成本低。缺点是需向母线注入交流信号，容易引起设备误动或干扰设备，容易受到接地电容的干扰影响测量精度，同时不能识别接地支路的极性，不能测量双端接地。

直流差值法的优点是无需向母线注入交流信号，从而不受接地电容的影响，同时能识别接地母线的极性，也能测量双端接地。缺点是直流漏电流传感器成本较高。

四、站用直流系统运维注意事项及异常处理、反措要点

（一）直流系统运维注意事项

1. 一般规定

（1）变电站防误装置电源应与继电保护及控制回路电源独立，两套继电保护装置的直流电源应取自不同蓄电池组供电的直流母线段，装置电源、控制电源、信号电源分别独立。双重化配置的主变压器、线路保护等，两套主保护电

源分别取自直流Ⅰ、Ⅱ段母线，测控装置电源单独，开关控制电源回路两路分别取自直流Ⅰ、Ⅱ段母线（第一组跳闸回路及合闸回路取自直流Ⅰ母、第二组跳闸回路取自直流Ⅱ母）。

（2）每台充电装置两路交流输入（分别来自不同站用电源）互为备用，当运行的交流输入失去时能自动切换到备用交流输入供电。

（3）正常运行方式下不允许两段直流母线并列运行，因检修或试验需要，允许两组蓄电池短时并联运行。直流电源系统存在绝缘接地故障情况下，严禁母线并列操作。禁止在两系统都存在接地故障情况下进行切换。

（4）两组蓄电池组的直流系统，应满足在运行中Ⅱ段母线切换时不中断供电的要求，两组蓄电池组的直流系统并列前，应检查两组蓄电池电压差小于2%额定直流电压。

（5）直流母线在正常运行和改变运行方式的操作中，严禁发生直流母线无蓄电池组的运行方式。

（6）直流电源系统同一条支路中熔断器与直流断路器不应混用，尤其不应在直流断路器的下级使用熔断器，防止在回路故障时失去动作选择性。严禁直流回路使用交流断路器。直流断路器配置应符合级差配合要求。

（7）查找和处理直流接地时，应使用内阻大于 2000Ω/V 的高内阻电压表，工具应绝缘良好。使用拉路法查找直流接地时，至少应由两人进行，断开直流时间不得超过 3s，并做好防止继电保护装置误动作的措施。

（8）对于直流母线母联兼蓄电池开关的接线方式，两段母线并列前应检查相应母线充电机运行正常，防止操作中造成母线失电。

（9）在直流系统 DC-DC 48V 变换器输入直流回路上工作需将变换器停役时，操作前需通知通信专业，许可后方可作业。

（10）变电站交直流系统切换操作过程中，如影响对通信设备供电的，操作前应告知信通公司通信人员，经其确认不影响通信网安全运行后，方可进行操作。

2. 蓄电池运维规定

（1）新安装的阀控密封蓄电池组，应进行全核对性放电试验。以后每隔两年进行一次核对性放电试验。运行了四年以后的蓄电池组，每年做一次核对性放电试验。

（2）阀控蓄电池组正常应以浮充电方式运行，浮充电压值应控制为（2.23～2.28）V×N，一般宜控制在 2.25V×N（25℃时）；均衡充电电压宜控制为（2.30～2.35）V×N。老变电站因合闸电流较大，合闸母线电压一般大于控制母线电压，此时合闸母线通过降压硅等调压装置与控制母线连接（微机型继电保护推广后，合闸母线和控制母线无电压差）。

（3）全站仅有一组蓄电池时，不应退出运行，也不应进行全核对性放电，只允许用 I_{10} 电流放出其额定容量的 50%。全站若具有两组蓄电池时，则一组运行，另一组可退出运行进行全核对性放电。

（4）进行蓄电池全核对性充放电时，两组蓄电池一组运行、另一组停用进行全核对性放电。放电用 I_{10} 恒流，当蓄电池组电压下降到 1.8V×N（以 2V 蓄电池为例）或单体蓄电池电压出现低于 1.8V 时，停止放电。隔 1～2h 后，再用 I_{10} 电流进行恒流限压充电–恒压充电–浮充电。反复放充 2～3 次，蓄电池容量可以得到恢复。若经过三次全核对性放充电，蓄电池组容量均达不到其额定容量的 80%以上，则应安排更换。

（5）核对性充放电时，蓄电池组的停用（以 I 组蓄电池停用为例，I 段直流母线仍运行）按以下步骤进行：先将 I、II 段母线联络开关切至运行位置，使 I、II 母并列运行；然后断开 I 组蓄电池输出开关；再取下 I 组蓄电池输出熔丝；最后检查 I 段直流母线各配电回路运行正常。

3. 充电机运维规定

（1）充电装置在检修结束恢复运行时，应先合交流侧断路器，再带直流负荷。

（2）运行中直流电源装置的微机监控装置，应通过操作按钮切换检查有关功能和参数，其各项参数的整定应有权限设置。正常运行情况下，直流控制母线、动力（合闸）母线电压、蓄电池组浮充电压值在规定范围内，浮充电流值符合规定。

（3）应定期对交流切换装置模拟自动切换，重点检查交流接触器是否正常、切换回路是否完好。

（二）直流系统异常处置要点

1. 直流失电处理

（1）异常现象。

1）监控系统发出直流电源消失告警信息。

2）直流负载部分或全部失电，继电保护装置或测控装置部分或全部出现异常并失去功能。

（2）处理原则。

1）直流部分消失，应检查直流消失设备的直流断路器是否跳闸，接触是否良好。检查无明显异常时可对跳闸断路器试送一次。

2）直流屏直流断路器跳闸，应对该回路进行检查，在未发现明显故障现象或故障点的情况下，允许合直流断路器送一次，试送不成功则不得再强送。

3）（Ⅰ或Ⅱ段）直流母线失压时，首先检查该段母线上蓄电池总熔断器是否熔断，充电机直流断路器是否跳闸，再重点检查该段直流母线上设备，找出故障点，并设法消除。更换熔丝，如再次熔断，应联系检修人员来处理。

4）如果全站直流消失，应先检查1号或2号充电机电源是否正常，蓄电池组及蓄电池总熔断器（断路器）是否正常，直流充电模块是否正常有无异味，降压硅链是否正常。

5）如因各馈线支路直流断路器拒动越级跳闸，造成直流母线失压，应拉开该支路直流断路器，恢复直流母线和其他直流支路的供电，然后再查找、处理故障支路故障点。

6）如因1（或2）号充电机、1（或2）组蓄电池本身故障造成直流Ⅰ（或Ⅱ）段母线失压，应将故障的充电机或蓄电池退出，并确认失压直流母线无故障后，用无故障的充电机或蓄电池试送，正常后对无蓄电池运行的直流母线，合上直流母联断路器，由另一段母线供电。

7）如果直流母线绝缘检测良好，直流馈电支路没有越级跳闸的情况，蓄电池直流断路器没有跳闸（熔丝熔断）而充电装置跳闸或失电，应检查蓄电池接线有无短路，测量蓄电池无电压输出，断开蓄电池直流断路器。合上直流母联断路器，由另一段母线供电。

2. 直流系统接地处理

（1）异常现象。

1）监控系统发出直流接地告警信号。

2）绝缘监测装置发出直流接地告警信号并显示接地支路。

3）绝缘监测装置显示接地极对地电压下降、另一级对地电压上升。

（2）处理原则。出现直流系统接地故障时应及时消除，同一直流母线段，当出现两点接地时，应立即采取措施消除，避免造成继电保护、断路器误动或拒动故障。

直流系统接地后，运维人员应记录时间、接地极、绝缘监测装置提示的支路号和绝缘电阻等信息。用万用表测量直流母线正对地、负对地电压，与绝缘监测装置核对后，汇报调控人员。

1）发生直流接地后，应分析是否天气原因或二次回路上有工作，如二次回路上有工作或有检修试验工作时，应立即拉开直流试验电源看是否为检修工作所引起。

2）比较潮湿的天气，应首先重点对端子箱和机构箱直流端子排作一次检查，对凝露的端子排用干抹布擦干或用电吹风烘干，并将驱潮加热器投入。

3）对于非控制及保护回路可使用拉路法进行直流接地查找。按事故照明、防误闭锁装置回路、户外合闸（储能）回路、户内合闸（储能）回路的顺序进行。其他回路的查找，应在检修人员到现场后，配合进行查找并处理。注意 TV 并列装置电源不允许拉路。

4）保护及控制回路宜采用便携式仪器带电查找的方式进行，如需采用拉路的方法，应汇报调控人员，申请退出可能误动的保护。

5）用拉路法检查未找出直流接地回路，应联系检修人员处理。

3. 充电装置交流电源故障处理

（1）异常现象。

1）监控系统发出交流电源故障等告警信号。

2）充电装置直流输出电流为零。

3）蓄电池带直流负荷。

（2）处理原则。

1）一路交流断路器跳闸，检查备自投装置及另一路交流电源是否正常。

2）充电装置报交流故障，应检查充电装置交流电源断路器是否正常合闸，进出两侧电压是否正常，不正常时应向电源侧逐级检查并处理，当交流电源断路器进出两侧电压正常，交流接触器可靠动作、触点接触良好，而装置仍报交流故障，则通知检修人员检查处理。

3）交流电源故障较长时间不能恢复时，应尽可能减少直流负载输出（如事故照明、UPS、在线监测装置等非一次系统保护电源）并尽可能采取措施恢复交流电源及充电装置的正常运行，联系检修人员尽快处理。

4）当交流电源故障较长时间不能恢复，应调整直流系统运行方式，用另一台充电装置带直流负荷。

5）当交流电源故障较长时间不能恢复，使蓄电池组放出容量超过其额定容量的 20%时，在恢复交流电源供电后，应立即手动或自动启动充电装置，按照制造厂或按恒流限压充电–恒压充电–浮充电方式对蓄电池组进行补充充电。

4. 蓄电池容量不合格处理

（1）异常现象。

1）蓄电池组容量低于额定容量的 80%。

2）蓄电池内阻异常或者电池电压异常。

（2）处理原则。

1）发现蓄电池内阻异常或者电池电压异常，应开展核对性充放电。

2）用反复充放电方法恢复容量。

3）若连续三次充放电循环后，仍达不到额定容量的 100%，应加强监视，缩短单个电池电压普测周期。

4）若连续三次充放电循环后，仍达不到额定容量的 80%，应联系检修人员处理。

案例分析

案例 1：交直流互窜导致直流接地

1. 事件经过

对 220kV 某变电站的 110kV 765 线路间隔进行停电操作，在将该线路从冷备用改为检修的操作过程中，运维人员发现该间隔线路接地开关合不上。随后监控人员通知运维人员，后台发"直流接地"告警，运维人员立即中止操作。直流监测装置显示系统中存在直流接地现象，接地支路即为 765 线路间隔。运维人员经申请拉开 765 线路测控装置电源后，直流接地消失，说明刚才操作的线路间隔存在直流接地现象。然而线路停电前，该间隔运行状况良好，并不存在直流接地现象。

2. 原因分析

经逐级测量和排查，检修人员发现在该线路间隔出线带电显示器的接线端子排（如图 3-19 所示）12 和 13 号端子的线缆接反了，即应接在 12 号端子上的 830 线接到了 13 号端子上，应接在 13 号端子的 A65″ 线接在了 12 号端子上。

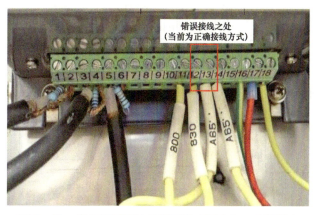

图 3-19 带电显示器接线端子排（图中为正确接线）

该型号带电显示器端子排接线示意图如图 3-20 所示。由图 3-20 中可知，11 和 12 号端子、13 和 14 号端子分别串有一对常开接点。在带电显示器正常工作时，ABC 三相传感器感应到线路带电，这两对接点保持断开状态；只有当线路停电时，ABC 三相传感器检测到线路不带电，这两对接点才会变为闭合状态。

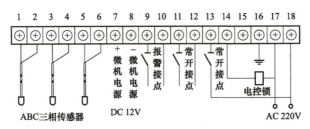

图 3-20　带电显示器端子排接线示意图

经检查，带电显示器端子排上 11~14 端子上接的电缆及 17、18 端子上的交流电源电缆均连接至 7654 接地闸刀机构箱的端子排上。其中 11、12 端子上的 800 和 830 两根线经 7654 接地开关机构箱端子排上并连接至 765 开关端子箱，并最终接到 765 测控装置，用于发送"线路无压"信号；13、14 端子上的 A65″ 双线串联在接地开关电磁锁和临时接地装置回路中，用于控制接地闸刀电磁锁得电与否。

故障线路带电显示器原理接线图如图 3-21 所示。当接线发生错误时，其连接情况如图 3-22 所示。

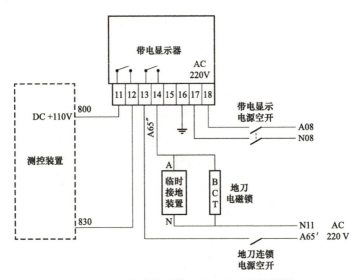

图 3-21　故障线路带电显示器原理接线图

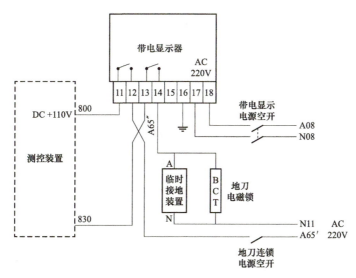

图 3-22 故障线路带电显示器错误接线图

由于带电显示器的电源和传感器接线均正确，带电显示器可以正常工作。在线路带电时，11 和 12、13 和 14 两对接点均断开，此时无论是在正确（见图 3-21）还是错误（见图 3-22）的接线方式下，交流系统和直流系统均是互不连通的，因此错误的接线方式也不会引起直流接地报警。

而在进行线路停电操作时，需要将线路停电并合上接地开关连锁电源空气开关，此时带电显示器感应到线路不带电，其常开接点动作变为闭合（见图 3-23），这样闭合的 11、12 接点将交流系统和直流系统连通起来，从而引发测控装置直流接地报警。这种情形相当于将交流电源与直流电源串联，由于站用交流系统

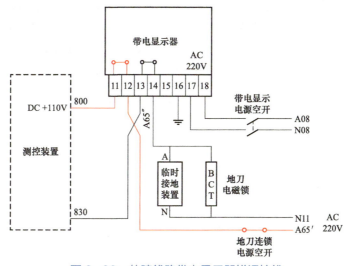

图 3-23 故障线路带电显示器错误接线

是中性点接地系统，而直流系统是不接地的，当交流系统窜入直流电源后，因此势必会发"直流接地"告警。

3. 防范措施

在变电站改造工程中会有诸多涉及交流电源和直流电源改造的情形，交流电源窜入直流电源系统的情况也会更容易发生。因此在施工、验收时要对交直流电源系统的改造工作做好严密把控，交、直流电源端子之间的隔离措施要落实到位，防止类似情况发生。电网运行单位也需要进一步推进落实《十八项反措》中有关直流绝缘监测装置改造工程，确保该装置具有交流窜直流测记与报警功能。

案例 2：直流单点接地引起跳闸故障

1. 事件经过

500kV 某变电站报直流 II 段接地故障，直流接地巡检仪判断故障为第 90 支路负极接地，该支路对应 5052 开关直流电源 2。在处理直流接地的过程中，14时 29 分 58 秒，5052 开关 C 相分闸，14 时 30 分 00 秒，5052 开关三相不一致保护动作，5052 开关三相跳闸。

2. 原因分析

故障发生后，现场对 5052 开关外观进行检查，未见异常。对 5052 开关机构箱内进行了检查，机构箱无受潮凝露现象，三相不一致出口继电器处于自保持状态，其他继电器状态无异常，5052 开关 C 相 SF_6 气体压力与油压均正常。

经检查发现，从 5052 开关操继屏至 5052 开关机构箱 X1−742 端子（见图 3−24 示）的 D49（139C）端子的电缆对地绝缘电阻为 0。经过初步分析，此次开关跳闸是由于直流系统对地的分布电容在一点接地时对跳闸线圈放电引起的。将现场直流回路等效成图 3−25 回路，系统中存在正极对地分布电容 C_+，负极对地分布电容 C_-。下面简单分析分布电容对控制回路影响。

若在控制回路长电缆上发生一点接地，如图 3−25 所示，接于负极的分布电

图 3−24　5052 开关机构箱端子排

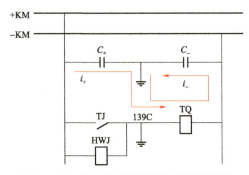

图 3−25　分布电容引起断路器等效回路

容将沿图中方向对跳闸线圈放电，正极的分布电容将沿图中方向对线圈充电，等效为 C+与 C−并联对线圈放电，并联后对地电容增大，当电容足够大时将超过跳闸线圈动作电压，开关将跳闸。

5052 开关跳闸线圈动作区如图 3−26 所示。U 为放电过程中电容电压，U_d 为跳闸线圈动作电压，C、C_2 为系统中不同等效电容的电压下降曲线。时间常数等于 RC，电容越大，时间常数越大，电容电压衰减越慢，开关越容易动作。可以得出 C_1 大于 C_2。C_1 电容电压衰减慢，跳闸线圈动作区域大，开关越容易动作。当发生一点接地时，对地电容将对跳闸线圈放电，放电过程中电压不断

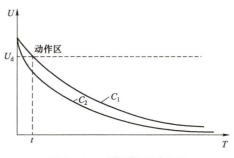

图 3−26　跳闸线圈动作区

下降，如能在跳闸线圈励磁启动开关操动机构前时下降至跳闸线圈动作电压 U_d 以下，则开关不会动作，反之，开关将动作。

现场 5052 开关为第五串设备，距离继电保护小室较远，电缆较长，容易造成分布电容较大。且变电站投运年限较长，规模大，电缆运行时间长，也容易造成分布电容较大。由于正负对地电容并接，分布电容大，电容电压衰减速度慢，在跳闸线圈励磁启动开关操动机构前，电压仍没有降到跳闸线圈动作电压以下，导致开关动作。

3. 防范措施

针对此次直流系统单点接地造成开关跳闸事故，对运维工作中长电缆电容效应的反措具体有以下几点：

（1）加强二次电缆施工工艺、绝缘电阻验收工作力度，确保二次电缆零缺陷投运。同时，在例行检修时加强二次电缆的绝缘检测工作，确保及时发现潜在缺陷。

（2）加强对直流系统维护，提升直流选线装置性能，及时消除交直流缺陷，消除系统安全隐患。

（3）开展对长电缆分布电容的研究，及时更换老旧电缆，长电缆屏蔽层两端必须接地。

（4）在基建技改工程，特别是场地较大的工程中，可研阶段应充分考虑一二次设备间距离问题，尽量有效缩短电缆长度，降低分布电容。

案例3：两段直流间互串

1. 事件经过

220kV某变电站在投产验收过程中，当在Ⅱ段直流母线试验接地时，两套直流系统的绝缘监测装置均报直流接地告警信号，且Ⅰ段始终为正极接地；当在Ⅰ段直流母线试验接地时，只有Ⅰ段的绝缘监测装置有接地告警信号。

2. 原因分析

经查，施工单位没有按照设计图纸接线，两段母线的告警信号共用Ⅰ段的正极（见图3-27）。当Ⅱ段绝缘装置告警时，节点K2闭合，Ⅱ段绝缘监测装置报警。而Ⅰ段绝缘监测装置通过闭合的K2节点与Ⅱ段直流系统上的接地点相连，引发绝缘告警信号。可以看出，当两段母线异极环网（Ⅰ段正极与Ⅱ段负极），所以无论Ⅱ段是正极接地还是负极接地，只要Ⅱ段的装置告警，Ⅰ段总报正极接地。

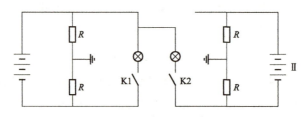

图 3-27　两段直流间互串示意图

3. 防范措施

在基建改扩建工程或日常维护工作中，严禁两段直流间有电缆互串现象，电缆及端子排二次接线的连接应牢固可靠，与图纸设计一致。芯线标志应包括回路编号、本侧端子号及电缆编号，电缆备用芯也应挂标志管并加装绝缘线帽。

案例4：操作不当引起的直流系统失电

1. 事件经过

某日，监控通知某变电所直流一段母线充电机ATS交流输入模块损坏，致使一段母线上充电机失电，"直流系统故障"发信。值班员赶赴现场后，将一段母线上互联开关切至互联方式，在切换过程中，一段母线瞬间失电，所接负载均发异常信号。

2. 原因分析

该变电所直流系统接线形式为两电两充、分段联锁方案，如图3-28所示。

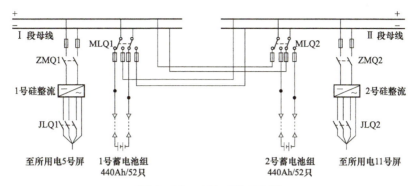

图 3-28 直流系统示意图

JLQ1 为 1 号充电机交流电源空气开关，ZMQ1 为 1 号充电机直流输出空气开关，MLQ1 为一组蓄电池输出/Ⅰ Ⅱ 母母联切换开关，JLQ2 为 2 号充电机交流电源空气开关，ZMQ2 为 2 号充电机直流输出空气开关，MLQ2 为二组蓄电池输出/Ⅰ Ⅱ 母母联切换开关。

当 JLQ1 由于 ATS 交流输入故障而跳开，致使一段母线上直流充电机失去作用，直流一段母线上的负荷均由蓄电池供电，而一段母联开关 MLQ1 为蓄电池输出/Ⅰ Ⅱ 母母联互锁开关，MLQ1 有三个位置"蓄电池输出""母联""停止"，三个位置互锁，每次只能选择一个状态。当时值班员将 MLQ1 从"蓄电池输出"切至"母联"位置，在切换过程中，MLQ1 需要经过"停止"位置，致使一段直流母线上既没有充电机也没有蓄电池，更没有与二段母线互联，负载失电。

3. 防范措施

直流系统采用两电两充、分段联锁方案时，在单台充电机退出运行的异常情况下，应使用另一段母线的母联开关实现两段母线互联，形成一台充电机、一组蓄电池（另一条母线上）供两条母线的接线。有同样直流接线系统的变电站，现场运行规程应在异常处理章节增加相应处理内容。

习 题

1. 简答：在图示的电路中 K 点发生了直流接地，试说明故障点排除之前如果接点 A 动作，会对继电器 ZJ2 产生什么影响？（注：图中 C 为抗干扰电容，可不考虑电容本身的耐压问题；ZJ2 为快速中间继电器）

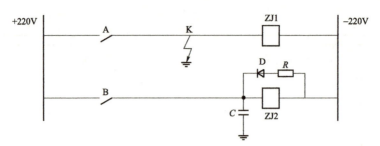

题1图：直流接地示例图

2. 简答：某变电站有两套相互独立的直流系统，同时出现了直流接地告警信号，其中，第一组直流电源为正极接地；第二组直流电源为负极接地。现场利用拉、合直流空开的方法检查直流接地情况时发现：在当断开某断路器（该断路器具有两组跳闸线圈）的任一控制电源时，两套直流电源系统的直流接地信号又同时消失，请问如何判断故障的大致位置，为什么？

3. 单选：《十八项反措》规定，新安装的阀控密封蓄电池组，投运后（   ）年内每隔（   ）年进行一次核对性放电试验。运行了满（   ）年以后的蓄电池组，每（   ）年做一次核对性放电试验。

A. 6，2，6，1　　B. 4，2，4，1　　C. 8，2，8，1　　D. 6，3，6，2

4. 多选：用拉停方法查找直流接地时有时找不到接地点在哪个系统，可能是（   ）原因？

A. 直流接地发生在充电设备上

B. 直流接地发生在蓄电池本身

C. 直流母线上发生直流接地

5. 多选：查找直流接地故障时，应注意事项有（   ）。

A. 发生直流接地时，禁止在二次回路上工作

B. 查找和处理必须由两人进行

C. 处理时不得造成直流短路和另一点接地

D. 拉路前应采取必要措施，防止直流消失可能引起的保护及自动装置误动

第四章

智能变电站技术

第一节 基础知识

学习目标

1. 掌握智能变电站智能组件类型及功能
2. 了解智能变电站自动化系统架构及其配置
3. 掌握智能变电站虚端子及二次虚回路实现

知识点

一、智能变电站概述

当前，我国建设的智能化变电站是指以 IEC 61850 标准（国际电工委员会制定的"变电站通信网络和系统"系列标准）为核心，以全站信息数字化、通信平台网络化、信息共享标准化为基本要求，自动完成信息采集、测量、控制、保护、计量和监测等基本功能，并可支持电网实时自动控制、智能调节、在线分析决策等功能的变电站。

2009 年，智能电网战略目标提出，并在 2010 年进行第一批智能变电站试点工程投运，自 2011 年起，智能变电站进入全面建设和提升阶段。

智能变电站区别于常规变电站最重要的特征是，将一、二次设备之间各种采样、信号、命令等数据传输以光纤替代电缆，以虚端子替代物理端子；以逻辑连接替代物理连接。

在一次设备智能化方面，目前主要采用传统一次设备配置智能组件的方式实现高压设备智能化，这种一次设备和智能组件的有机结合体，具有测量数字化、控制网络化、状态可视化、功能一体化和信息互动化特征。

本章主要围绕基于传统一次设备配置智能组件（智能终端、合并单元、合智集成装置）的模式，介绍智能变电站相关基本知识、操作要点及异常判断处理策略。

智能变电站中还有通过电子式/光电式互感器采样或通过传统互感器常规电缆采样的模式。电子式/光电式互感器采样因在工程应用中的稳定性问题目前尚未有效解决，因此并未真正推广采用；常规采样数字跳闸模式主要应用于《十八项反措》发布后的330kV及以上和涉及系统稳定的220kV智能变电站工程建设。本书中对这两种模式不作专门介绍。

二、智能变电站智能组件类型及功能

智能电子设备（Intelligent Electronic Device，IED）为智能变电站构建的基本单元，是指由一个或多个处理器组成，具有从外部接收（或向外部发送）数据或控制信息，在特定环境下能够执行一个或多个逻辑接点任务的实体。

智能组件（Intelligent Component）是指一次设备智能化组件，由智能站主设备的测量、控制和监测、保护（非电量）、计量等全部或部分IED集合而成。常见智能组件主要包括合并单元、智能终端、合智集成装置等。

1. 合并单元

合并单元（Merging Unit）是指过程层电流/电压互感器间隔层IED装置的接口设备，是用以对装置外部输入的电流和/或电压采样数据进行时间相关组合的物理单元。合并单元可以是互感器的一个组成件，也可是一个分立单元。

合并单元通过二次电缆接入本间隔TA、TV模拟采样数据并进行A/D转换，也可以通过光纤级联接入其他间隔合并单元的数字采样。装置对输入的多个采样值经同步处理合并后，按IEC 61850-9-2标准传输给继电保护、测控等间隔层设备。

合并单元根据现场配置可以进一步分为间隔合并单元和母线合并单元。

间隔合并单元一般按开关配置，3/2接线间隔合并单元又可分为开关电流合并单元和线路电压合并单元，分别用于采集本间隔开关TA电流或本线路TV电压；双母接线间隔合并单元除采集本间隔TA的电流数据和本间隔的TV数据外，还通过点对点光纤接收母线合并单元送来的电压采样数据，并结合本间隔智能终端通过组网送来的母线刀闸位置信号，经过合并和同步处理，将处理后的采样数字信号通过光纤发给间隔层设备（线路保护、母线保护、测控装置以及计量设备等）。

母线合并单元配置在母线电压互感器间隔，用于采集母线电压，220kV 及以上电压等级一般按双重化配置两套母线合并单元，母线合并单元通过光纤级联将母线电压采样数据发送至各开关间隔对应套合并单元。母线合并单元具有母线电压并列功能。

2. 智能终端

智能终端（Smart Terminal）是指一次设备（断路器、隔离开关、主变压器等）的智能组件，它通过电缆与现场设备二次回路相连，通过光纤与保护、测控等二次设备相接。智能终端主要负责采集一次设备的各种开关、刀闸位置信号、SF_6 压力告警/闭锁、弹簧未储能、控回断线等信号，将其发给间隔层二次设备。同时，它能够接收二次设备的各种保护跳合闸、遥控分合闸指令以及测控五防联闭锁等数字信号并通过智能终端的不同接点闭合以实现二次回路控制。

3. 合并单元智能终端集成装置（合智集成装置）

合并单元智能终端集成装置简称合智集成装置，是一种兼具合并单元智能终端功能的智能组件，它既能传送采样数据，又能传送和接收各类开关量、状态量信息。合智集成装置主要配置于 110kV 及以下电压等级设备间隔。

三、智能变电站自动化系统基本架构

智能站遵循 DL/T 860 规约架构，将变电站自动化系统从逻辑上分为站控层、间隔层和过程层三层体系结构，相邻两层之间的传输网络采用高速以太网模式，分别为站控层网络和过程层网络，常被称作"三层两网"。

1. 三层结构划分

（1）站控层：具有面向全站的特点，主要包括后台主机（兼操作员站）、监控/远动主机、保护信息子站、工程师站、网络分析仪、图形网关机、综合应用服务器等设备。

（2）间隔层：按间隔配置，主要包括继电保护、测控、自动装置、录波、电能计量、监测主 IED 等设备，在站控层及站控层网络失效的情况下，间隔层设备应能独立实现相应功能。

（3）过程层：包括合并单元、智能终端、合智集成装置等。

2. 两网配置

（1）站控层网络：主要覆盖站控层间隔层之间数据交换、站控层内数据交换，以及部分间隔层内数据交换，站控层网络主要传输制造报文规范（Manufacturing Message Specification，MMS）报文和通用面向变电站事件对象（Generic Object Oriented Substation Event，GOOSE）报文。间隔层及站控层设备通过站控层交换机按以太网方式连接，遵循 IEC 61850-8-1 标准。220kV 及以上电压等级智能站普遍采用双重化星形结构站控层以太网络，即间隔层设备同时接入站控层 A 网及 B 网，任何一套网络发生通信中断只会发信，不会使设备失去联系；110kV 及以下电压等级则多为单网星形结构。

（2）过程层网络：主要覆盖过程层间隔层之间、间隔层内设备之间以及过程层内设备之间的 GOOSE、采样值（Sampled Value，SV）报文传输，包括直采直跳与组网传输两种数据传输方式。组网传输多采用 GOOSE、SV 共网传输模式（即共用同一根光纤或同一组过程层交换机）。变电站一般按电压等级设置过程层网络。220kV 及以上电压等级过程层网络一般为双套物理独立的网络；110（66）kV 除主变压器间隔外一般配置单网；主变压器各侧（包括低压侧）一般均接入双网。

过程层网络 SV 报文传输遵循 IEC 61850-9-2 标准，SV 采样值数据传递基于发布/订阅机制，由合并单元送出，被继电保护、测控、电能表、PMU 等装置接收，对应的光纤链路被称为 SV 链路。

除 SV 数据以外，过程层网络传递的其他所有信息报文统称为 GOOSE 数据，对应的光纤链路被称为 GOOSE 链路。

智能变电站过程层交换机支持 IEEE802.1 标准，能对各种信息流进行优先级分类，从而确保如跳闸信息、闭锁信息等重要的信息流优先传输。同时，它还支持 IEEE802.1q 标准，即 VLAN 协议，通过在过程层交换机内部划分多个虚拟广播域（VLAN）的方式，使得交换机内部各划分虚拟广播域的数据通信相互独立、互不影响，从而将广播风暴控制在一个 VLAN 内部，避免因大量 SV 信息传输导致整个交换机发生数据"堵塞"情况的发生。

智能变电站的 35kV 及以下部分一般采用户内开关柜设计，保测装置多为就地布置，一二次设备距离较近，一般采用模拟量电缆采样、电缆直接跳闸方式，仅主变压器低压侧间隔配置智能组件。因此 35kV 及以下部分不再设置过程层网络，其保测装置的 GOOSE 报文通过站控层进行传输，主变压器低压侧间隔智能组件可经上个电压等级过程层网络传输组网数据。

以某个 220kV 智能变电站 220kV 部分工程应用实例进行分析，其自动化系统网络结构示意图如图 4−1 所示。

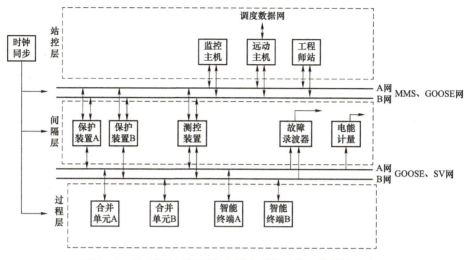

图 4−1　某 220kV 智能变电站自动化系统网络结构示意图

为确保智能变电站系统安全性，对于 220kV 及以上间隔，其继电保护装置、合并单元、智能终端以及相应的过程层网络均按双重化冗余配置：

配置 1：合并单元 A、智能终端 A、第一套线路/主变压器保护装置、第一套母线保护装置、过程层 A 网（过程层 A 网交换机、过程层 A 网中心交换机）。

配置 2：合并单元 B、智能终端 B、第二套线路/主变压器保护装置、第二套母线保护装置、过程层 B 网（过程层 B 网交换机、过程层 B 网中心交换机）。

双重化配置的两套保护装置及相关设备（互感器绕组、跳闸线圈、合并单元、智能终端、过程层网络、保护通道、直流电源等）均应遵循相互独立的原则，当一套设备异常或退出时，不应影响另一套设备的运行。

在该工程实例中，保护装置采样为双 A/D 方式，点对点直接采样，保护装置对本间隔开关跳闸采用光纤直跳方式。其余测控装置、电能计量等采样为单 A/D 方式，通过组网传输 GOOSE、SV 数据。

在组柜方面，合并单元、智能终端均按间隔就地化布置在智能柜中；两套线路保护装置、一套测控装置与本间隔过程层交换机同屏布置；A 组过程层中心交换机与第一套母线保护装置同屏布置、B 组过程层中心交换机与第二套母线保护装置同屏布置。

四、智能变电站自动化系统配置

智能变电站的重要特征是将整个自动化系统变成了"黑匣子"，以光纤替代了电缆，由虚端子和虚回路替代传统端子排及二次回路，检修人员无法用传统的物理回路检测手段对二次设备的运行状况进行判断。专业人员应掌握如何通过配置工具对变电站 SCD 文件进行"机读"，获取相关数据流及虚回路的配置情况，使变电站自动化系统变为"透明"系统。

首先介绍智能站几个重要的配置文件：

（1）SCD：Substation Configuration Description，即变电站配置描述文件，用于描述变电站各个孤立的智能设备的实例配置和通信参数，以及各智能设备之间的逻辑联系。它完整地描述了各个孤立的 IED 是如何整合成一个功能完善的站自动化系统。

（2）ICD：IED Capability Description，智能装置的能力描述文件，由各装置厂商提供给自动化系统集成商，该文件描述 IED 提供的基本数据模型及装置功能。

（3）CID：Configured IED Description，智能装置的实例配置文件。该文件是已完成配置的 IED 描述文件，是通过对 SCD 解耦得到的实例化单装置配置文件，CID 文件中不仅包含本 IED 装置的功能描述，还包含该装置外部的采样、报文控制等信息交换。

（4）CCD：Configured Circuit Description，继电保护回路实例配置文件，用于描述保护或自动装置 GOOSE、SV 发布/订阅信息配置，从 SCD 文件导出下装到保护或自动装置的二次工程文件。

（5）SSD：System Specification Description 一次系统配置文件，用以描述站一次系统连接拓扑结构以及一、二次设备之间的功能关联，SSD 文件最终应包含在 SCD 文件中。

在工程实践过程中，智能变电站自动化系统配置流程图如图 4-2 所示。

上述 ICD、SSD、SCD、CID、CCD 文件均属于继电保护工程文件。

在一项具体的智能站新建工程中，后台厂家工作人员首先需读取全站各厂家 IED 装置（智能组件、保护装置、测控装置等设备）的 ICD 文件，并根据变电站系统一次接线拓扑编制该变电站的 SSD 文件。

接下来，后台厂家根据事先规划好的各 IED 装置的 IP 地址、GOOSE、SV 的组播地址、各插件端口分配信息，以及全站 GOOSE、SV 信息流连线图（设计院提供），通过 SCD 工具进行全站系统组态，生成整站 SCD 文件。SCD 文件中的各逻辑节点已经和具体的 IED 装置发生关联，通过虚端子、虚回路的连接，建立整站 IED 装置之间的相互联系。

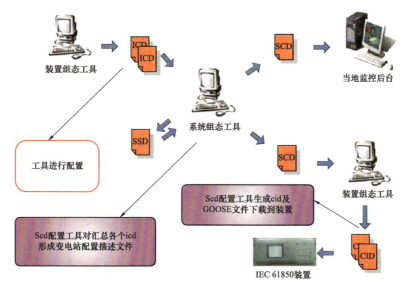

图4-2　智能变电站自动化系统配置流程图

最后，后台厂家工作人员从完成组态后生成的 SCD 文件导出各装置的实例化 CID 文件和 GOOSE 文本，通过各 IED 配置工具将其下装到具体装置并完成调试，即完成整站配置工作。

五、智能变电站虚端子二次回路实现

智能变电站采用 GOOSE 和 SV 信息流后，二次电缆的设计和连接工作变成了各 IED 之间的虚二次回路通信组态和配置。对于一个具体的 IED 而言，其 GOOSE/SV 信息流输入输出传统端子排仍存在着对应关系。

以 220kV 变电站的某出线间隔开关合并单元 A 为例，其虚端子二次回路界面如图 4-3 所示。

由图 4-3 可知，该开关间隔合并单元对应线路保护 A、220kV 母线保护 A、测控装置及智能终端 A 以及母线合并单元 A 之间均有信息传输。

从展开的虚端子详图可清楚看到合并单元 A 装置的保护电压、电流双 A/D 采样、同期电压线路保护 A 装置实现了 Outputs—Inputs 对应连接。

同样，通过组态工具点击查看智能终端 A 合并单元 A 之间的 GOOSE 信息传输，可以清楚地看到智能终端 A 向合并单元发送本间隔两副母线刀闸位置状态量，两者之间建立了正确的虚端子连接。

通过熟练地使用智能站 SCD 工具软件，检修运维人员也可以清晰地看到智能变电站系统内在联系和逻辑回路，实现智能站自动化系统从"黑匣子"向"可视化"的转变。

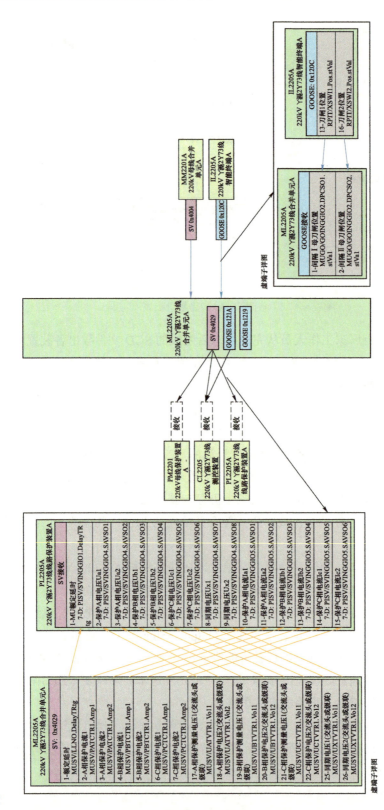

图 4-3 220kV 变电站某出线间隔隔开关合并单元虚端子二次回路界面

六、智能变电站信息流的直采直跳与组网传输

智能变电站信息流主要指过程层网络中各间隔层设备之间、间隔层过程层设备之间传输的 SV 和 GOOSE 数据。信息流的传递主要包括两种方式：直采直跳及组网方式。

1. 直采直跳

根据智能变电站技术导则要求，继电保护装置应直接采样，对于单间隔的继电保护应直接跳闸，涉及多间隔的继电保护（母线保护）宜直接跳闸。这种继电保护设备本间隔合并单元、智能终端之间不经过以太网交换机，以点对点连接方式直接进行采样和跳闸信号传输的模式被称为直采直跳。

2. 组网方式

智能组件之间、二次设备之间，以及二次设备智能组件之间经过程层交换机传输数据的方式，除保护直采直跳以外，其他所有过程层网络的信息传输均为组网传输方式，包括继电保护之间传递的启动失灵、闭锁重合闸、远跳命令，测控装置智能组件之间的信息传递，以及合并单元智能终端之间刀闸位置状态量传递等。值得注意的是，对快速性要求不高的继电保护也可以通过组网方式（经过交换机）跳闸。如 3/2 接线的边断路器失灵保护跳相邻中断路器及母线上所有边断路器、主变压器后备保护跳母联/分段间隔断路器均是通过组网 GOOSE 传输实现跳闸。

过程层交换机主要用于传输智能组件设备二次设备之间、智能组件之间、二次设备之间大量的 GOOSE、SV 组网信息流。交换机内部传输的是光信号，它通过光纤外部设备相连接。根据交换机内部传输的数据类型又可将其分为 GOOSE 网交换机或 SV 网交换机，又或者是 GOOSE、SV 共网交换机，现场工程应用中多采用共网传输交换机。

过程层交换机一般按开关间隔或按串（3/2 接线）进行配置，涉及不同间隔交换数据时，还需经过程层中心交换机实现，交换机端口数量应满足间隔层、过程层设备接入要求。3/2 接线一般在保护小室内设置专门的过程层中心交换机屏；双母接线配置一般将过程层中心交换机设置在母线保护屏内。各电压等级过程层交换机通过相应的过程层中心交换机进行级联，实现

跨间隔数据传输。图 4-4 即为某 220kV 线路间隔的 GOOSE A 网信息流示意图。

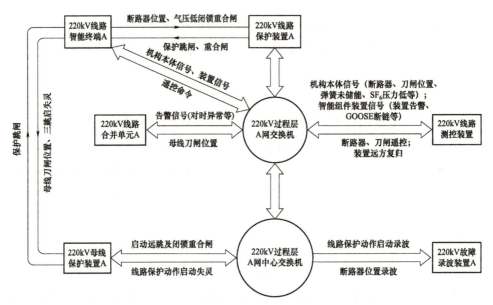

图 4-4　某 220kV 线路间隔的 GOOSE A 网信息流示意图

由图 4-4 可见，该出线间隔过程层交换机用于汇集本间隔信息流，过程层交换机通过过程层中心交换机级联，使得本间隔非本间隔 IED（如母线保护装置）之间能够实现信息交换，例如传递启动失灵、闭锁重合闸等信息。

相比而言，直采直跳的方式传输更加可靠，而采用组网的方式，则更突出信息的共享，且能有效减少各 IED 所需尾纤数量。

习　题

1. 简答：智能变电站从自动化架构上可以分为哪三层，每层各有哪些设备？

2. 简答：以 220kV 出线间隔合并单元 A 为分析对象，其分别有哪些输入量、输出量（含 SV、GOOSE 及模拟量）？

3. 简答：智能站自动化系统构建中 SCD、SSD、ICD、CID 这几个配置文件分别起什么作用，它们之间有什么联系？

第二节 智能设备二次操作及安措要点

学习目标

1. 掌握各智能设备二次操作注意事项
2. 掌握智能变电站保护校验或智能设备单一装置消缺的回路安措

知 识 点

智能变电站区别于常规变电站的操作主要在二次方面，涉及的装置包括智能终端、合并单元、保护装置（及自动装置）、测控装置等，涉及操作除调度发令停启用保护装置外，还包括根据检修工作内容执行相关安措。

一、智能设备单一装置操作注意事项

1. 智能终端

智能终端只有硬压板，智能终端的硬压板包括保护跳闸（A、B、C相）、保护重合闸、开关遥控、刀闸（含接地开关）遥控硬压板以及智能终端置检修硬压板。

对于运维人员来说，一次设备在启动投运前，相应的智能终端应置于跳闸状态。线路保护（或主变压器保护）和母线保护、断路器保护动作后均需通过智能终端的保护出口硬压板才能实现跳闸。正常运行时，运维人员不得通过投退智能终端的硬压板来实现保护的停启用。

智能终端检修硬压板操作前，应确认相应保护装置处于"信号"状态或调整接收其开关、刀闸位置的相关在运保护装置（如调整母线保护刀闸位置强制状态）。

2. 合并单元

合并单元只设置有一块合并单元置检修硬压板。

合并单元置检修，所有上送 SV 报文均 TEST 置位，收到合并单元上送 SV 报文的装置，其检修硬压板若其不一致，则该合并单元采样相关的保护功能将被闭锁。合并单元仅当有检修工作时方可放上此硬压板。

合并单元检修硬压板操作前，应确认相应保护装置处于"信号"状态或相

关的在运保护装置的 SV 软压板在退出状态（对应开关在分位）。

3. 继电保护装置

继电保护装置的硬压板主要包括装置置检修、远方操作硬压板。

装置置检修：检修硬压板一旦投入，则装置视为检修状态。

远方操作：投入时，允许远方进行保护装置软压板投退、定值区切换等操作。

继电保护装置检修硬压板操作前，应确认保护装置处于"信号"状态，且其相关的在运保护装置所对应的 GOOSE 接收软压板已退出（如失灵启动软压板等）。

继电保护装置的软压板可以分为 GOOSE 发送软压板、GOOSE 接收软压板、SV 软压板和保护功能四类软压板。

GOOSE 出口软压板是指保护装置向其他智能装置发送的 GOOSE 开出量软压板，包括跳闸、重合闸、启动失灵、闭锁重合闸、远跳等。

GOOSE 接收软压板是指其他装置发给本装置的 GOOSE 开入量软压板，除母线保护的启动失灵开入、母线保护和变压器保护的失灵联跳开入外，接收端保护装置一般不设 GOOSE 接收软压板。

SV 软压板用于决定保护装置是否接收来自对应合并单元的 SV 采样值信息并用于保护计算，同时也用于监视采样链路的状态。SV 软压板投入后，对应的合并单元采样值参保护逻辑运算；对应的采样链路或采样数据发生异常时，保护装置将闭锁相应保护功能。如电压采样链路异常时，将闭锁电压采样值相关的过电压、距离等继电保护功能；电流采样链路异常时，将闭锁电流采样相关的电流差动、零序电流、距离等功能。SV 软压板退出后，对应的合并单元采样值将不参与保护逻辑运算，对应的采样链路异常也不会影响保护运行。

保护功能软压板：负责装置相应保护功能的投退。

对于运维人员来说，保护装置的软压板操作应在监控后台完成，操作后应在监控画面及保护装置上核对软压板实际状态。远程操作软压板模式时，因通信中断无法远程投退软压板时，可转为装置就地操作。当在保护装置上就地操作软压板时，应查看装置液晶显示确认报文，确认后继续操作。正常情况下，保护装置检修硬压板应取下，保护装置的投远方硬压板应放上。

4. 测控装置

测控装置设有一块检修硬压板，个别厂家的测控装置内部还设有软压板。正常运行中，测控装置的检修压板应取下。当有设备检修时，尤其是刀闸检修验收时，应将测控装置的检修压板放上，否则刀闸的联锁可能将因检修不一致而导致误闭锁。

二、智能变电站保护校验工作二次典型安措

智能组件一般不单独安排校验工作，常规校验工作一般为计划工作，以220kV双母接线为例，主要包括线路保护校验、母联（分段）保护校验、主变压器保护校验以及母线保护校验工作。其中，母线保护校验无需一次设备陪停，其余均需申请一次设备停电方可进行。

1. 一次设备停电，线路保护定期校验

（1）运行安措：

1）退出母线保护该间隔SV接收软压板、失灵启动软压板。

2）退出该间隔线路保护失灵出口软压板。

（2）检修安措：

1）应投入该间隔智能终端、合并单元、线路保护及测控装置检修硬压板。

2）应在该合并单元端子排处将TA短接并断开，TV回路断开。

3）根据工作需要断开线路保护至对侧纵联光纤及线路保护背板光纤。

2. 一次设备停电，母联（分段）保护定期校验

（1）运行安措：

1）退出母线保护该间隔SV接收软压板、失灵启动软压板。

2）退出该间隔保护失灵出口软压板（正常不投）。

3）退出安稳装置中对应母联（分段）开关SV及GOOSE软压板（若站内有安稳装置且其动作逻辑与母联方式相关时执行此项内容）。

（2）检修安措：

1）应投入该间隔智能终端、合并单元、线路保护及测控装置检修硬压板。

2）应在该合并单元端子排处将TA短接并断开，TV回路断开。

3）根据工作需要断开母联开关保护装置背板光纤。

3. 一次设备停电，220kV主变压器保护定期校验

若站内低频低压减载装置、备自投装置等从主变压器低压侧开关合并单元采样的装置，应在主变压器保护校工作前由调度单独发令停用。

（1）运行安措：

1）退出220、110kV母线保护该间隔SV接收软压板、失灵启动接收软压板。

2）退出主变压器保护失灵出口软压板。

3）退出主变压器保护联跳中压侧母联、低压侧分段开关软压板（操作票内完成）。

4）退出安稳装置中对应主变压器的 220kV 侧及 110kV 侧开关 SV 及 GOOSE 接收软压板（若站内有安稳装置且其动作逻辑母联方式相关时执行此项内容）。

（2）检修安措：

1）投入本体智能终端以及各侧开关智能终端、合并单元、主变压器保护及测控装置检修硬压板。

2）在主变压器本体及各侧开关合并单元端子排处，将 TA 短接并断开，TV 回路断开。

3）根据工作需要断开主变压器保护装置背板光纤。

4. 220kV 母线保护定期校验

（1）运行安措：

1）退出母线保护跳闸出口、失灵联跳主变压器软压板（操作票内完成）。

2）退出主变压器保护 220kV 侧失灵联跳开入软压板。

（2）检修安措：

1）投入母线保护检修硬压板。

2）断开母线保护装置背板各路光纤。

上述二次安措均仅考虑各保护装置校验工作密切相关的内容，并不包括一次设备检修配套的二次安措部分，如退出运行中保护联跳检修开关软压板、分开断路器控制电源、分开检修工作范围来电侧刀闸电源等。

3/2 接线、单母分段、内桥接线等方式下保护装置校验工作的二次安措执行应根据相应的保护之间的逻辑联系情况参照执行，既不要过度安措，也要确保应断尽断。在安措实施过程中，一般涉及虚端子回路安全隔离应至少采取双重安全措施，如退出相关运行装置中对应的接收软压板、退出待检修装置对应的发送软压板，放上待检修装置的检修硬压板，甚至是拔掉装置背板光纤。

其中，软压板的操作由运维人员执行，置检修硬压板的操作由检修人员完成。对于无法通过退检修装置发送软压板、且相关运行装置未设置接收软压板的回路隔离，可由检修人员断开相关光纤进行隔离，但不得影响其他装置的正常运行。

三、智能设备单一装置消缺二次典型安措

220kV 及以上电压等级智能设备均为双套配置，以 220kV 双母接线为例，合并单元、智能终端、保护装置中任一单装置发生异常，一般可以开关不停电消缺（保护专业人员判断需一次陪停进行消缺后联动试验的除外）。

1. 一次设备运行，220kV 单套线路（主变、母联/分段）保护消缺

（1）运行安措：

1）退出单套线路（主变压器、母联）保护所有开出，包括跳闸出口、失灵启动、重合闸出口、闭锁备投等软压。

2）退出对应单套母线保护该间隔失灵启动接收软压板。

（2）检修安措：

1）投入该间隔线路（主变压器、母联）保护装置检修硬压板。

2）根据工作需要断开保护装置背板光纤（包括线路保护纵联光纤）。

2. 一次设备运行，220kV 单套线路（主变压器、母联）智能终端有消缺工作

（1）运行安措：

1）申请将该套母线保护停用（退出对应单套母线保护跳闸出口、失灵联跳软压板）；或在安措票内将对应套母线保护中该间隔的闸刀位置强制置位（投入母线保护对应母线刀闸位置软压板、投入母线保护该间隔强制使能软压板）。

2）退出对应单套线路（主变压器、母联）保护跳闸出口、失灵出口软压板（调度单独发令，若为线路保护，则调度还应发令先停用线路主保护）。

3）若运行中主变压器本体智能终端消缺，应向调度申请停用非电量保护，非电量保护退出运行还需经公司总工批准。

（2）检修安措：

1）取下该间隔单套智能终端跳、合闸出口、闭重及遥控硬压板。

2）放上该间隔本套智能终端装置检修硬压板。

3. 一次设备运行，220kV 单套线路（主变压器、母联）合并单元有消缺工作

（1）运行安措：

1）退出对应单套母线保护跳闸出口、失灵联跳软压板（调度单独发令）。

2）将对应单套线路（主变压器、母联）保护整套保护停用，退出线路（主变压器、母联）保护所有开出，包括跳闸出口、失灵启动、重合闸出口等软压板（调度单独发令）。

（2）检修安措：

1）投入该间隔单套线路（主变压器、母联）开关合并单元装置检修硬压板。

2）根据需要采取在合并单元端子排处将 TA 短接并断开、TV 回路断开措施（检修自行掌握）。

4. 一次设备运行，220kV 单套母线合并单元有消缺工作（保护取母线电压）

（1）运行安排：

1）退出对应单套母线保护跳闸出口、失灵联跳主变压器出口软压板（调度单独发令）。

2）退出对应单套线路保护跳闸出口、失灵出口、重合闸出口软压板（调度单独发令）。

3）退出对应单套主变压器保护跳闸出口、失灵出口、闭锁低压侧备自投软压板（调度单独发令）。

（2）检修安排：

1）投入单套 220kV 母线合并单元检修硬压板。

2）根据需要采取在合并单元端子排处将母线 TV 回路断开措施（检修自行掌握）。

5. 一次设备运行，220kV 单套母线合并单元有消缺工作（保护取线路电压）

（1）运行安排：退出对应单套母线保护跳闸出口、失灵联跳主变出口软压板（调度单独发令）。

（2）检修安排：

1）投入单套 220kV 母线合并单元检修硬压板。

2）根据需要采取在合并单元端子排处将母线 TV 回路断开措施（检修自行掌握）。

6. 一次设备运行，220kV 母线智能终端有消缺工作

（1）运行安排：若消缺工作可能会影响母线电压正常输出，则应根据现场实际进行母线 TV 并列操作（若 220kV 母线分列运行时，则不得进行并列操作），或向调度申请停用可能受影响的对应套母线保护及线路/主变压器保护。

（2）检修安排：投入母线智能终端检修硬压板。

110kV 及以下电压等级智能设备一般单套化配置（主变压器、个别重要出线除外），单一智能设备异常处理，原则上应申请一次设备陪停处理。

其余 220kV 及以上 3/2 接线、扩大内桥等接线方式下的单一装置不停电消缺二次典型安排可根据相应的保护之间的逻辑联系情况参照执行。

习 题

1. 简答：220kV 主变压器保护定期校验（各侧开关陪停、智能组件配合校验），运行人员和检修人员分别需执行哪些安措？

2. 简答：330kV 某智能变电站 330kV ××一线路发生短路故障，该线保护因 3320 开关合并单元"装置检修"硬压板投入而双套保护闭锁（事故前运方如下，第二串同串 2 号主变压器及 3322、3320 开关有检修工作）。事故发生后，站内 1 号、3 号主变压器高压侧后备保护动作，跳开主变压器三侧开关，××二线对侧线路保护零序Ⅱ段保护动作，事故造成该站全站停电，且所带 110kV 8 座变电站、1 座牵引变电站和 1 座 110kV 水电站失压。

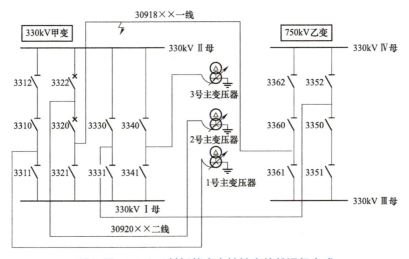

题 2 图：330kV 某智能变电站站事故前运行方式

分析在此案例中，运维或检修人员在工作前还应补充采取哪些安措可以避免此次事故发生，简单说明采取该补充安措的内在逻辑。

第三节　智能站常见异常判断及处理

学习目标

1. 掌握通过异常现象判断设备异常
2. 掌握智能设备异常运维现场处理原则

知识点

一、智能设备异常现象判断

运维人员应熟练掌握对智能设备异常现象进行判断的能力。当智能设备发生异常后，运维人员应根据相应的后台告警、光字牌、装置液晶面板报告以及信号指示灯等内容进行综合分析，准确判断设备异常的性质以及影响范围，为后续设备异常处理提供依据。

智能设备的常见异常包括 GOOSE 断链、SV 采样异常或断链、双 A/D 采样不一致、检修不一致等，下面具体介绍这些常见异常的信号释义、现场现象、影响范围及可能导致的后果。

（一）GOOSE 断链

1. 信号释义

GOOS 断链是一个合成信号，逻辑为"或"，当装置在一定时间内（通常 20s）未收到订阅的 GOOSE 报文，则由接收端装置发出 GOOSE 链路中断信号。

2. 现场现象

装置面板链路异常灯或告警灯点亮，装置液晶面板显示××间隔 GOOSE 链路中断，后台监控显示××间隔 GOOSE 链路中断。

3. 影响范围

对于完全独立双重化配置的设备，单条 GOOSE 链路中断最严重的将导致一套保护拒动，但不影响另一套保护正常快速切除故障；对于单套配置的设备，特别是单套智能终端报出的 GOOSE 链路中断，可能导致元件主保护拒动。

（二）SV 采样异常或断链

1. 信号释义

该信号通常为合成信号，子信号包括"采样数据断链""采样数据无效""采样品质异常"等。此时保护装置相关功能将受到影响或闭锁。

2. 现场现象

保护装置报"采样数据断链""采样数据无效""采样品质异常"等信号，装置告警灯亮。

3. 影响范围

所涉及的保护装置（或部分功能）将被闭锁，发生电网故障时该套采样异常告警的保护将不会动作。

（三）过程层交换机故障

1. 信号释义

过程层光交换机具有自检功能，当自检到自身异常或装置失电时，由交换机异常告警继电器接点和失电告警继电器发出，通过硬接线接入到公用测控装置，经公用测控装置上送；对于双重化配置的过程层 GOOSE A 网交换机故障，可能会导致测控装置的遥信、遥控功能失效，GOOSE 交换机故障可能会导致相关装置失灵功能失去。

2. 现场现象

装置运行异常灯点亮，同时接入该交换机的测控装置、保护装置、智能终端、合并单元、故障录波、网络分析装置、PMU、电能表等设备应有 GOOSE、SV 链路中断告警。

3. 可能导致后果

经此交换机的通道异常或中断，不影响点对点的主保护功能，但可能会导致后备保护拒动。可能影响的装置有测控装置、保护装置、智能终端、合并单元、故障录波、网络分析装置等发生网络应用的 GOOSE、SV 链路中断，可能会导致相关保护装置失灵功能失去，但不影响点对点的主保护功能。

（四）站控层交换机故障

1. 信号释义

站控层交换机通过以太网外部设备相连接，该交换机具有自检功能，当自检到自身异常时，或装置失电时，由交换机异常告警继电器接点和失电告警继电器发出，通过硬接线接入到公用测控装置。

2. 现场现象

装置运行异常灯点亮，同时可能伴有接入该交换机的装置通道中断等指示灯点亮的现象，接入该交换机的间隔层设备（含保护装置、测控装置、故障录波、PMU、电能表、网络分析装置等）MMS 链路单通道中断告警。

3. 可能导致后果

经此交换机的通道异常或中断，可能影响的装置有接入站控层网络的保护装置、测控装置、故障录波、PMU、电能表、网络分析装置等，由于站控层网络一般采用双网运行，其中一台站控层交换机故障，不影响变电站监控后台调控主站对变电站的监控运行。

（五）检修压板不一致

1. 信号释义

当装置检修硬压板投入时，其发出的 SV、GOOSE 报文均带有检修品质标识，接收端设备将收到的报文检修品质标识自身检修硬压板状态进行一致性比较判断，仅在两者检修状态一致时，对报文做有效处理。当两者不一致时，报检修不一致信号。

2. 现场现象

装置液晶面板上报"检修压板不一致"。

3. 可能导致后果

保护装置与保护装置之间检修不一致，会导致本套保护装置不采纳另一套保护装置失灵开入信号，两套保护之间失灵回路失效。

保护装置合并单元之间检修不一致，会导致合并单元发送的采样值不参与保护装置逻辑计算，并闭锁相关保护功能。如电压采样值异常时，将闭锁电压采样值相关的过电压、距离、方向等保护功能，开放复压闭锁功能；电流采样值异常时，将闭锁电流采样相关的电流差动、零序电流、距离等保护功能。

测控装置与合并单元之间检修不一致，会导致测控装置无法正确显示该间隔的采样及功率显示；测控装置与智能终端之间检修不一致，会导致测控五防联闭锁状态不正确，测控装置的遥控命令无法被正确执行，智能终端的五防联闭锁接点无法接通进而影响操作等。

保护装置智能终端之间检修不一致，会导致保护装置不采纳智能终端的开关、刀闸等位置开入，保护装置中开关、刀闸等位置开入相关功能受影响。保护装置动作时，智能终端无法执行保护装置相关跳合闸指令。

（六）双 A/D 采样不一致

1. 信号释义

继电保护装置为了确保其获得的采样值准确可靠，通常采用双 A/D 采样，即对同一组 TA 次级同时用两组 A/D 采样模块进行采样，并把两组采样值一同传输给保护装置供保护计算。当两组采样值偏差达到一定程度时，保护装置报双

A/D 采样不一致。

2. 现场现象

保护装置液晶面板上报"双 A/D 采样不一致""采样异常"。

3. 可能导致后果

保护装置收到的电流值"双 A/D 采样不一致",将闭锁电流采样相关的电流差动、零序电流、距离等功能。

保护装置收到的电压值"双 A/D 采样不一致",将闭锁电压采样值相关的过电压、距离、方向等保护功能,开放复压闭锁功能。

(七)母线合并单元电压互感器二次并列异常

1. 信号释义

母线电压并列操作时条件不满足,母线合并单元会报出"电压并列异常"信号,此时电压并列不成功。

2. 现场现象

操作并列把手后,母线合并单元"电压并列"灯不亮,"并列异常"灯亮。

3. 可能导致后果

出现"电压并列异常"时代表母线电压并列不成功,母线合并单元中实际处于解列状态。母线电压并列运行时出现该信号,将导致在将被检修电压互感器退出运行时,导致被检修电压互感器所在母线的母线保护复压条件被误开放,对取母线电压用作保护电压的线路保护装置将发 TV 断线信号,其带方向的保护功能将被闭锁(取线路电压互感器用作线路保护电压的装置不受影响)。

(八)合并单元装置异常

1. 信号释义

该信号通常为合成信号,由"合并单元装置告警"和"合并单元失电/闭锁"合成。

现场对合并单元的这两个信号一般采用硬节点的方式送出。对于合并单元布置在保护小室的情况,这两个信号通过室内电缆直接接到测控装置;合并单元就地布置时,这两个信号通常接到智能终端作为其普通开入,由智能终端将该信号以 GOOSE 形式上送。

2. 现场现象

对于"异常告警"信号,装置面板"告警"灯点亮,并伴有其他具体项目的告警灯点亮；对于"闭锁告警"信号，除"告警"灯点亮外，部分厂家的装置面板"运行"灯还会熄灭。如配有液晶面板，其上显示自检报告，提示告警元件。

3. 可能导致后果

合并单元异常最可能导致的是其发送 SV 数据错误，从而引起之相关的保护闭锁甚至不正确动作。具体影响范围可结合"××保护采样异常"信号释义。对完全独立双重化配置的设备，一套合并单元异常不会影响另一套保护系统的。

（九）智能终端装置异常

1. 信号释义

该信号通常为合成信号，由"智能终端装置告警"和"智能终端失电/闭锁"合成。

智能终端装置始终对硬件回路和运行状态进行自检，当出现严重故障时，装置闭锁所有功能，并熄灭"运行"灯；否则只退出部分装置功能，发告警信号。现场的这两个信号通常接至本开关的另一套智能终端作为其普通硬接点开入，由另一套智能终端以 GOOSE 报文的方式上送至监控系统。

2. 现场现象

对于"异常告警"信号，其面板上的"装置告警"灯点亮，并可能同时伴有其他具体的告警指示灯亮，如"GOOSE 断链"等；对于"失电/闭锁告警"信号，除"告警"灯点亮外，部分厂家装置面板"运行"灯会熄灭。

3. 可能导致后果

智能终端告警将有可能影响到与之相关的保护装置正常跳合闸命令执行，甚至造成保护不正确动作。

（十）合并单元/合智集成装置对时异常或采样失步

1. 信号释义

合并单元或智能单元需要接收外部时间信号，应保证装置时间的准确性。当装置外接对时源使能而又没有同步上外界时间信号时，报出该信号。

2. 现场现象

装置前面板"对时异常"或"同步异常"灯点亮。

3. 可能导致后果

一般来说，由于保护装置多采用直采方式，对时异常或采样失步对保护功能并没有影响；对于网采方式，该异常将影响装置功能。如测控装置为网采方式，测控装置的采样将失效。

（十一）保护装置异常

1. 信号释义

保护装置运行中不断对硬件回路和运行状态进行自检，当自检发现存在一般故障时，将触发"运行异常告警"，退出部分装置功能；当自检到装置存在严重故障时，触发"闭锁告警"，装置闭锁相关功能。"运行异常告警"和"闭锁告警"两者取或逻辑进行"保护装置异常"发信。

2. 现场现象

对于"运行异常告警"，装置面板"告警"灯点亮；对于"闭锁告警"，除"告警"灯点亮外，部分厂家装置面板"运行"灯还会熄灭。装置液晶面板显示自检报告，提示告警元件。

3. 可能导致后果

对于完全独立双重化配置的线路保护，单套装置异常信号最严重将导致一套保护拒动，但不影响另一套保护正常快速切除故障；对于单套配置的线路保护，"闭锁告警"会导致保护拒动，"运行异常告警"可能导致主保护拒动或者线路重合闸失败。

二、智能设备异常运维现场处理原则

变电站智能设备异常及事故处理原则上应按照上级调控、运检相关规范及变电站现场运行专用规程执行。

当智能变电站的二次智能设备发生异常时，如果该异常设备是单套配置的合并单元、智能终端、合智集成装置或保护装置中任一设备，均会造成一次设备无保护运行的后果。作为运维人员，此时应尽快确认设备异常，向调度汇报并说明具体情况及影响，根据调度命令调整一次设备状态及受影响的继电保护装置。必要时，在现场规程允许且征得工区及调度同意的情况下，也可以尝试对设备进行一次短时重启应急处置。

若发生异常的设备是双套配置的二次设备或智能组件中的一套，则运检人员可遵循"先重启装置；重启不成，立即隔离"的流程进行处理，也可以在现场检查确认后，由运维人员直接汇报调度并联系检修进行处理。

下面就按合并单元、智能终端、保护装置等发生异常或故障的情况，说明其重启及隔离的方法。

1. 合并单元异常或故障

双套配置的开关合并单元单套装置异常或故障时，应向调度申请将受影响的相关保护停用（包括本间隔保护和跨间隔保护，如线路或主变压器保护、开关保护、母线保护等）后，投入合并单元检修压板，重启装置一次，重启后若异常消失，则将合并单元装置恢复到正常运行状态并向调度汇报启用相关保护；重启不成，保持该装置重启时状态。汇报调度，并联系检修处理。

若运维人员未申请对装置进行重启，但已通过现场检查并确认合并单元存在装置异常或故障，此时应立即根据调度口令采取必要的运行隔离措施——申请停用受影响的母线保护、线路保护、主变压器保护等。在检修人员对合并单元进行消缺前，检修人员还应采取检修隔离措施——投入异常合并单元的检修压板，并断开异常合并单元输出 SV 光纤。

若 3/2 接线母线合并单元发生异常，将影响相关线路的测控同期、重合闸同期功能及母线电压的显示，对保护功能没有影响，可不停用保护装置。

若双母接线母线合并单元发生异常，如线路保护采用线路 TV，则将影响母线保护的复压闭锁、线路重合闸的同期功能、线路测控的同期功能和母线测控的电压显示，此时申请停用对应套母线保护即可重启母线合单元；若线路保护采用母线 TV，则母线合并单元发生异常将影响线路保护距离功能、重合闸同期功能、母线保护复压闭锁、线路测控的同期功能以及母线测控的电压显示，此时应申请停用相应的母线保护、线路保护的后备功能后重启母线合并单元。如果是单套配置的母线合并单元，则应按母线电压互感器异常或故障处理。

2. 智能终端异常或故障

双套配置的智能终端发生单套异常或故障时，无需停用一次设备，此时可向调度申请重启智能终端。重启前，应退出相应的智能终端出口硬压板，投入装置检修压板，重启装置一次，重启后若异常消失，则将装置恢复到正常运行状态；重启不成，应保持该装置重启时状态，汇报调度并联系检修处理。在检修人员对智能终端消缺前，尚应申请停用相关受影响的保护。

若运维人员未申请对装置进行重启，但已通过现场检查并确认智能终端存在装置异常或故障。在向调度汇报后，此时可暂不停用保护，但在检修人员对智能终端进行消缺前，必须将受影响的对应套母线保护、开关保护、线路保护或主变压器保护申请停用后方可进行检修工作，且检修人员还应采取检修隔离措施——退出异常智能终端的出口硬压板（含保护出口及遥控出口压板）、投入异常智能终端的检修压板，断开异常智能终端输出 GOOSE 光纤。

根据文件《国调中心关于印发智能变电站继电保护和安全自动装置现场检修安全措施指导意见（试行）的通知》（调继〔2015〕92 号），220kV 双母接线下单套智能终端故障缺陷处理前，除停用对应套线路/主变保压器护，对应套 220kV 母线保护仅需调整其刀闸强制状态即可。本书中认为 220kV 对应套母线也属受影响的保护（刀闸位置、跳闸回路受影响），建议现场运维人员将装置异常情况及影响范围向所辖调度说明，由调度决定具体停用哪些保护。

如果发生异常或故障的是主变压器本体智能终端故障，其处理按主变非电量保护装置异常处理原则执行。

3. 保护装置异常或故障

双套配置的保护装置发生单套异常或故障时，应向调度申请停用该套保护并投入装置检修压板，重启装置一次，重启后若异常消失，则将装置恢复到正常运行状态；重启不成则保持该装置重启时状态，汇报调度联系检修处理。

若保护装置因故障而无法操作其软压板时，可在征得调度同意后，直接断开保护装置电源。检修人员处理时，应在装置上电前，先将该保护装置外部 GOOSE 发送光纤断开。并在装置检修工作结束时，及时根据调度要求调整好装置的二次方式并检查装置无异常后方可接入其光纤外部运行回路。

4. 合智集成装置异常

当合智集成装置发生异常时，应按合并单元、智能终端同时发生异常的情况进行处理。

合智集成装置多用于 110kV 及以下等级电网中，如 35kV 低抗、电容间隔。早期个别变电站 500kV 及 220kV 部分也会采用合智集成装置，应逐步结合技改工程实现合、智分开。

110kV 及以下电压等级合智集成装置一般采用单套配置，当合智集成装置发生异常时，经现场检查确认后，应将对应的一次设备改为冷备用或检修，并调整受影响保护装置。

5. 过程层交换机故障

现场应检查交换机实际运行情况，检查装置是否失电，如果失电设法恢复电源。如果是装置内部故障，则应立即汇报调度并说明影响范围，如果是双套交换机均异常（220kV 及以上电压等级），则应按照相关设备失灵装置故障处理。

交换机故障还会影响对应的测控装置，测控的遥信、遥测上传和遥控遥调将无法正常进行，本地后台及调度端的监控将受到影响。此时，监控应下放监控权限到现场，恢复现场运行人员值班。

3/2 接线方式下，按间隔配置的单套交换机故障一般不会影响保护的正常运行，但是会影响组网传输的信号及功能，如测控装置（一般遥控功能经过程层 A 网实现）、计量、故录等装置会受到影响，同时也会影响本间隔对应的单套开关保护的失灵、远跳和闭重功能。双重化配置单套发生异常时，在征得调度同意后，可尝试现场重启复归，复归不成，应及时汇报调度，并联系检修处理；当间隔内两组交换机同时故障从而导致双套失灵功能失去时，应向调度申请一次设备陪停。

3/2 接线方式下，若过程层中心交换机发生故障一般不会影响各保护装置的正确动作，所以无需停用保护设备，但是，对应该中心交换机的单套母线装置的失灵功能将失去，此时应汇报调度，并联系检修人员处理。如果双套中心交换机均发生故障，则会导致所有边开关的开关保护母线装置之间的失灵功能失去，此时应根据影响范围，向调度汇报，听从调度指令作进一步处理。

双母接线方式下，按间隔配置的交换机故障一般不会影响保护的正常运行，但是会影响组网传输的信号及功能，如测控装置、计量、故录等装置会受到影响，同时也会影响本间隔保护母线保护间的失灵、远跳和闭重功能。双重化配置单套异常时，可尝试现场重启，重启不成，应及时汇报调度，并联系检修处理；当间隔内两组交换机同时故障从而导致双套失灵功能失去时，应向调度申请一次设备陪停。

> 注：母线动作后闭锁重合闸及发远跳命令在现行的设计中多采用智能终端内部 TJR 接点闭合给线路保护发开入命令的方式，此时组网传输的保护相关的信号主要是启动失灵信号。

双母接线过程层中心交换机发生故障一般不会影响各保护装置的正确动作，所以无需停用保护设备，但是，对应该中心交换机的单套母线保护装置（220kV）的失灵、远跳功能将失去，此时应汇报调度，并联系检修人员处理。如果双套中心交换机均发生故障，则会导致母线保护装置失灵、远跳功能失去，此时应根据影响范围，向调度申请一次设备陪停。

6. 智能设备交叉故障

当智能变电站内两套以上不同组（A 网、B 网）的智能设备（保护、智能终端、合并单元、交换机）同时故障时，则应根据不同智能设备发生故障的影响进行综合判断，采取对应的具体处理措施。一般来说，交叉故障发生的概率较小，如果真正发生 A、B 网同时有智能设备故障时，往往会造成本间隔无保护运行或无失灵保护运行的情况，这种情况下一般要采取一次设备陪停的方式进行处理。由此，一旦运行中智能设备发生缺陷应及时处理，尽量避免交叉故障发生的可能性。

习　题

1. 简答：220kV 某主变压器 110kV 侧合并单元 B 故障（严重故障）影响哪些回路，运维人员应如何处理？

2. 简答：220kV 某线路间隔智能终端 A 故障（严重故障）影响哪些回路，运维人员应如何处理？

第五章

智慧变电站与前沿技术

第 一 节　基 础 知 识

📋 学习目标

1. 掌握智慧变电站的定义
2. 掌握智慧变电站的架构
3. 掌握智慧变电站采用的新技术

📋 知识点

　　智慧变电站采用可靠、经济、集成、环保的设备与设计，按照采集数字化、接口标准化、分析智能化的技术要求，由智能高压设备、二次系统、辅助设备监控系统组成，具备表计数字化远传、主辅全面监控、远程智能巡视、一键顺控等先进功能，实现状态全面感知、巡视机器替代、作业安全高效的变电站，为集控站及调度自动化系统提供数据及业务支撑。

一、基本特征

　　智慧变电站应按照本质安全、先进实用、面向一线、运检高效的建设思路，遵循有利于电网更安全、设备更可靠、运检更高效、全寿命成本更优的建设原则，全面应用智能高压设备、二次系统、辅助设备监控系统，具备表计数字化远传、主辅全面监控、远程智能巡视、一键顺控等功能特点，试点应用新技术，提升设备智能化水平和运检质效，支撑集控站建设，推动设备管理数字化转型。智慧变电站具有采集数字化、接口标准化、分析智能化的技术特征。智慧变电站能全面支撑远方集中监控业务，满足无人值班、设备集中监控的业务需求，满足调度端、集控站端接入需求。

二、设备特点

智慧变电站一次设备优先采用具备"一体化设计、防火耐爆、本质安全、状态感知、数字表计、免（少）维护、绿色环保"等特征的标准化智能高压设备，并综合考虑变电站重要程度、状态感知技术成熟度、使用要求以及经济性进行差异化配置。智慧变电站二次系统按照"自主可控、安全可靠、先进适用、集约高效"的技术原则，推进新设备、新技术应用，提升二次系统可靠性和智能化水平。智慧变电站辅助设备按照"一体设计、数字传输、标准接口、远方控制、智能联动、方便运维"等要求进行设计，全面提升辅助设备管控能力。

三、智慧变电站的架构

智慧变电站主要由智能高压设备、二次系统、辅助系统组成，整体架构见图 5-1。

1. 智能高压设备

智能高压设备主要包括智能变压器、智能高压开关设备（智能组合电器、智能断路器、智能隔离开关、智能空气柜、智能充气柜）、智能互感器、智能避雷器，由高压设备本体、智能组（部）件、传感器和智能监测终端组成，智能高压设备结构图见图 5-1。

2. 二次系统

智慧变电站二次系统采用分层、分布、开放式体系架构，组成结构见图 5-2。二次系统分为过程层、间隔层及站控层。过程层设备主要包括采集执行单元，支持或实现电测量信息和设备状态信息的采集和传送，接受并执行各种操作和控制指令；间隔层设备主要包括测控装置、继电保护装置、安全自动装置、计量装置、智能故障录波装置等，实现测量、控制、保护、计量等功能；站控层

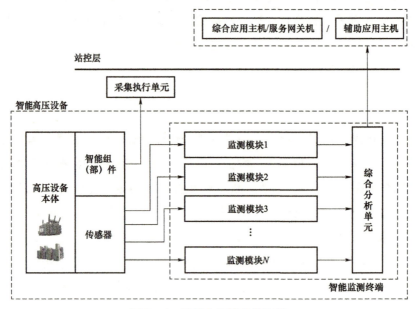

图5-1 智能高压设备结构图

设备主要包括监控主机、实时网关机、辅助应用主机（综合应用主机、服务网关机）等，完成数据采集、数据处理、状态监视、设备控制、智能应用、运行管理和主站支撑等功能。

3. 辅助系统

辅助系统分为传感器层、数据汇聚层和站控层，组成结构见图5-1。传感器层设备主要包括变压器、断路器、隔离开关、避雷器、电流/电压互感器等一次设备及其所属的智能监测终端，以及火灾消防变送器、安全防范探测器、动环系统传感器、无人机、机器人、固定视频、无线传感器等，支持或实现设备状态信息和运行环境信息的采集和传送，接收并执行各种操作和控制指令；数据汇聚层设备主要包括消防信息传输控制单元、安防、动环监控终端、机器人主机、硬盘录像机、安全接入网关等，实现数据汇集、规约转换、控制和网关等功能；站控层设备主要包括监控主机、实时网关机、辅助应用主机（综合应用主机、服务网关机）、远程智能巡视主机等，完成数据采集、数据处理、状态监视、设备控制、智能应用、运行管理和主站支撑等功能。

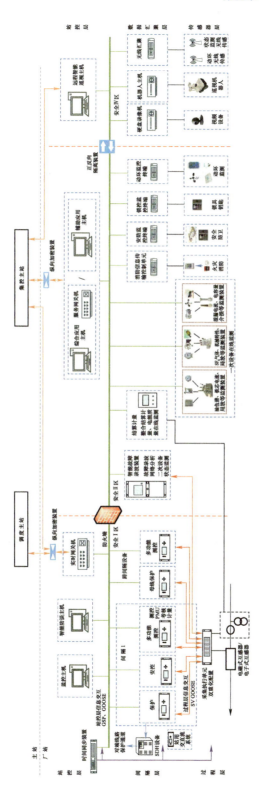

图5-2　智慧变电站整体架构

习　题

1. 填空：智慧变电站一次设备优先采用具备"＿＿＿＿＿"等特征的标准化智能高压设备。

2. 填空：智慧变电站二次系统符合"＿＿＿＿＿＿"的技术原则。

3. 填空：智慧变电站辅助设备符合"＿＿＿＿＿＿"的要求。

第二节　新技术应用

学习目标

1. 掌握掌数字化远传表计技术
2. 掌握主辅助设备全面监控技术
3. 掌握变电站一键顺控技术
4. 掌握变电站远程智能巡视技术

知识点

智慧变电站的技术有以下三个特点：采集数字化，采用避雷器泄漏电流表、SF_6密度继电器、油位计等数字化表计，实现全站仪表数据数字化采集、远传；接口标准化，以变电站二次系统通信报文为核心，统一主辅设备监控系统接口，通过标准化就地模块，实现设备模块化、规范化接入；分析智能化，应用变电站主辅设备监控系统，对设备感知数据进行智能分析及智能联动，辅助异常事件快速处置，通过"高清视频＋机器人"，运用图像识别算法，开展变电站远程智能巡视，实时分析设备运行状态。

智慧变电站采用了数字化远传表计、主辅全面监控、一键顺控、远程智能巡视、主辅联动、交直流电源全面可靠监控、综合智能防误等新技术，其中，前四项为必备技术。

一、数字化远传表计

数字化远传表计是一种变电站一次设备智能监测仪表，用以采集一次设备状态参量并完成数据上传，包括但不限于变压器（油面温度、油位）、断路器（SF_6气体压力/密度）、避雷器（全电流、动作次数）、互感器（油压）等数据。

智慧变电站通过应用数字化远传表计，实现对一次设备基础功能的扩展和运行状态的监测、预警；采集的数据采用统一数据模型，数据和分析结果通过统一通信协议上传至站控层；与主设备一体化设计，便于安装、拆卸、维护、校验及更换，并能确保主设备的安全运行要求；采用传感单元直接采集被测状态参量的方式，其典型功能结构如图5-3所示。

图5-3 数字化远传表计功能结构

1. 结构和外观

数字化远传表计的金属构件采用耐腐蚀材料，非金属构件采用耐老化材料；外表涂敷、电镀层牢固均匀、光洁，无脱落、锈蚀、裂纹、孔洞等缺陷；各部件装配牢固，无松动现象，各部件及相应连线有防松动措施；输出接点端子能牢靠地与外部接线。

2. 安全性能

数字化远传表计不改变被监测设备的连接方式，不影响被测设备的密封性能和绝缘性能，不影响现场设备的运行；对于需从被监测设备接地线上获取信号的数字化远传表计，不改变原有的接地性能，接地引下线能可靠接地并满足相应的通流能力；对于带有运动部件的数字化远传表计，不会因其故障影响被监测设备的性能。

3. 数据通信

SF_6数字化密度表、避雷器泄漏电流表等数字化远传表计的传感器采集的设备信息由监测模块处理分析，最终统一上传。传感器与监测模块之间优先采用屏蔽电缆、光纤传输方式通信，必要时采用无线方式通信。

4. SF_6数字化密度表

具备实时监测压力、气体温度并计算 SF_6 气体密度（P_{20}）的功能；具备低压、闭锁、超压报警功能，具备密度下降、液化、异常等报警功能；具备监测信息、报警信息远传功能；具备 SF_6 监测数据本地存储、密度（P_{20}）就地显示（在失电时，仍可通过人工方式获取并直接抄录数据）、信号远传等功能，能够即时上传并本地存储不少于 10000 条测量记录（内容至少包括：月日时分、压力、温度、密度、报警信息）并可导出；具备通信异常、自检故障等本地指示功能；具备长期稳定工作能力，具有断电不丢失存储数据和复电自恢复、自复位的功能，具备自校验功能；对于有线通信方式，在自动模式下，原则上采取实时轮询上传的模式，动态数据上传时间间隔可设定，最小可设定值不高于 15s，在手动模式下，在接收到测量指令时可即时启动单次测量；对于无线通信方式，采用固定周期和告警触发结合的模式上报数据，在固定周期上传模式下，数据自动上传时间间隔可远程设定，最小可设定值不大于 5min，监测压力出现异常变化及报警时主动上传数据。

5. 避雷器数字化泄漏电流表

具备对金属氧化物避雷器的全电流、动作次数进行连续实时或周期性自动监测功能；具备通信异常、自检故障等本地指示功能；对于有线通信方式，在自动模式下，原则上采取实时轮询上传的模式，动态数据上传时间间隔可设定，最小可设定值不高于 15s，在手动模式下，在接收到测量指令时可即时启动单次测量；对于无线通信方式，采用固定周期和告警触发结合的模式上报数据，在固定周期上传模式下，数据自动上传时间间隔可远程设定，最小可设定值不大于 5min，出现异常变化数据后主动上传数据；具有异常报警功能，包括监测数据超标、监测功能故障和通信中断等报警功能；报警设置可修改，报警信息实时远传；具备长期稳定工作能力，具有断电不丢失数据、自复位的功能。

6. 变压器数字化油温计

能够测量变压器的油面温度，变压器的油面、绕组温度能就地显示；具备通信异常、自检故障等本地指示功能；间隔可设定，最小可设定值不高于 15s，在手动模式下，在接收到测量指令时可即时启动单次测量；对于无线通信方式，采用固定周期和告警触发结合的模式上报数据，在固定周期上传模式下，数据自动上传时间间隔可远程设定，最小可设定值不大于 5min，出现异常变化数据后主动上传数据；输出报警或控制信号。

7. 变压器数字化油位计

能够测量变压器储油柜油位，变压器储油柜油位能就地显示；具备通信异常、自检故障等本地指示功能；具有数据远传功能，通过 4～20mA 模拟输出或 Modbus 协议将信息远传；对于有线通信方式，在自动模式下，原则上采取实时轮询上传的模式，动态数据上传时间间隔可设定，最小可设定值不高于 15s，在手动模式下，在接收到测量指令时可即时启动单次测量；对于无线通信方式，采用固定周期和告警触发结合的模式上报数据，在固定周期上传模式下，数据自动上传时间间隔可远程设定，最小可设定值不大于 5min，出现异常变化数据后主动上传数据；输出报警或控制信号。

8. 变压器数字化气体继电器

在发生变压器失油故障时产生跳闸信号;本体气体继电器由集气盒引下,密封性完好;真空灭弧有载分接开关选用具有油流速动、气体报警(轻瓦斯)功能的气体继电器,并接入轻瓦斯报警及重瓦斯跳闸功能,气体继电器具有集气盒;气体继电器动作原因状态及信息具备远传功能,其中信息包含气体体积、接点状态、可燃气体浓度等;具备通信异常、自检故障等本地指示功能;对于有线通信方式,在自动模式下,原则上采取实时轮询上传的模式,动态数据上传时间间隔可设定,最小可设定值不高于 15s,在手动模式下,在接收到测量指令时可即时启动单次测量;对于无线通信方式,采用固定周期和告警触发结合的模式上报数据,在固定周期上传模式下,数据自动上传时间间隔可远程设定,最小可设定值不大于 5min,出现异常变化数据后主动上传数据。

9. 互感器数字化油压计

具备互感器油压检测、信号远传、异常报警(监测数据超标、监测功能故障和通信中断)等功能,能够存储至少 1 年的压力数据或 1 个月的压力数据及运行状态信息并可导出;具备长期稳定工作能力,具有断电不丢失存储数据和复电自恢复、自复位的功能,具备自校验功能;具备通信异常、自检故障等本地指示功能;对于有线通信方式,在自动模式下,原则上采取实时轮询上传的模式,动态数据上传时间间隔可设定,最小可设定值不高于15s,在手动模式下,在接收到测量指令时可即时启动单次测量;对于无线通信方式,采用固定周期和告警触发结合的模式上报数据,在固定周期上传模式下,数据自动上传时间间隔可远程设定,最小可设定值不大于 5min,出现异常变化数据后主动上传数据。

二、主辅全面监控

智慧变电站构建主辅设备一体化监控系统,具备主辅设备全面监控功能,实现主辅设备运行信息全面采集、集中监视和状态判断;实现站内数据综合分析、存储、统计、画面展示、智能联动和远程控制功能,全面监控信息在系统后台分层展示;主辅设备信息深度融合,实现主辅设备监控信息快速查阅、异常部件快速定位,为集控站全面监控主辅设备,提供相应数据支撑。

1. 数据采集与处理

数据采集实现对多功能测控、保护、安控、站用交直流系统、交换机、时钟同步装置、辅助设备（一次设备在线监测、火灾消防、安全防范、动环系统）以及主机、网关机等各设备数据的综合采集与处理；数据处理实现对采集的各类数据进行系统化操作，用于支持系统完成运行监视、操作与控制、故障智能告警等功能。

2. 运行监视

监视范围包括电网运行信息、设备运行信息、变电站运行辅助信息、网络链路运行状态信息、对时状态等；运行告警能够分层、分级、分类显示；电网运行监视主要实现变电站内的电网实时运行信息、电网实时运行告警信息和各种合成计算信号的实时数据监视，以及开关事故跳闸时自动推出事故画面、挂牌、触发全站事故总信号和电网运行可视化展示等功能；设备运行监视主要实现一次设备在线监测运行监视、二次设备运行监视、站用交直流系统运行监视、火灾消防运行监视、安全防范运行监视和动环系统运行监视功能；网络链路运行监视主要实现物理链路连接状态、物理连接端口状态、物理网络拓扑连接信息等的运行监视功能，以及对交换机网络通信状态、网络连接状态的监视功能；时钟同步监测主要实现对全站所有被对时设备的时间同步监测，监视信息包括被对时设备的对时信号状态、对时服务状态、时间跳变侦测状态，以及时钟同步装置的外部时源信号状态、晶振驯服状态、初始化状态、电源模块状态等。时钟同步监测功能由时间同步装置完成，监控主机负责实时监测数据展示。

3. 故障智能告警

在电网事故、保护动作等情况下，能基于事件顺序记录、保护事件及故障波形等信息，综合应用结算计量的数据，进行综合分析，生成故障分析报告，并进行可视化展示，实现故障分析功能；具备变电站告警信息的告警抑制、告警屏蔽和智能分析功能，报告变电站异常并提出故障处理指导意见，为主站分析决策提供依据；具备对电网运行数据进行检测分析，可综合结算计量数据，确定电网运行数据的合理性及准确性，辨识不良数据的功能。

三、一键顺控

一键顺控是指一种变电站倒闸操作模式，具备操作项目软件预制、操作任务模块式搭建、设备状态自动判别、防误联锁智能校核、操作步骤一键启动和操作过程自动顺序执行等功能。

1. 操作模式

通过操作项目软件预制、操作内容模块式搭建、设备状态自动判别、防误联锁智能校核、操作任务一键启动、顺控操作票自动生成、操作过程自动顺序执行、执行异常自动停止、可随时转为人工操作等功能，将传统人工填写操作票为主的倒闸操作模式转变为一键顺控操作模式；由监控主机唯一存储和管理一键顺控操作票；具备一键式完成任务生成、模拟预演、指令执行、防误校核及操作记录的功能；支持下发调票、审核、预演、执行等顺控指令，并展示现场执行结果。

2. 双校核机制

模拟预演和指令执行自动进行防误闭锁校验，采用同级双套防误校核机制。

3. 双确认判据

敞开式隔离开关的位置确认采用"位置遥信＋非同源遥信"判据，也可采用分/合双位置辅助接点遥信判据，分相隔离开关遥信量采用分相位置辅助接点；能实现监控主机与辅助应用主机（综合应用主机）的控制联动，辅助应用主机（综合应用主机）接收监控主机发出的联动信号，根据联动策略，对Ⅱ区辅助设备传感器或Ⅳ区视频摄像机设备进行控制操作，对Ⅳ区视频摄像机联动的操作返回操作结果。

4. 远方顺控功能

遵循标准化交互流程和信息交互格式，支持远方调用操作票，能实现远方的一键顺控功能。

四、远程智能巡视

面向变电设备的智能巡视系统由巡视主机、智能分析主机、机器人、无人机、摄像机、声纹监测装置等组成，实现数据采集、自动巡视、智能分析、实时监控、智能联动、远程操作等功能。

1. 系统架构

变电站远程智能巡视系统部署在变电站站端，主要由巡视主机、智能分析主机、轮式机器人、挂轨机器人、摄像机、无人机及声纹监测装置等组成。巡视主机下发控制、巡视任务等指令，由机器人、摄像机和无人机开展室内外设备联合巡视作业，并将巡视数据、采集文件等上送到巡视主机；巡视主机与智能分析主机对采集的数据进行智能分析，形成巡视结果和巡视报告。巡视系统应具备获取与巡视相关的状态监测数据与动力环境数据、与主辅设备监控系统智能联动等功能。系统架构见图5-4。

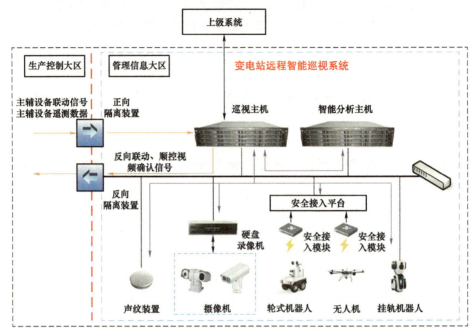

图 5-4　变电站远程智能巡视系统架构

2. 系统功能

采集运行环境数据，可见光视频及图像、红外图谱、音频、在线监测等形式的设备巡视数据，摄像机、硬盘录像机、机器人、无人机等采集设备的状态数据。对设备本体及附件、运行环境的智能分析，分析方式包括现场缺陷图像识别、异常图像判别、视频识别（静默监视）和红外图谱分析，一次设备声纹分析，根据巡视业务，对智能分析后的结果进行数据处理。能进行告警确认、巡视结果归档、识别异常点位查询、巡视报告的生成与查询。对比分析巡视数据、生成历史曲线，并根据需要生成分析报告。

3. 系统性能

对于图像识别和判别技术，算法模型检出率不低于 80%，算法模型误检率不高于 30%，算法模型平均运行时间小于 500ms。作为一键顺控视频确认判据，隔离开关位置判别准确率大于 99%，分合异常故障漏报率小于 0.1%。

4. 巡视点位

巡视点位设置满足室内外一次、二次及辅助设备设施巡视覆盖要求，需综合考虑设备类型、巡视类型、现场设备和道路布置方式等因素，巡视类型包括例行巡视、特殊巡视、专项巡视、自定义巡视等。巡视点位数据采集源包括机器人、无人机、摄像机、声纹及主辅设备状态监测等。巡视点位数据格式包括数值结果、可见光图片、红外图谱、音频 4 类。巡视点位按重要等级分为Ⅰ、Ⅱ、Ⅲ类，不同等级能满足不同覆盖要求。

5. 摄像机及预置位命名

巡视系统中的摄像机名称，包括变电站名称、安装位置或照射方位、摄像机编号、摄像机类型等。巡视系统中的摄像机预置位名称，能体现监控对象与巡视点位。

6. 数据存储

图片、音频、缺陷视频等文件存储时间不小于 1 年；巡视结果、告警数据等结构化数据存储时间不小于 3 年。

7. 数据格式

可见光照片格式为".jpg"格式，分辨率不低于 1920×1080；红外图片格式为".jpg"格式，分辨率不低于 640×480；红外图谱格式为".jpg"格式，分辨率不低于 640×480；音频文件的格式应为".wav"，编码格式符合 G.711a 标准；视频文件的格式应为".mp4"，编码格式符合 H.264 或 H.265 标准。

8. 功能模块化

远程智能巡视系统需满足功能模块化设计，包括巡视管理、视频确认、视频监控、设备运维、机器人管控、无人机管控、声纹应用、红外应用、局放应用等模块。

9. 静默监视

需要对站内变压器（电抗器）等大型充油设备、主要出入口及巡检通道进行监视。在非巡视任务执行期间，系统按照不大于 2min/次的频率对上述设备的运行状态、变电站运行环境出及入口人员行为进行监视，对异常情况进行告警。

10. 智能联动

具备对主设备遥控预置信号、主设备变位信号、主辅设备监控系统越限信号和主辅设备监控系统告警信号的联动，能在主辅设备监控系统与巡视主机之间互相发送联动信号。巡视主机接到联动信号后，根据配置的联动信号和巡视点位的对应关系，自动生成巡视任务，由摄像机对需要复核的点位进行巡视；实时监控画面能辅助人工开展核查工作，进行联动信号的实时监控画面跳转，联动过程中保持一组画面全景展示联动设备状况；机器人或视频完成复核点位巡视后，可以在巡视主机查看复核结果；主辅设备监控系统通过正向隔离装置，将联动信号发送至巡视主机，采用 UDP 协议；在巡视主机进行巡视期间，能向辅助设备监控系统发送联动任务；巡视主机通过反向隔离装置，将联动任务发送给辅助设备监控系统，报文格式遵循 CIM/E 语言格式规范。

11. 一键顺控确认判据

在站端一键顺控操作时，巡视系统收到相关信号后触发联动，对相应设备（隔离开关、断路器、主变压器等）的监控场景在同一页面上进行关联性显示，并显示对该设备的智能分析结果；能对隔离开关分合闸状态自动判别，判别结论包含分闸正常、合闸正常、分合闸异常及分析失败等状态信号，巡视主机将判别结果传输给主辅设备监控系统；主辅设备监控系统通过正向隔离装置，将一键顺控操作信息发送给巡视主机，消息采用 UDP 协议，巡视主机通过反向隔离装置，将视频确认判别结果发送给主辅设备监控系统，文件采用 CIM/E 语言格式。

12. 实物 ID 识别

摄像机按照设定点位巡视时，或机器人按照指定路线巡视行进到指定位置时，能够读取设备的实物 ID 信息；在巡视过程中，将实物 ID 与巡视数据（包括照片、红外测温图谱和仪表读数等）相关联，生成带实物 ID 标识的巡视结果；巡视完成之后，将带实物 ID 标识的巡视数据传输到巡视主机，在巡视主机完成缺陷识别。

13. 可靠性指标统计

对摄像机录像完整率进行统计分析，对机器人、无人机等巡视设备运行期间累计在线时长、离线次数进行统计分析，对机器人、无人机等巡视设备累计连续正常运行天数、运行期间累计巡检天数、巡检出勤率进行统计分析，按照日、周、月统计分析巡视任务的巡视点位漏检率、巡视任务执行闭环率、巡视告警人工审核完成率、巡视告警准确率、巡视结果人工审核完成率。

14. 系统自检

能对机器人、无人机、视频及声纹监测装置状态进行自动检测，对硬盘录像机录像状态和录像完整性进行检测，对摄像机预置位偏移进行检测，能自动或手动纠正摄像机预置位。

15. 无人机接入

巡视主机能够实现机巢和无人机的远程控制，通过无人机管控应用，协同管理、调度无人机机巢，根据巡视计划，执行巡视任务。无人机与机巢按需进行配备，可采用"一库一机"或"一库多机"配置方式，各机可独立执行巡视任务；根据巡视需求配备轴距不同的无人机，且无人机具备全向感知避障功能和厘米级导航定位系统。无人机能在适飞条件下自动起飞，按既定的航线完成巡检任务，并将数据自动回传至巡视主机；能将采集的图片、信息、指令等数据进行加密后传输和解密来自巡视主机加密化的信息及控制指令。无人机机巢具备全天候恒温恒湿的机库空间；具备精准降落引导系统、自动充电或基于机械手臂的电池更换系统；具备独立的环境监测系统以自动判断适飞条件。无人机接入远程智能巡视系统的架构见图5-5。

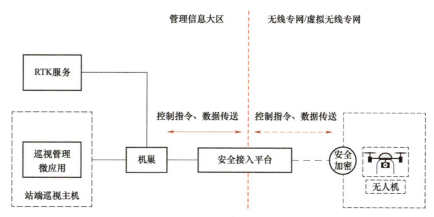

图5-5　无人机接入远程智能巡视系统架构

习题

1.填空：数字化远传表计是一种变电站一次设备智能监测仪表，用以采集一次设备状态参量并完成数据上传，包括但不限于_____等数据。

2.填空：智慧变电站具备主辅设备全面监控功能，实现主辅设备运行信息_____；实现站内数据_____、存储、统计、画面展示_____。

3.填空：变电站一键顺控是一种_____模式，具备操作项目软件预制、操作任务模块式搭建、设备状态自动判别、防误联锁智能校核、操作步骤一键启动和操作过程自动顺序执行等功能。

4.填空：变电站远程智能巡视系统，由_____等组成，实现数据采集、自动巡视、智能分析、实时监控、智能联动、远程操作等功能。

第六章

复杂倒闸操作

第一节 倒闸操作技能要点

学习目标

1. 了解倒闸操作特点及常见防误分析
2. 掌握倒闸操作要求

知 识 点

一、倒闸操作特点及防误分析

1. 倒闸操作特点

倒闸操作是电力系统中因方式调整、设备检修、工程启动、事故及异常处理而进行的将设备由一种状态转化为另一种状态的过程。倒闸操作过程较复杂，从整体分析，主要呈现以下特点：

（1）操作项目多，开关、刀闸、接地刀闸、母线等及二次设备操作等，危险点多样化。

（2）操作类型多，接回令操作、装拆安措操作、验收操作、事故及异常处理操作、工程启动操作等，侧重点各不相同。

（3）操作阶段多，操作前、操作中、操作后、操作中断恢复操作的注意事项各不相同。

2. 倒闸操作防误分析

对于倒闸过程，可以从内在因素和外在因素两方面对误操作的原因进行分析。内在因素主要有操作或监护人员业务不精，安全意识淡薄，精神状态不佳，习惯性思维，人记忆的局限性及潜意识的影响等；外在因素主要有外界干扰，设备标识错误，防误装置失灵，时间紧迫，设备缺陷，到岗到位人员失责等。上述因素产生的结果主要体现在：① 拟票错误，如错项、漏项等；② 执行错误，如不逐项执行，检查不到位，走错间隔，擅自解锁操作，人身伤害危险预控不到位等，威胁人身、电网、设备安全。当前防误操作的措施可归纳为以下三点：

（1）各级倒闸操作规范、说明。如国网公司《电力安全工作规程（变电部分）》等，国网华东电力调控分中心的《华东电网调度控制运行细则》，国网江苏公司的《变电站电气设备倒闸操作管理规范》，某公司《××公司电气设备倒闸操作管理规范》等。

（2）防误操作技术措施。如完善的微机、电气、逻辑五防；机械锁、网门闭锁；断开操作、电机电源；设置醒目操作说明；压板区分颜色、不常投压板张贴红点等。

（3）防误操作管理措施。如录音笔、视频记录仪的使用；重要操作到岗到位；事故处置卡、危险点预控卡、验收操作卡的使用等。

综上所述，倒闸操作是一项复杂工作，操作风险点多、面广。现有防误操作措施从技术及管理层面比较完善，因此，对于运维人员，提升业务技能、掌握倒闸操作的危险点、增强危险点防范意识尤为重要。

二、倒闸操作要求

（一）常规操作要求

1. 一次设备操作要求

（1）变电站现场操作分为监控后台操作、测控屏操作、就地操作（端子箱、汇控柜、开关柜、机构箱上的操作）三种方式。现场操作时应优先采用当地监控后台操作。

（2）断路器的操作应在监控后台进行，一般不得在测控屏进行（测控屏和汇控柜中断路器控制开关上的钥匙正常应取下并封存管理），严禁在开关机构箱操作开关（测控装置就地布置在开关柜的，也不得在开关柜上操作开关）。如有紧急情况确需在汇控柜、开关柜或机构箱进行就地操作的应满足如下条件：现场规程允许，确认即将带电的设备（线路、变压器、母线等）应属于无故障状态。在变电站现场监控后台执行操作，执行操作时应该进入设备间隔分画面进行。

（3）开关改非自动，一般在开关操作箱上退出开关操作电源，未设置开关操作箱的，退出直流分电屏上开关操作电源。220kV 断路器改非自动，不得停用其保护直流电源，防止失灵保护拒动。220kV 断路器不得采用远方/就地切换开关。

（4）操作前、后，都应检查核对现场设备名称、编号和开关、闸刀的分合位置。电气设备操作后的位置检查应以设备实际位置为准，无法看到实际位置时，可通过设备机械指示位置、电气指示、带电显示装置、仪表及各种遥测、遥信等信号的变化来判断。判断时，至少应有两个非同样原理或非同源的指示发生对应变化，且所有这些确定的指示均已同时发生对应变化，才能确认该设备已操作到位。以上检查项目应填写在操作票中作为检查项。检查中若发现其他任何信号有异常，均应停止操作，查明原因。若进行遥控操作，可采用上述的间接方法或其他可靠的方法判断设备位置。

（5）在一项操作任务中，如同时停用几个间隔时，允许在先行拉开几个开关后再分别拉开闸刀，但拉开闸刀前必须在每检查一个开关的相应位置后，随即分别拉开对应的两侧闸刀。

（6）解环操作前、合环操作后（包括旁代、旁代恢复、双线解合环、主变压器停复役解合环、母联分段解合环）应抄录相关开关的三相电流分配情况。充电操作后应抄录充电设备（包括线路、母线等）的电压情况。当抄录数值异常时（如三相电流分配不平衡或很小），应综合判断（如机械指示位置、保护情况等），确定设备已在相应位置时，方可继续操作。

2. 二次设备操作要求

（1）变电站现场操作，开关由热备用转冷备用状态前，应先将"远方/就地"方式选择开关（遥控压板）切至"就地"（退出）位置；开关由冷备用转热备用状态后，再将方式选择开关（遥控压板）切至"远方"（投入）位置。开关方式选择开关的切换操作只能操作测控装置处的"远方/就地"转换开关。汇控柜或开关机构箱处"远方/就地"转换开关切至"就地"位置时，该间隔开关控制回路断线，因此不得操作此开关。智能变电站操作中需要切远近控切换开关，统一切智能终端处"远方/就地"转换开关。若个别站内智能终端处无"远方/就地"转换开关，则切测控装置上"远方/就地"转换开关。

（2）双重化设置的保护，调度操作任务未指明哪一套的，默认按两套保护同时调整填写操作票。

（3）开关运行状态时，保护修改定值必须在保护出口退出的情况下进行。220kV 及以下微机保护切换定值区的操作不必停用保护。

（4）开关在运行状态启用保护前，应检查所启用的保护装置无动作及异常信号，投入晶体管或电磁型保护的出口压板前，应用高内阻电压表测量压板两端确无电压后，再投入压板；微机保护出口或功能压板在投入前可不测量，但投入前应检查保护装置无动作或告警信号。

（5）在进行母差和主变压器差动电流回路的切换操作时，应先将相应差动保护临时退出（不必向调度汇报），保护退出的时间应尽可能短。为防止电流回路开路，差动电流端子切换操作的顺序原则如下：

1）被操作回路开关在运行状态时，操作时防电流回路开路：① 投入操作，应先投入运行连接片，后退出原短接连接片；② 退出操作，应先投入短接连接片，后退出原运行连接片；③ 切换操作，应先投入欲切运行连接片，后退出原运行连接片。

2）被操作回路开关在非运行状态时：① 投入操作，应先退出短接连接片，后投入运行连接片；② 退出操作，应先退出运行连接片，后投入短接连接片；③ 切换操作，应先退出原运行连接片，后投入欲切运行连接片。

3. 顺控操作要求

顺控操作时，应填写倒闸操作票，步骤填写要求如下：

（1）进入设备程序操作界面。

（2）核对起始状态。

（3）选定目标状态。

（4）执行顺控操作。

（5）核对操作结果或最终状态。

（6）顺控操作结束后，应对所操作的设备进行一次全面检查，以确认操作正确完整，设备状态正常。

（7）顺控操作中发生中断时，应按以下要求进行处理：

1）设备状态未发生改变，须在排除停止顺控操作的原因后继续进行顺控操作，若停止顺控操作的原因无法在短时间内排除，应改为常规操作。

2）若设备状态已发生改变，根据调度命令按常规操作要求重新填写操作票进行常规操作，对程序化已执行步骤，需现场核对设备状态并打勾。

4. 安措要求

（1）检修设备和可能来电侧的断路器（开关）、隔离开关（刀闸）应断开控制电源和合闸能源，隔离开关（刀闸）操作把手应锁住，确保不会误送电。

（2）开关改检修时，为防止失灵保护误动，应退出失灵保护启动压板。主变压器开关改检修时，应退出失灵保护启动压板及失灵解母差复压压板。智能变电站还应退出母差保护、主变压器保护等跨间隔保护的本间隔投入压板。

（3）主变压器检修，停用检修主变压器联跳正常运行开关（分段、母联、旁路母联开关）的联跳压板；启用运行主变压器联跳正常运行开关的联跳压板。

（4）主变压器保护校验工作前，联跳分段、母联及相关运行设备的压板必须退出，220kV 失灵保护启动压板及失灵解母差复压压板必须退出。

（5）主变压器保护屏闭锁备自投压板在备自投正常启用时应投入，主变压器保护校验工作前应退出。

（6）运维人员应根据现场规程要求将以上步骤列入倒闸操作票或安全措施操作票。

5. 验电接地要求

（1）验电时，应使用相应电压等级而且合格的接触式验电器，在装设接地线或合接地刀闸（装置）处对各相分别验电。验电前，应先在有电设备上进行试验，确证验电器良好。为防止存在验电死区，有条件时应采取同相多点验电的方式进行验电，即每相验电至少 3 个点间距在 10cm 以上。操作人验明 A、B、C 三相确无电压，验明一相确无电压后唱诵"×相无电"，监护人确认无误并唱诵"正确"后，操作人方可移开验电器。当验明设备已无电压后，应立即将检修设备接地并三相短路。

（2）对无法进行直接验电的设备和雨雪天气时的户外设备，可以进行间接验电。即通过设备的机械指示位置、电气指示、带电显示装置、仪表及各种遥测、遥信等信号的变化来判断。判断时，至少应有两个非同样原理或非同源的指示发生对应变化，且所有这些确定的指示均已同时发生对应变化，才能确认该设备已无电。以上检查项目应填写在操作票中作为检查项。检查中若发现其他任何信号有异常，均应停止操作，查明原因。若进行遥控操作，可采用上述的间接方法或其他可靠的方法进行间接验电。

（二）自行操作内容

1. 一次部分

（1）母线接地闸刀（或接地线）作为安措的操作。调度员发布母线工作开工许可令及接受母线工作竣工汇报时，母线的状态统一为冷备用，母线接地闸刀（或接地线）作为安措由现场值班人员自行操作。

（2）母线避雷器状态改变的操作。

（3）线路停复役操作中线路电压互感器、线路避雷器的操作。

（4）主变压器停、送电时，如仅为防止操作过电压，主变压器中性点接地闸刀的操作。

（5）主变压器停复役时，运行于变压器上的消弧线圈无调整要求的操作。

2. 二次部分

（1）检修母线复役，用母联开关对待复役母线充电，需启用短充电保护（含旁母）。

（2）开关旁路代（包括主变开关）操作，旁路开关保护切换及重合闸调整。

（3）主变压器检修，停用检修主变压器联跳正常运行开关的联跳压板；启用运行主变压器联跳正常运行开关（母联开关、旁路母联开关）的联跳压板。

（4）运行主变压器中压侧或低压侧开口运行时，停用相应的电压元件。

（5）调度发令调整主变压器中性点接地闸刀状态，相关中性点保护调整。

（6）旁路代主变压器开关，二次回路的调整。

（7）线路保护通道切换的操作要求：

1）对于双通道分相电流差动线路保护装置，通道一般运行原则明确如下：① 正常运行方式时，通道 1（A）差动保护硬（软）压板投入，通道 2（B）差动保护硬（软）压板退出，通道 1 故障或检修时，现场人员确认通道 2 通信正常后，切换至通道 2 运行；② 当通道 1 恢复正常后，现场人员应及时恢复线路保护通道的正常运行方式（即通道 1）；③ 现场应根据现场运行规程和厂家技术资料整定相关设备参数和软压板。

2）双通道和单通道分相电流差动保护装置异常处理基本原则相同。当运行中出现下列情况，现场应按现场规程要求正确处理并及时汇报调度：① 光纤接口装置、光纤通道有异常；② 光纤电流差动保护装置信号有异常及其他告警，差回路不平衡电流值及其他技术指标等超过现场运行规程要求；③ 直流电源中断、交流回路断线；④ 光纤通道回路上有工作；⑤ 区外故障，光纤电流差动保护装置误动作。

📝 习 题

1. 简答：顺控操作中发生中断时，如何处理？

2. 简答：间接验电有何要求？

3. 简答：描述智能站分相电流差动保护弱电应答状态？

第二节 倒闸操作危险点分析

📋 学习目标

掌握倒闸操作过程中各操作项目、操作类型及操作阶段的危险点

📋 知识点

倒闸操作最基本的要求是防止误操作，即防止误拉、合开关，防止带负荷拉、合闸刀，防止带接地线（接地闸刀）合闸，防止带电装设接地线（合接地闸刀），防止走错间隔，防止非同期并列、误投退压板等。除误操作外，因设备或人为原因造成人身伤害也是倒闸操作过程中需要防范的危险点。本节从操作项目、操作类型、操作阶段三个维度阐述倒闸操作过程中的危险点，其中，各级倒闸操作规范的硬性规定不做详细说明，力求简洁实用，以供学习参考。

一、操作项目危险点分析

1. 开关操作危险点

（1）就地操作、测控屏操作。一般不在测控屏操作，防止不能及时发现异常信号；严禁就地操作。

（2）非同期合闸。测控装置同期功能有缺陷应及时处理；合环操作，在合开关前，应检查线路三相电压正常；某些测控装置存在非同期压板，送电前应退出，保证测控装置正常的同期功能。

（3）合闸之前检查不到位。合闸操作前，应检查后台无异常信号，检查保护屏交直流电压空气开关投入正确、定值区及压板投入正确、屏内保护及操继箱确无动作及异常信号并复归。

（4）合闸之后检查不到位。合开关之后，应检查保护、后台电压、电流采样值正常，无异常信号。

（5）开关改非自动误退直流电源。开关改非自动，一般在开关操作箱上退

出开关操作电源，并防止误退保护直流装置电源。

2. 刀闸操作危险点

（1）操作后刀闸机械位置检查不到位。对于不同结构或类型的刀闸，应掌握合闸到位的现象，并检查机械闭锁机构到位（易忽视）。对于开关手车，拉出后，应观察隔离挡板是否可靠封闭。对于 GIS 设备，应检查刀闸操作机构位置指示，刀闸首尾指示（若有）均应检查，连杆位置可见的，连杆位置也应检查。

（2）操作后信号检查不到位。刀闸操作后，对相应信号、指示灯的检查应引起重视，如双母线运行方式下操作箱电压切换指示灯、热倒时母差保护 "母差互联""切换位置继电器同时动作"等信号的检查。

（3）支撑绝缘子断裂预控不到位。操作人员应正确站位，避免站在刀闸及引线正下方。对于插入式触头的闸刀，冬季进行倒闸操作前，应检查触头内无冰冻或积雪后才能进行合闸操作。

3. 地刀、地线操作危险点

（1）不经三相验电接地。

（2）直接验电未检查安全工器具合格（试验合格，外观正常）、未在有电部位检测。

（3）间接验电未使用两个非同样或非同源原理，带电显示装置验电时未在带电时验明带电显示装置工作正常。

（4）装地线过程中未提前把地线理顺，触碰接地线。

（5）地刀、地线操作误碰带电设备。

（6）同一地点或主变压器各侧挂地线操作在合地刀操作之前。接地地刀操作优先级高于接地线，主变压器各侧需分别合地刀、挂地线时，优先合地刀，确认主变压器确已通过地刀接地后，挂接地线较安全。

4. 主变压器操作危险点

（1）检修后、操作前未消磁即送电。

（2）主变压器停电后、送电前，未停、投固定式灭火装置。

（3）220kV 变压器高、低压侧联结组别不同误并列。

（4）主变压器充电状态及停、送电之前，未投入中性点接地刀闸。

（5）停主变压器前，未检查其余主变压器负荷情况。

5. 母线操作危险点

（1）双母线（分段）方式倒母线前，未检查母联电流不长期为零。

（2）双母线（分段）方式热倒开始前、结束后，母线互联方式、母联开关改为非自动，母线电压互感器二次并列三步操作顺序错误（智能站两步）。

（3）双母线（分段）方式热倒操作前后，未检查母差保护不平衡电流应正常。

（4）双母线（分段）方式 GIS 设备热倒过程未检查、抄录母联电流。

（5）热双母线（分段）方式热倒操作拉母联开关前"切换继电器同时动作"未复归。"切换继电器同时动作"未复归，不得拉开母联开关，防止电压互感器二次反送电。

（6）3/2 接线方式调度未指明充电开关情况下，误使用主变压器开关充母线。

6. 电压互感器操作危险点

（1）电压互感器一次未并列时，二次进行并列。

（2）电压互感器停用时先拉开母联，后停二次。

（3）电压互感器故障情况下，二次并列。

（4）更换电压互感器熔丝前未测量三相熔丝电阻相近。

7. 站用直流操作危险点

（1）电压差超过 2% 并列。

（2）母线不经并列停蓄电池组，造成直流脱离蓄电池运行。

8. 二次设备操作危险点

（1）投压板前未检查保护交直流电压、保护定值区及压板正确及无异常信号。

（2）操作未考虑接线方式、是否为"六统一"保护等影响。如 3/2 接线方式分清线路重合闸及开关重合闸投退、分列压板投退等操作。

（3）投退重合闸未检查指示灯点亮或熄灭。

（4）核对定值时未核对全部保护定值、500kV 线路保护切换定值区时未改信号。

（5）开关"远方/就地"切换把手切换前未检查开关位置应正确。

（6）失灵压板操作遗漏或检查不到位。

1）开关改检修，本间隔失灵开出压板、运行设备该间隔失灵开入压板均需退出，智能站还应退出母差保护、主变保护等跨间隔保护的本间隔投入压板。

2）操作母差、主变压器等保护失灵开入压板后，检查保护装置无"失灵开入异常"信号。

（7）充电过电流投入前未检查开关位置正确或压板投退顺序错误。

（8）电流端子切换前，未将相关差动保护停用。

（9）智能变电站压板、把手操作、检查不到位。

1）智能变电站软压板操作后应在监控画面及保护装置上核对软压板实际状态。

2）智能变电站不可以通过投退智能终端硬压板来投退保护。

3）智能变电站母线电压互感器检修，在进行母线电压并列切换时应注意把手切换位置。

二、操作类型危险点分析

1. 接回令危险点

（1）监护人接调度口令后，操作人未再次确认口令正确性。

（2）网络化接回令流程错误，误回调令。

2. 口令操作危险点

（1）无票操作。

（2）设备启动异常中断，恢复操作时未与调度核对启动方案。设备启动过程因异常中断，调度口令恢复至检修状态，异常处理结束后，应仔细核对调令与启动方案步骤是否一致，如发现不一致应及时向调度反馈。

3. 模拟预演操作危险点

（1）倒闸操作不进行模拟预演。

（2）模拟预演后，未仔细核对预演后设备状态与调令一致。

4. 验收操作危险点

（1）新设备投运，遥控验收时未将其他间隔开关改就地。

（2）刀闸（接地刀闸）验收操作需要解锁时未履行解锁手续。

1）防止解锁操作时误拉、误合其他一次设备，引起误操作。

2）防止解锁操作后未及时恢复，而送电时未仔细核对设备状态造成误操作。

（3）刀闸验收操作前，未再次检查该间隔内一经合闸即可带电的刀闸操作电源确已分开。

（4）新保护验收功能压板验收不到位。新保护验收务必使用压板布置图，验收时，应逐步投入功能压板，并检查保护装置压板投入是否正确，投一块，检查一块，防止压板布置图错误，送电后保护不正常启用。

5. 安措操作危险点

（1）常规站安措执行不到位。应退出联跳运行设备的出口压板、失灵保护，退出远跳线路对侧的保护通道；双套保护配置的线路，一套保护需要检修，一次设备可不停役，但应将该保护改信号并退出对应母差保护该间隔的失灵启动开入压板（非六统一）；对于 3/2 接线方式，线路单台开关改为检修状态，线路运行，应将线路保护上对应开关打至检修位置。

（2）智能变电站安措执行不到位。智能变电站停电间隔电流互感器检修、合并单元校验时应将关联的运行设备保护（母差、主变压器保护等）中该间隔 SV 压板退出；智能变电站一次设备运行，合并单元检修时，应退出该合并单元对应的保护，包括线路保护、母差保护、主变压器保护等；对于 3/2 接线方式，线路单台开关改为检修状态，线路运行，应投入线路保护上对应置检修软压板。

6. 新设备启动操作危险点

（1）重要操作节点对一、二次设备状态检查不到位。

1）站内外电源对新设备充电或开关分合闸后，应重视对有无异响、相关带电显示装置或避雷器指示、测控把手分合闸指示灯的检查。

2）应重视新出口压板投入前对两端对地电压的检查及新功能压板投入后对保护装置硬压板变位指示的检查。

3）电流互感器通流或电压互感器通压后应对所有相关保护及后台的采样数据逐一检查，确保在核相及相关保护带负荷校验前及时发现问题。

（2）操作风险规避不到位。新设备启动操作时，操作、检查人员须注意站位，新开关、刀闸变位前远离设备，尤其是 GIS、开关柜等设备。

7. 事故及异常处理操作危险点

（1）刀闸、地刀解锁操作。操作异常时，严禁解锁操作，等待检修人员处理，确需解锁操作时，应履行解锁手续。

（2）跳项操作。

（3）电压互感器故障，二次并列操作。

（4）事故处理，未隔离故障点送电。隔离故障点时，除考虑一次设备隔离外，还需考虑二次设备是否需要隔离或做安措。如电流互感器故障，隔离故障时考虑电流互感器二次回路的隔离。

（5）事故处理，未复归保护出口、事故总等信号送电。

1）设备故障跳闸，在完成设备检查后，及时复归保护装置、操作箱，否则可能出现送电过程中合上开关后再次跳闸的情况。

2）对于跳闸开关，需在测控就地再次分闸一次，复归事故总信号，应注意，复归事故总的操作需严格执行监护复诵制，严防分错间隔。

三、操作阶段危险点分析

1. 操作前危险点

（1）操作前未检查送电范围内确无遗留接地，备用设备与启动送电设备之间未可靠隔离。备用设备投入运行之前，一般处于冷备用或者开关检修状态，启动设备送电之前，若不对备用设备进行隔离，而其存在接地点时，可能会出现带地刀（地线）送电的情况。

（2）操作前未检查二次设备投退正确且无异常告警信号。无论是一次设备操作还是二次设备操作，在执行调令之前，都应检查二次设备运行状态，确认无异常后再进行倒闸操作。如检查无装置告警、故障信号；无事故总、切换继电器同时动作等信号；交直流空气开关、定值区、软、硬压板投入正确；主变压器档位正确；站用交直流系统无异常信号等。

2. 操作后危险点

（1）未检查一、二次设备状态应与调令的最终状态一致。

1）每项操作结束后都应对设备的终了状态进行检查，如检查一次设备操作是否到位、三相位置是否一致、GIS设备闸刀（接地闸刀）传动连杆机械位置是否到位、二次设备的投退方式与一次运方是否对应、二次压板（电流端子）的投退是否正确和拧紧、灯光及信号指示是否正常、电流电压指示是否正常、操作后是否存在缺陷等。

2）操作全部结束后，应对所操作的一、二次设备进行一次全面检查，核对整个操作是否正确完整，一、二次设备状态是否与调令的最终状态一致，是否达到操作目的，一次系统接线图是否对应，监控后台有无异常信息。

（2）列入监控中心变电站，操作后未与监控核实站内无异常告警信号。

3. 操作中断恢复操作危险点

（1）未重新进行"四核对"（核对模拟图板、核对设备编号、核对设备名称、核实设备的实际位置及状态）。

（2）验电操作因故中断，接地前未重新验明三相无电。

习　题

1. 简答：合闸前、后应对保护装置进行哪些检查？
2. 简答：设备启动过程中，投入充电过流保护危险点及注意事项？
3. 简答：GIS 母线刀闸操作危险点及注意事项？
4. 简答：事故处理过程中，二次设备检查及隔离故障点危险点及注意事项？
5. 简答：操作中断恢复操作危险点及注意事项？

第三节　常规变电站倒闸操作仿真实操练习

学习目标

1. 理解常规变电站中母线和变压器停送电的操作原则及注意事项
2. 能熟练填写母线和变压器停送电操作票
3. 能利用仿真系统完成母线和变压器停送电操作

知识点

本节以仿真系统中 220kV 寒山仿真变电站（见附录 A）的母线停电及主变压器停电操作为例，介绍常规站的倒闸操作相关操作原则及注意事项。寒山仿真变电站初始运行方式如下：

（1）220kV 设备：1 号主变压器 2501 开关运行于 220kV 正母线；3 号主变压器 2503 开关热备用于 220kV 正母线；2 号主变压器 2502 开关运行于 220kV 副母线。

（2）110kV 设备：1 号主变压器 1101 开关运行于 110kV 正母线；3 号主变压器 1103 开关热备用于 110kV 正母线；2 号主变压器 1102 开关运行于 110kV 副母线，110kV 母联 1100 开关热备用。

（3）35kV 设备：1 号主变压器 301 开关运行于 35kV 正母线；3 号主变压器 303 开关热备用于 35kV 正母线；2 号主变压器 302 开关运行于 35kV 副母线。

注：220kV 寒山仿真变电站未配置备自投保护。

一、寒山仿真变电站母线停电操作

1. 操作任务

220kV 正母线改为冷备用，220kV 旁路母联 2520 开关改为旁路方式运行于 220kV 副母线。

2. 操作步骤

（1）预演模拟图。

（2）3 号主变压器冷倒闸。

1）将 3 号主变压器测控屏上 3 号主变压器 2503 "远/近" 控切换开关 1QK 从 "远方" 位置切至 "就地" 位置。

2）检查 3 号主变压器 2503 开关三相已拉开。

3）拉开 25031 3 号主变压器正母刀闸。

4）检查 25031 3 号主变压器正母刀闸已拉开。

5）合上 25032 3 号主变压器副母刀闸。

6）检查 25032 3 号主变压器副母刀闸已合上。

7）将 3 号主变压器测控屏上 3 号主变压器 2503 "远/近" 控切换开关 1QK 从 "就地" 位置切至 "远方" 位置。

8）检查 220kV 母差保护屏上相应切换及差流正常。

9）检查 2503 3 号主变压器保护屏 I 上电压切换正常。

（3）热倒开始（热倒闸三部曲）。

1）检查 220kV 旁路母联 25202 副母刀闸已合上。

2）检查 220kV 旁路母联 25205 旁母刀闸已合上。

3）检查 220kV 旁路母线 2510 联络刀闸已合上。

4）检查 220kV 旁路母联 2520 开关三相已合上。

5）投入 220kV 母差保护屏上 LP77 互联压板。

6）分开 220kV 旁路母联 2520 保护屏后操作电源空气开关。

7）将公用测控屏（中央信号继电器屏）上 1BK 220kV TV 二次并列开关从 "解列" 位置切至 "并列" 位置。

（4）2501 1 号主变压器开始热倒闸。

1）合上 25012 1 号主变压器副母刀闸。

2）检查 25012 1 号主变压器副母刀闸已合上。

3）拉开 25011 1 号主变压器正母刀闸。

4）检查 25011 1 号主变压器正母刀闸已拉开。

5）检查 220kV 母差保护屏上相应切换及差流正常。

6）检查 2501 1 号主变压器保护屏 I 上电压切换正常。

（5）2501 1 号主变压器间隔热倒闸结束，2K09 寒虎线倒闸开始。

1）合上 2K092 寒虎线副母刀闸。

2）检查 2K092 寒虎线副母刀闸已合上。

3）拉开 2K091 寒虎线正母刀闸。

4）检查 2K091 寒虎线正母刀闸已拉开。

5）检查 220kV 母差保护屏上相应切换及差流正常。

6）检查 2K09 寒虎线保护屏 I 上电压切换正常。

（6）2K09 寒虎线热倒闸结束，2K29 寒木线热倒闸开始。

1）合上 2K292 寒木线副母刀闸。

2）检查 2K292 寒木线副母刀闸已合上。

3）拉开 2K291 寒木线正母刀闸。

4）检查 2K291 寒木线正母刀闸已拉开。

5）检查 220kV 母差保护屏上相应切换及差流正常。

6）检查 2K29 寒木线保护屏 I 上电压切换正常。

（7）2K29 寒木线热倒闸结束，恢复方式三部曲。

1）将公用测控屏（中央信号继电器屏）上 1BK 220kV TV 二次并列开关从"并列"位置切至"解列"位置。

2）合上 220kV 旁路母联 2520 保护屏后控制电源空气开关。

3）退出 220kV 母差保护屏上 LP77 互联压板。

（8）电能表切换。

1）将电能表屏 I 上 2K09 寒虎线电能表 CK 电压切换开关从"正母"位置切至"副母"位置。

2）将电能表屏 I 上 2501 1 号主变压器电能表 CK 电压切换开关从"正母"位置切至"副母"位置。

3）将电能表屏 I 上 2503 3 号主变压器电能表 CK 电压切换开关从"正母"位置切至"副母"位置。

4）将电能表屏Ⅰ上 2K29 寒木线电能表 CK 电压切换开关从"正母"位置切至"副母"位置。

（9）取下电压互感器的二次熔丝（计量和保护）。

1）分开 2507 正母电压互感器操作箱内 1ZKK 保护电压空气开关。

2）取下 2507 正母电压互感器操作箱内 2RD 计量电压熔丝 ABC。

3）检查 220kV 旁路母联 2520 开关三相电流指示回零。检查"切换继电器无同时动作"信号发出（技能项不写入操作票）

4）拉开 220kV 旁路母联 2520 开关（220kV 正母、旁母失电）。

（10）2520 开关改为副母线运行。

1）将 220kV 线路测控屏Ⅰ上 2QK 220kV 旁路母联 2520 开关远近控切换开关从"远方"位置切至"就地"位置。

2）检查 220kV 旁路母联 2520 开关三相已拉开。

3）拉开 220kV 旁路母线 2510 联络刀闸。

4）检查 220kV 旁路母线 2510 联络刀闸已拉开。

5）检查 220kV 旁路母联 2520 保护屏上 4QK 电压切换开关已切至"代线路"位置。

6）检查 220kV 旁路母联 2520 保护屏上#902 保护定值已切至**区。

7）检查 220kV 旁路母联 2520 保护屏上 8LP5 投充电保护压板已退出。

8）检查 220kV 旁路母联 2520 保护屏上 8LP4 投电流保护压板已退出。

9）检查 220kV 旁路母联 2520 保护屏上 1LP18 投主保护压板已退出。

10）检查 220kV 旁路母联 2520 保护屏上 1LP4 重合闸出口压板已退出。

11）检查 220kV 旁路母联 2520 保护屏上 1QK 重合闸切换开关已切至"停用"位置。

12）投入 220kV 旁路母联 2520 保护屏上 1LP17 投零序压板。

13）投入 220kV 旁路母联 2520 保护屏上 1LP19 投距离压板。

14）检查 220kV 旁路母联 2520 保护屏上 902 号保护无动作及异常信号。

15）投入 220kV 旁路母联 2520 保护屏上 1LP1 A 相跳闸出口压板。

16）投入 220kV 旁路母联 2520 保护屏上 1LP2 B 相跳闸出口压板。

17）投入 220kV 旁路母联 2520 保护屏上 1LP3 C 相跳闸出口压板。

18）投入 220kV 旁路母联 2520 保护屏上 8LP1 三相跳闸出口压板。

19）投入 220kV 旁路母联 2520 保护屏上 1LP9 A 相失灵启动压板。

20）投入 220kV 旁路母联 2520 保护屏上 1LP10 B 相失灵启动压板。

21）投入 220kV 旁路母联 2520 保护屏上 1LP11 C 相失灵启动压板。

22）投入 220kV 母差保护屏上 LP55 220kV 旁路母联 2520 失灵启动压板。

23）将 220kV 线路测控屏 I 上 2QK 220kV 旁路母联 2520 开关远近控切换开关从"就地"位置切至"远方"位置。

24）检查母差保护屏上 LP76 分列压板已退出（非"六统一"）。

25）合上 220kV 旁路母联 2520 开关（220kV 旁母充电）。

26）检查 220kV 旁路母联 2520 开关三相已合上。

（11）220kV 正母线改为冷备用。

1）拉开 25071 正母电压互感器避雷器刀闸（无电操作的）。

2）检查 25071 正母电压互感器避雷器刀闸已拉开。

3）校核显示标志（后台机上每个间隔核对有无异常信号）。

二、寒山仿真变电站主变压器停电操作

1. 操作任务

220kV 寒山仿真变电站 1 号主变压器停役。

（1）将 1 号主变压器 35kV 侧 301 开关由运行改为冷备用。

（2）将 1 号主变压器 110kV 侧 1101 开关由运行改为冷备用。

（3）将 1 号主变压器由运行改为冷备用。

2. 操作步骤

（1）预演模拟图。

（2）10kV 低压侧改为冷备用。

1）合上 300 母联开关（合环）。

2）检查 300 母联开关已合上。

3）检查 300 母联负荷分配正常（A：　　A，B：　　A，C：　　A）。

4）拉开 301 1 号主变开关（解环）。

5）将 1 号主变压器测控屏上 301 1 号主变压器远近控切换开关从"远方"位置切至"就地"位置。

6）检查 301 1 号主变压器开关已拉开。

7）拉开 3013 1 号主变压器母线刀闸。

8）检查 3013 1 号主变压器母线刀闸已拉开。

9）拉开 3011 1 号主变压器正母刀闸。

10）检查 3011 1 号主变压器正母刀闸已拉开。

11）检查 3015 1 号主变压器旁母刀闸已拉开。

12）拉开 3018 1 号主变压器进线刀闸。

13）检查 3018 1 号主变压器进线刀闸已拉开。

14）检查 1 号主变压器保护屏 II 上电压切换正常。

（3）110kV 中压侧改为冷备用。

1）合上 1100 母联开关（合环）。

2）检查 1100 母联开关已合上。

3）检查 1100 母联负荷分配正常（A：　A，B：　A，C：　A）。

4）拉开 1101 1 号主变压器开关（解环）。

5）将 1 号主变压器测控屏上 1101 1 号主变压器远近控切换开关从"远方"位置切至"就地"位置。

6）检查 1101 1 号主变压器开关已拉开。

7）拉开 11013 1 号主变压器刀闸。

8）检查 11013 1 号主变压器刀闸已拉开。

9）拉开 11011 1 号主变压器正母刀闸。

10）检查 11011 1 号主变压器正母刀闸已拉开。

11）检查 110kV 母差保护屏上相应切换及差流正常。

12）检查 1 号主变压器保护屏 II 上电压切换正常。

注：寒山仿真变电站三台主变均为自耦变压器，其高压侧中性点直接接地。

（4）220kV 高压侧改为冷备用。

1）检查 1 号主变压器 2501 开关三相电流指示回零。

2）拉开 1 号主变压器 2501 开关（1 号主变压器失电）。

3）将 1 号主变压器测控屏上 1 号主变压器 2501 远近控切换开关从"远方"位置切至"就地"位置。

4）检查 1 号主变压器 2501 开关三相已拉开。

5）拉开 1 号主变压器 25013 变压器刀闸。

6）检查 1 号主变压器 25013 变压器刀闸已拉开。

7）拉开 1 号主变压器 25011 正母刀闸。

8）检查 1 号主变压器 25011 正母刀闸已拉开。

9）检查 220kV 母差保护屏 I、II 上相应切换及差流正常。

10）检查 1 号主变压器保护屏 I 上电压切换正常。

11）校核显示标志。

习 题

1. 简答：热倒操作前，能否先将母联开关改为非自动，再将母差保护改为（或检查）互联方式？

2. 简答：主变压器冷却装置能否在主变停役后立即停用？

3. 简答：主变压器中性点接地刀闸有哪些操作规定？

4. 简答：主变压器改检修时，如果漏断主变压器有载调压和冷控电源空气断路器会有什么后果？

第四节 智能变电站倒闸操作仿真实操练习

学习目标

熟悉仿真智能变电站的倒闸操作相关操作原则及注意事项

知识点

本节以仿真系统中500kV小城仿真变电站（见附录A）的母线停役及220kV长安仿真变电站主变压器停役操作为例，介绍智能变电站的倒闸操作相关操作原则及注意事项。

一、小城仿真变电站500kV母线停役

1. 操作任务

500kV I 母线由运行转检修。

2. 操作步骤

（1）检查2号主变压器/水城线5012开关负荷指示应正常（ / / A）。

（2）拉开2号主变压器500kV侧5011开关。

（3）检查2号主变压器500kV侧5011开关三相分位监控信号指示正确（电流A相 A，B相 A，C相 A）。

（4）检查2号主变压器500kV侧5011开关开关三相分位机械位置指示正确。

（5）检查华城5108线5022开关负荷指示应正常（ / / A）。

（6）拉开 500kV 华城 5108 线 5021 开关。

（7）检查 500kV 华城 5108 线 5021 开关三相分位监控信号指示正确（电流 A 相 A，B 相 A，C 相 A）。

（8）检查 500kV 华城 5108 线 5021 开关三相分位机械位置指示正确。

（9）检查 500kV 山城 5170 线 5033 开关负荷指示应正常（ / / A）。

（10）拉开 500kV 山城 5170 线 5032 开关。

（11）检查 500kV 山城 5170 线 5032 开关三相分位监控信号指示正确（电流 A 相 A，B 相 A，C 相 A）。

（12）检查 500kV 山城 5170 线 5032 开关三相分位机械位置指示正确。

（13）检查 3 号主变压器/青城线 5042 开关负荷指示应正常（ / / A）。

（14）拉开 500kV 青城 5169 线 5041 开关。

（15）检查 500kV 青城 5169 线 5041 开关三相分位监控信号指示正确（电流 A 相 A，B 相 A，C 相 A）。

（16）检查 500kV 青城 5169 线 5041 开关三相分位机械位置指示正确。

（17）检查 500kV 1 号母线电压指示正确。

（18）合上 2 号主变压器 500kV 侧 50111 刀闸主电源开关。

注：操作电源检查，根据系统初始化电源开关状态检查或操作，另根据各地要求，将测控装置开关远近控切换开关切至就地或取下现场汇控柜智能单元开关遥控压板，防止操作刀闸时监控远控分合开关，造成带负荷分合闸刀。

（19）拉开 2 号主变压器 500kV 侧 50111 刀闸。

（20）检查 2 号主变压器 500kV 侧 50111 刀闸三相确已拉开。

（21）检查 2 号主变压器 500kV 侧 50111 刀闸分位监控信号指示正确。

（22）拉开 2 号主变压器 500kV 侧 50111 刀闸主电源开关。

（23）合上 2 号主变压器 500kV 侧 50112 刀闸主电源开关。

（24）拉开 2 号主变压器 500kV 侧 50112 刀闸。

（25）检查 2 号主变压器 500kV 侧 50112 刀闸三相确已拉开。

（26）检查 2 号主变压器 500kV 侧 50112 刀闸分位监控信号指示正确。

（27）拉开 2 号主变压器 500kV 侧 50112 刀闸主电源开关。

（28）合上 500kV 华城 5108 线 50211 刀闸主电源开关。

（29）拉开 500kV 华城 5108 线 50211 刀闸。

（30）检查 500kV 华城 5108 线 50211 刀闸三相确已拉开。

（31）检查 500kV 华城 5108 线 50211 刀闸分位监控信号指示正确。

（32）拉开 500kV 华城 5108 线 50211 刀闸主电源开关。

（33）合上 500kV 华城 5108 线 50212 刀闸主电源开关。

（34）拉开 500kV 华城 5108 线 50212 刀闸。

（35）检查 500kV 华城 5108 线 50212 刀闸三相确已拉开。

（36）检查 500kV 华城 5108 线 50212 刀闸分位监控信号指示正确。

（37）拉开 500kV 华城 5108 线 50212 刀闸主电源开关。

（38）合上 500kV 山城 5170 线 50321 刀闸主电源开关。

（39）拉开 500kV 山城 5170 线 50321 刀闸。

（40）检查 500kV 山城 5170 线 50321 刀闸三相确已拉开。

（41）检查 500kV 山城 5170 线 50321 刀闸分位监控信号指示正确。

（42）拉开 500kV 山城 5170 线 50321 刀闸主电源开关。

（43）合上 500kV 山城 5170 线 50322 刀闸主电源开关。

（44）拉开 500kV 山城 5170 线 50322 刀闸。

（45）检查 500kV 山城 5170 线 50322 刀闸三相确已拉开。

（46）检查 500kV 山城 5170 线 50322 刀闸分位监控信号指示正确。

（47）拉开 500kV 山城 5170 线 50322 刀闸主电源开关。

（48）合上 500kV 青城 5169 线 50411 刀闸主电源开关。

（49）拉开 500kV 青城 5169 线 50411 刀闸。

（50）检查 500kV 青城 5169 线 50411 刀闸三相确已拉开。

（51）检查 500kV 青城 5169 线 50411 刀闸分位监控信号指示正确。

（52）拉开 500kV 青城 5169 线 50411 刀闸主电源开关。

（53）合上 500kV 青城 5169 线 50412 刀闸主电源开关。

（54）拉开 500kV 青城 5169 线 50412 刀闸。

（55）检查 500kV 青城 5169 线 50412 刀闸三相确已拉开。

（56）检查 500kV 青城 5169 线 50412 刀闸分位监控信号指示正确。

（57）拉开 500kV 青城 5169 线 50412 刀闸主电源开关。

（58）拉开 500kV 青城 5169 线 50412 刀闸主电源开关。

（59）拉开 500kV Ⅰ 母线智能控制柜内同期二次电压开关。

（60）验明 500kV 1 号母线 5117 接地刀闸静触头处三相确无电压。

（61）合上 500kV 1 号母线 5117 接地刀闸主电源开关。

（62）合上 500kV 1 号母线 5117 接地刀闸。

（63）检查 500kV 1 号母线 5117 接地刀闸三相确已合好。

（64）检查 500kV 1 号母线 5117 接地刀闸合位监控信号指示正确。

（65）拉开 500kV 1 号母线 5117 接地刀闸主电源开关。

（66）验明 500kV 1 号母线 5127 接地刀闸静触头处三相确无电压。

（67）合上 500kV 1 号母线 5127 接地刀闸主电源开关。

（68）合上 500kV 1 号母线 5127 接地刀闸。

（69）检查 500kV 1 号母线 5127 接地刀闸三相确已合好。

（70）检查 500kV 1 号母线 5127 接地刀闸合位监控信号指示正确。

（71）拉开 500kV 1 号母线 5127 接地刀闸主电源开关。

二、长安仿真变电站1号主变压器停役

1. 操作任务

将 1 号主变压器由运行转冷备用（不含站用电倒换）。

2. 操作步骤

（1）放上 10kV 闭锁备自投压板。

（2）检查所启用保护装置无动作及异常信号。

（3）检查 2 号主变压器第一套保护 GOOSE 跳低压侧分段软压板已投入。

（4）检查 2 号主变压器第二套保护 GOOSE 跳低压侧分段软压板已投入。

（5）合上 10kV 母线分段 912 开关。

（6）检查 10kV 母线分段 912 开关负荷指示应正常（　/　/　A）。

（7）检查 10kV 母线分段 912 开关确已合上。

（8）拉开 1 号主变压器 901 开关。

（9）监控系统检查 1 号主变压器 901 开关确已拉开，三相电流为（　　）A。

（10）现场检查 1 号主变压器 901 开关确已拉开。

（11）退出 1 号主变压器第一套保护 GOOSE 跳低压侧分段软压板。

（12）退出 1 号主变压器第二套保护 GOOSE 跳低压侧分段软压板。

（13）将 1 号主变压器 901 手车开关遥近控切换开关由远控位置切至近控位置。

（14）将 1 号主变压器 901 手车开关由工作位置摇至试验位置。

（15）检查 1 号主变压器 901 手车开关确已摇至试验位置。

（16）检查 2 号主变压器第一套保护 GOOSE 跳中母联软压板已投入。

（17）检查 2 号主变压器第二套保护 GOOSE 跳中母联软压板已投入。

（18）检查 110kV 母联 1112 开关确在合位。

（19）检查 2 号主变压器 1102 开关负荷指示应正常（　/　/　A）。

（20）合上 2 号主变压器中性点 11020 接地刀闸。

（21）检查 2 号主变压器中性点 11020 接地刀闸确已合上。

（22）拉开 1 号主变压器 1101 开关。

（23）监控系统检查 1 号主变 1101 开关确已拉开，三相电流为（　　）A。

（24）退出 1 号主变压器第一套保护 GOOSE 跳中母联软压板。

（25）退出 1 号主变压器第二套保护 GOOSE 跳中母联软压板。

（26）将 1 号主变压器 1101 开关遥近控切换开关由远控位置切至近控位置。

（27）将 1 号主变压器 1101 刀闸遥近控切换开关由远控位置切至近控位置。

（28）拉开 1 号主变压器 11016 隔离开关。

（29）检查 1 号主变压器 11016 隔离开关确已拉开。

（30）拉开 1 号主变压器 11011 隔离开关。

（31）检查 1 号主变压器 11011 隔离开关确已拉开。

（32）检查 2 号主变压器第一套保护 GOOSE 跳高母联软压板已投入。

（33）检查 2 号主变压器第二套保护 GOOSE 跳高母联软压板已投入。

（34）合上 2 号主变压器中性点 22020 接地刀闸。

（35）检查 2 号主变压器中性点 22020 接地刀闸确已合上。

（36）拉开 1 号主变压器 2201 开关。

（37）监控系统检查 1 号主变压器 2201 开关确已拉开，三相电流为（　　）A。

（38）现场检查 1 号主变压器 2201 开关三相确已拉开。

（39）退出 1 号主变压器第一套保护 GOOSE 跳高母联软压板。

（40）退出 1 号主变压器第二套保护 GOOSE 跳高母联软压板。

（41）将 1 号主变压器 2201 开关遥近控切换开关由远控位置切至近控位置。

（42）拉开 1 号主变压器 22016 隔离开关。

（43）检查 1 号主变压器 22016 隔离开关三相确已拉开。

（44）拉开 1 号主变压器 22011 隔离开关。

（45）检查 1 号主变压器 22011 隔离开关三相确已拉开。

习　题

1. 简答：仿真机操作：小城仿真变电站 500kV Ⅰ母线由检修转运行。

2. 简答：仿真机操作：长安仿真变电站将 1 号主变压器由冷备用转运行。

3. 简答：仿真机操作：长安仿真变电站 220kV Ⅰ母线由运行转检修。

4. 简答：仿真机操作：小城仿真变电站将 1 号主变压器由运行转冷备用。

第五节 实体仿真变电站倒闸操作实操练习

学习目标

熟悉实体仿真变电站母线操作原则及注意事项

知识点

本节以 220kV 全信息高仿真实训用智慧变电站——紫苑实体仿真变电站（见附录 A）为例，介绍 110kV 母线操作原则及注意事项。

1. 操作任务

110kV 正母线由运行改为冷备用。

2. 操作步骤

（1）检查 110kV 母联 7101 闸刀应合上（查机械位置、电气指示等正常）。

（2）检查 110kV 母联 7102 闸刀应合上（查机械位置、电气指示等正常）。

（3）检查 110kV 母联 710 开关应合上（查机械位置、电气指示等正常）。

（4）投入 110kV 母线保护屏投母线互联 1FLP3 软压板。

（5）分开 110kV 母联 710 开关智能控制箱 110kV 母联 710 开关控制电源开关。

（6）合上紫金线 7812 闸刀。

（7）检查紫金线 7812 闸刀应合上（查机械指示、电气指示等正常）。

（8）拉开紫金线 7811 闸刀。

（9）检查紫金线 7811 闸刀应拉开。

（10）合上 1 号主变压器 7012 闸刀。

（11）检查 1 号主变压器 7012 闸刀应合上（查机械位置、电气指示等正常）。

（12）拉开 1 号主变压器 7011 闸刀。

（13）检查 1 号主变压器 7011 闸刀应拉开（查机械位置、电气指示等正常）。

（14）检查 220kV 母差保护屏一次接线指示与实际对应。

（15）检查 220kV 母差保护屏差流回路无异常信号。

（16）合上 110kV 母联 710 开关智能控制箱 110kV 母联 710 开关控制电源开关。

（17）退出 110kV 母线保护屏投母线互联 1FLP3 软压板。

（18）分开 110kV 正母线电压互感器智能控制箱 110kV 正母电压互感器次级保护/测量开关。

（19）分开 110kV 正母线电压互感器智能控制箱 110kV 正母电压互感器次级计量开关。

（20）检查 110kV 正母线三相电压正常（　　/　　/　　kV）。

（21）检查 110kV 母联 710 开关应无电流指示（　　/　　/　　A）。

（22）拉开 110kV 母联 710 开关。

（23）检查所启用保护装置无动作及异常信号。

（24）投入 110kV 母线保护屏投母联分列 1FLP4 软压板。

（25）将 110kV 母联 710 开关智能终端遥近控开关从"遥控"位置切至"近控"位置。

（26）检查 110kV 母联 710 开关应拉开（查机械位置、电气指示等正常）。

（27）拉开 110kV 母联 7101 闸刀。

（28）检查 110kV 母联 7101 闸刀应拉开（查机械指示、电气指示等正常）。

（29）拉开 110kV 母联 7102 闸刀。

（30）检查 110kV 母联 7102 闸刀应拉开（查机械指示、电气指示等正常）。

（31）拉开 110kV 正母电压互感器 7015 闸刀。

习　题

1. 简答：实体仿真变电站紫苑变电站操作：110kV 正母线由冷备用改为运行。

2. 简答：实体仿真变电站紫苑变电站操作：220kV 正母线由运行改为冷备用。

3. 简答：实体仿真变电站紫苑变电站操作：1 号主变压器由运行转冷备用。

4. 简答：实体仿真变电站紫苑变电站操作：1 号主变压器由冷备用转运行。

第七章

异常巡视及处理

第一节 异常巡视技能要点

学习目标

1. 掌握变电站设备缺陷报送的处理规定
2. 掌握异常巡视的技能要点

知识点

一、设备缺陷报送处理规定

运维人员发现设备缺陷后，应根据设备缺陷的象征和参数变化进行综合判断来确定设备缺陷的等级，并在当值时间内通过设备缺陷管理系统将设备缺陷PMS上报、流转，并记入设备缺陷记录簿中。对危急、严重缺陷应及时汇报调度值班员及工区有关人员，详细说明缺陷内容，现场状况。对一般缺陷可在次日向工区汇报工作情况时一并汇报。

设备缺陷的处理要求：

（1）危急缺陷的消除时限依据变电设备缺陷情况而定，但不应超过24h。

（2）严重缺陷的消除时限不超过一个月。

（3）需停电处理的一般缺陷不超过一个检修周期，可不停电处理的一般缺陷原则上不超过三个月。

（4）值班运行人员应督促检修人员及时进行设备缺陷的消缺。

（5）设备缺陷未消除前，运行人员应加强设备缺陷的跟踪巡视检查，掌握设备缺陷的发展状况，保证设备的安全运行。对于设备缺陷的发展应及时更改设备缺陷的等级，并及时汇报调度值班员及工区有关人员。

二、异常巡视技能要点

1. 异常发热

（1）主变压器过负荷、冷却器故障、造成主变压器上层温度超过规定限值。

（2）导引线线夹、接头、法兰处等因负荷增加、氧化、接触不良引起发热。

（3）隔离开关动静触头接触不良、触指压接不紧密引起发热。

（4）互感器、避雷器、电容器、电抗器内部故障引起发热。

（5）电动机过载发热。

（6）接地扁铁温度异常。

2. 异常声响

（1）设备运行时的振动、内部放电、电动机运转异常引起的异常声响。

（2）带电设备产生电晕、放电引起的放电异常声响。

（3）二次设备继电保护装置接点抖动、打火产生的异常声响。

3. 异常油位

（1）注油设备本体渗油、漏油、引起油位异常低。

（2）注油设备内部故障发热引起油位异常升高。

（3）油路堵塞、气体继电器中有气体引起油位异常。

4. 异常指示状态

（1）设备的 SF_6 气室压力、氮气压力、油压力异常，指示在非正常区域。

（2）避雷器的泄漏电流异常，三相泄漏电流表指示不平衡。

（3）断路器、隔离开关、接地闸刀的分合闸位置指示不一致；断路器的储能指示异常。

（4）开关柜的位置指示与实际运行方式不一致。

（5）带电显示器与实际带电显示不一致。

5. 异常放电闪络

（1）主变压器内部短路故障有放电声。

（2）瓷套管、绝缘子绝缘性能下降有异常放电闪络。

（3）开关柜内有异常放电。

6. 异常变色

（1）注油设备油色异常变深。

（2）呼吸器硅胶受潮变红变，长时间未更换异常发黑。

（3）引线接头、闸刀触指、接地扁铁发热变红。

（4）油漆脱落、腐蚀、锈蚀变成褐色。

习 题

1. 简答：变电站设备缺陷报送处理有何规定？

2. 简答：变电站设备巡视主要有哪些异常发热点？

3. 简答：变电站设备异常巡视技能要点有哪些？

第二节 异常处理技能要点

学习目标

1. 了解变电站变压器、断路器、隔离开关、组合电器设备、高压开关柜、互感器、无功设备等一次设备的常见异常

2. 掌握一次设备常见异常的判断及处理原则

知识点

一、变压器及其附属设备异常现象判断和处理原则

（1）变压器出现异常信号后，应根据信号内容，了解信号的释义，判断信号的类别与定性，立即现场检查，判别是否误发信。如信号正确，应分析触发信号的原因，可能异常的后果，汇报班长及相关领导、专业人员。运维人员应根据异常的性质，立即进行处理，如不能处理，应立即联系专业人员进行处理。

（2）变压器的异常如不能立即消除，应作为缺陷上报，履行缺陷处理流程，

尽快消除缺陷，保证变压器正常运行；如不能及时处理，应加强跟踪检查，必要时增加巡视次数，防止异常发展。

二、断路器及其操作机构异常现象判断和处理原则

（1）断路器发生操作机构压力降低异常，应立即处理，恢复压力，如不能恢复且有继续下降趋势，应拉开高压开关，避免开关分闸闭锁时隔离困难。

（2）断路器 SF$_6$ 压力降低闭锁时，严禁进行分合闸。可采用以下方式进行隔离：

1）对于 3/2 接线方式，当接线在三串及以上时，可以解锁拉开两侧隔离开关将该开关隔离；否则应采取切断与该断路器有联系的所有电源的方法来隔离此开关。操作时，隔离开关操作必须采用远控方式。需要注意的是 500kV 断路器用两侧隔离开关隔离时，隔离开关需通过试验验证。

2）对于双母线接线方式，此时断路器可以改为非自动，但应注意不得停用保护直流电源，防止系统故障时失灵保护拒动。

3）对于线路/主变压器断路器故障，若有旁路断路器，可采用旁路代供的方式，在旁路断路器与故障断路器并联后，解锁拉开故障断路器两侧隔离开关将其隔离，操作前旁路断路器应改非自动；若无旁路断路器，将故障断路器所在母线上的其余元件热倒至另一段母线后，拉开母联断路器将其隔离。

4）对于旁路断路器故障，若旁路所带断路器工作已结束，可在恢复正常运行方时在旁路断路器与所带断路器并联后，解锁拉开旁路断路器两侧隔离开关将其隔离，操作前所带断路器应改非自动；若旁路所带断路器工作未结束，则须将旁路断路器所在母线上其余元件热倒至另一段母线后，拉开母联断路器将其隔离。

5）双母线母联断路器故障，优先采取合上出线（或旁路）断路器两把母线隔离开关的方式隔离，同时应先将母差改单母方式；否则采用倒母线方式隔离。

6）三段式母线分段断路器故障，允许采用远控方式直接拉开该断路器两侧隔离开关进行隔离，此时环路中断路器应改为非自动状态；否则采用倒母线方式隔离。

7）三段式母线母联断路器及四段式母线母联、分段断路器故障，采用倒母

线方式隔离。

8）500kV 主变压器低压侧总开关故障后，将低压侧母线上所有低抗、电容器、电压互感器、站用变压器（先转移负荷）等退出运行后，拉开主变压器低压侧隔离开关，将故障断路器隔离。

9）500kV 主变压器低压侧电容器或低抗开关故障后，先将所在母线上其他低抗、电容器、电压互感器、站用变压器（先转移负荷）等退出运行。若低压侧有总断路器，则拉开总断路器后，再拉开故障断路器的隔离开关将其隔离，隔离后恢复其他电容器、低抗、电压互感器、站用变压器的运行。若低压侧无总断路器，则需停用主变压器后方能隔离故障断路器。

（3）断路器无故障跳闸，应查明原因后，方可恢复运行。

（4）500kV 断路器正常运行中发生非全相运行时，三相不一致保护应动作跳闸。若三相不一致保护未正确动作，应自行迅速恢复全相运行，如无法恢复，则可立即自行拉开该断路器，事后汇报调度和领导。

（5）断路器操作过程中三相位置不一致时：

1）断路器合闸操作时，若只合上两相，应立即再合一次，如另一相仍未合上，应立即拉开该断路器，汇报调度及领导，终止操作。若只合上一相时，应立即拉开，不允许再合，汇报调度及领导，终止操作。

2）断路器分闸操作时，若只分开两相时，不准将断开的二相再合上，而应迅速再分一次，如另一相仍未分开，汇报调度及领导，根据调度命令做进一步处理。

（6）断路器机构频繁打压，应检查机构是否存在外部泄漏，压力表指示是否正常，若外部无泄漏，压力下降很快，则可能是机构内部泄漏，则应汇报调度和领导，将断路器停役后处理。

（7）在出现"开关机构电动机或加热器回路电源故障"报警，应立即到现场检查是哪一相、哪一个电源开关跳开。如为加热回路电源自动跳开，应进行初步检查，如未发现明显故障，可以试送一次，试送不成应汇报领导。如为油泵电机电源跳开，应进行初步检查，如未发现明显故障，可以试送一次，试送不成应立即汇报领导派人处理，并加强对液压的监视。

（8）当 SF_6 断路器发生爆炸或严重漏气等事故，应立即断开该断路器的操作电源，立即汇报调度，并根据其命令，采取措施将故障断路器隔离；同时注意接近设备时应尽量选择上风侧，必要时要戴防毒面具、穿防护服。

三、隔离开关异常现象判断和处理原则

（1）隔离开关电动操作失灵时，首先应该核对设备名称编号，检查相应断路器及隔离开关状态，判断隔离开关操作条件是否满足，严禁不经检查即进行解锁操作。在确认操作正确后，检查操作电源、电机电源是否正常，电机热继电器是否动作，电源缺相保护继电器是否失电；并设法恢复，如故障无法消除或未发现异常，立即汇报调度及领导，进行处理。必要时可以申请解锁操作。

（2）隔离开关合闸不到位时，检查是否是由于机构锈蚀、卡涩或检修调试未调好所引起的，如是在操作过程中，可拉开后再合一次，必要时申请停电处理。

（3）若电动操作过程中因电源中断或操作机构故障而停止并发生拉弧时，为避免触头间持续拉弧和隔离开关辅助接点在不确定状态对保护构成不利影响，运维人员应设法立即手动操作将该隔离开关合上或拉开，事后进行相关汇报和检查处理。

（4）隔离开关触头熔焊变形（特别是经近区故障穿越性大电流后、隔离开关发热等），绝缘子破裂或严重放电时，应立即申请停电处理，在停电前应加强监视。

（5）运维人员发生带负荷误合隔离开关时，则不论任何情况，都不准自行拉开。应汇报调度用该回路开关将负荷切断后，再拉开误合的隔离开关。

（6）运维人员发生带负荷误拉隔离开关时，如为现场电动操作和手动操作，当动触头刚离开静触头，应立即将隔离开关反方向操作合上；如为远控操作或已误拉开，则不许再合上此隔离开关。

（7）运行中如发现隔离开关接触不良、桩头松动开裂等现象，应立即进行红外测温，并汇报调度及领导，减少负荷或停电处理，停电前应加强监视。

（8）运行中的隔离开关如发生引线接头、触头发热严重等异常情况，应首先汇报调度采取措施降低通过该隔离开关的潮流。如需操作该隔离开关，必须经分部相关专职确认其安全性，不得随意操作。

（9）运行中的隔离开关如发生重大缺陷不能操作，并经分部相关专职确认需紧急停用时，应采用调度停电的方式隔离。

（10）双母线接线母线隔离开关操作时如发现"TV 失压信号"时，可能是由于母线侧隔离开关的辅助接点切换不良，此时可将该隔离开关重复操作一次，若不能排除应逐个检查其母线电压切换回路是否存在其他问题。

四、互感器异常现象判断和处理原则

（一）电流互感器的现象判断和异常处理原则

（1）电流互感器严重漏油或漏气时，应立即退出运行，检查各密封部件是否渗漏，查明绝缘是否受潮，根据情况选择干燥处理或更换。

（2）电流互感器本体或引线端子有严重过热时，应立即退出运行，若仅是连接部位接触不良，未伤及固体绝缘的，可对连接部位紧固处理；否则，应对互感器进行更换。

（3）电流互感器二次回路开路或末屏开路的处理：

1）如果对二次或末屏开路的处理，不能保证人身安全，应立即报告调度运维人员，请求尽快停电处理。

2）处理电流互感器二次回路开路或末屏开路的异常时，应尽量降低电流互感器回路电流，必要时应申请调度停电处理。

3）处理电流互感器二次回路开路时应戴绝缘手套，防止二次回路开路后的高压对人员的电击。

（4）SF_6互感器异常处理：

1）设备故障跳闸后，先使用 SF_6分解气体快速测试装置，对设备内气体进行检测，以确定内部有无放电。

2）故障设备解体检查前，也应先进行 SF_6分解气体检测，以确认内部是否放电，由于气体分解后有毒性应做好防护措施。对初步判定没有内部放电的设备，则先进行工频耐压试验或局部放电测量，然后再解体；对已查明存在放电的设备，则直接解体检查，不必进行耐压试验，以免再次放电影响正确分析。

（二）电压互感器异常现象判断和处理原则

（1）电压互感器发生异常并且经分确认可能发展成故障要求停用时，其处理原则如下：

1）电压互感器高压侧闸刀可以远方遥控操作时，应用远方遥控操作高压侧闸刀隔离。

2）采用高压侧闸刀远方隔离时，应用开关切断该电压互感器所在母线的电源，然后再隔离故障的电压互感器。

3）禁止用近控的方法操作该电压互感器高压侧闸刀。

4）禁止将该电压互感器的次级与正常运行的电压互感器次级进行并列。

5）禁止将该电压互感器所在母线保护停用或将母差保护改为非固定连结方式（或单母方式）。

6）在操作过程中发生电压互感器谐振时，应立即破坏谐振条件，并在现场规程中明确。

（2）正常运行时如"电压并列装置直流消失"光字牌亮时，应立即到电压并列监视装置屏后检查直流开关是否跳开，到直流分配屏上检查相应开关是否跳开，熔丝是否熔断，并设法恢复，若经检查未发现故障点，允许试送一次或换上同样规则熔丝，如试送不成不得再次试送，汇报调度和工区听候处理，此时应将所有失去电压的距离保护停用。

（3）如运行中单独出现 220kV 保护失压信号时，应立即到 220kV 母线 TV 端子箱检查电压互感器次级开关是否跳开，检查 220kV 电压并列装置的相应电压端子是否松动，电压互感器空气开关上、下桩头间是否压差，并设法恢复。如无法恢复，应立即汇报调度和工区听候处理，此时应将所有失去电压的距离保护停用。

（4）如运行中单独出现 220kV 母线的测量失压信号时，应立即到 220kV 母线 TV 端子箱检查电压互感器熔丝是否熔断，电压互感器空气开关上、下桩头间是否压差，检查 220kV 电压并列装置相应电压端子是否松动，并设法恢复。

五、组合电器设备异常现象判断和处理原则

（1）巡视中如发现 SF_6 压力表压下降，异常响声，有刺激气味等异常情况时，应立即向调度、领导汇报，查明原因，并采取相应措施。

（2）发生 SF_6 压力降低报警时，应立即到现场检查压力表压力和气室，确定是否漏气，若发现大量漏气，应立即汇报调度申请停电处理。

（3）当开关 SF_6 压力降低，断路器分、合闸闭锁动作时，应立即将断路器转为非自动并汇报调度及领导，派员处理。

六、高压开关柜异常现象判断和处理原则

（1）变电站 35、20、10kV 一般采用高压开关柜，内部主要有开关、电流互感器、电压互感器、母线、接地闸刀、电缆、保护测控装置等，内部设备异常按相应设备的异常处理方法进行，但高压开关还有特有异常，需认真对待。

（2）高压开关柜的异常主要有开关柜声音异常、过热、位置指示异常、操

作卡涩、充气柜压力异常等。

七、母线异常现象判断和处理原则

（1）母线具有汇集、分配和交换电能的作用，一旦发生问题，将引起大面积停电，因此母线是变电站最重要的电气设备之一。

（2）变电站常见的母线有软母线和硬母线两种类型，有绞线、矩形和管形等多种形式，此外，还有 GIS 全封闭组合式电器内的封闭母线。

（3）母线常见异常有母线过热异常、母线支柱绝缘子异常、母线异常响声、母线电压异常等。

八、无功设备的异常现象判断和处理原则

（一）电容器异常处理原则

（1）电容器运行中，应监视电容器的三相电流是否平衡，当中性点不平衡电流较大时，应检查电容器熔丝是否熔断。必要时向调度申请停用电容器，进行处理。

（2）电容器保护动作开关跳闸后，应立即进行现场检查，查明保护动作情况，并汇报调度和领导。电流保护动作未经查明原因并消除故障，不得对电容器送电。系统电压波动致使电容器跳闸，5 分钟后允许试送。

（3）电容器自投切装置动作后，应检查系统电压情况，若确实符合动作条件，汇报调度，听候处理。

（4）电容器或放电线圈发生爆炸着火时，应立即拉开开关及闸刀，用合适灭火器或干燥的沙子进行灭火，同时立即汇报调度和领导。

（5）检查处理电容器故障时的注意事项：

1）电容器组开关跳闸后，不允许强送电。过电流保护动作跳闸应查明原因，否则不允许再投入运行。

2）在检查、接触、处理电容器故障前，应先拉开开关及隔离闸刀，接触、处理电容器故障前应戴绝缘手套，用短路线将故障电容器的两极短接单独放电，然后验电装设接地线。

（二）电抗器异常处理原则

（1）发现干式电抗器表面涂层出现裂纹时，应密切注意其发展情况，一旦裂纹较多或有明显扩展趋势时应立即报告调度和领导，必要时停运处理。

（2）油浸式低抗超温、油位异常、差动保护动作、瓦斯保护动作、压力释

放阀动作及着火的处理与变压器异常的处理原则相同。

（3）由系统故障电压下降造成低抗自动切除时，经检查系统情况，确实符合自动切除条件，则不必处理，保持低抗热备用或充电状态，汇报调度，听候处理。

（4）当发现运行中的主变压器中性点电抗器有开路现象，应立即汇报网调，具体情况必须按调度指令进行。若网调发令将该主变压器退出运行，在合主变压器中性点接地闸刀后，可进行缺陷处理。若网调不将主变压器退出运行而许可直接合主变压器中性点接地闸刀，将故障电抗器旁路。并注意：

1）直接合主变压器中性点接地闸刀前，必须检查一次系统没有接地现象，同时应得到上级主管部门的同意，避免在中性点带有电压的情况下合主变压器中性点接地闸刀。

2）主变压器中性点接地闸刀合上后，根据调度要求调整系统运行方式。

（5）当发现运行中的干式电抗器有发热现象，应立即汇报调度。具体情况必须按调度指令进行。

习 题

1. 简答：组合电器设备异常现象判断和处理原则？
2. 简答：三段式母线的分段断路器和四段式分段异常处理区别？

第三节 常规变电站异常处理仿真实操练习

学习目标

掌握小电流接地系统各类异常的现象及判断、小电流接地系统各类异常的处理原则和流程

知识点

本节以仿真系统中 220kV 寒山仿真变电站为例，介绍常规变电站的小电流接地单相接地异常现象判断和处理。

（一）单条线路发生单相接地

寒山仿真变电站 35kV 线路单相单点接地，寒山仿真变电站报 35kV（正/副）母线接地信号，异常处理见表 7-1。

表 7-1　　　　　　　　　　　　单条线路发生单相接地异常处理

阶段	操作过程		规范
后台初查汇报	异常初次检查		复归音响信号
			记录异常故障时间
			检查 35kV（正/副）母线电压变化情况，确认异常原因为母线电压互感器一次熔丝熔断或发生单相接地，如接地则确定接地相相别
现场检查	一、二次设备详细检查	工器具准备	穿戴好安全工具（安全帽、绝缘靴、绝缘手套）、携带钥匙
		二次设备检查复归	检查主变压器本体保护异常告警情况信息，复归保护信号
		一次设备检查	现场检查 35kV（正/副）母线送电范围内是否存在接地，如果电压现象为电压互感器一次熔丝熔断，则检查电压互感器熔丝外观是否有明显异常。检查站内设备有无故障。对接地母线上的一次设备进行外部检查，主要检查各设备瓷质部分有无损坏、有无放电闪络，检查设备上有无落物、小动物及外力破坏现象，检查各引线有无断线接地，检查互感器、避雷器、电缆头等有无击穿损坏
详细汇报	事故分析判断、汇报	汇报	详细汇报相关调度、领导
			异常内容汇报［如汇报调度：我是寒山仿真变电站×××，×时×分，1 号 35kV（正/副）母线发生单相接地］
故障处理	查找故障点	采用顺停拉路法查找接地点	依次短时断开故障所在母线上各出线断路器，如果断开断路器后接地信号消失，绝缘监察电压表的指示恢复正常，即可证明所停的线路上有接地故障。接地信号未消失时，应立即恢复送电。利用瞬停法查找有接地故障的线路，一般拉路顺序为： （1）电容器（拉开后暂时不用恢复送电）。 （2）充电备用线路（拉开后暂时不用恢复送电）。 （3）双回路用户分别停。 （4）线路长、分支多、负荷小、不太重要用户的线路，或者发生故障几率高的线路。 （5）分支少、线路短、负荷较大、较重用户的线路
	隔离故障点	改冷备用	将试拉后接地消失的间隔改为冷备用
		汇报记录	汇报相关调度
			归还工器具
			做好运行日志、修试记录
注意事项	（1）检查站内设备时防止人身触电，应佩戴安全工器具。 （2）未核对电压变化情况，判断真假接地。 （3）查找接地线路时误拉、合断路器。 （4）接地查找时线路停电时间过长		

（二）两条线路发生同名相多点接地

寒山仿真变电站 35kV 两条线路发生同名相多点接地，寒山仿真变电站报 35kV（正/副）母线接地信号，异常处理见表 7-2。

表 7-2　　　　　　　　　　两条线路发生同名相多点接地异常处理

阶段	操作过程		规范
后台初查汇报	异常初次检查		复归音响信号
			记录异常故障时间
			检查 35kV（正/副）母线电压变化情况，确认异常原因为母线电压互感器一次熔丝熔断或发生单相接地，如接地则确定接地相相别
现场检查	一、二次设备详细检查	工器具准备	穿戴好安全工具（安全帽、绝缘靴、绝缘手套）、携带钥匙
		二次设备检查复归	检查主变压器本体保护异常告警情况信息，复归保护信号
		一次设备检查	现场检查 35kV（正/副）母线送电范围内是否存在接地，如果电压现象为电压互感器一次熔丝熔断，则检查电压互感器熔丝外观是否有明显异常。检查站内设备有无故障。对接地母线上的一次设备进行外部检查，主要检查各设备瓷质部分有无损坏、有无放电闪络，检查设备上有无落物、小动物及外力破坏现象，检查各引线有无断线接地，检查互感器、避雷器、电缆头等有无击穿损坏
详细汇报	事故分析判断、汇报	汇报	详细汇报相关调度、领导
			异常内容汇报［如汇报调度：我是寒山仿真变电站×××，×时×分，1 号 35kV（正/副）母线发生单相接地］
故障处理	查找故障点	采用顺停拉路法查找接地点	依次短时断开故障所在母线上各出线断路器，如果断开断路器后接地信号消失，绝缘监察电压表的指示恢复正常，即可证明所停的线路上有接地故障。接地信号未消失时，应立即恢复送电。 利用瞬停法查找有接地故障的线路，一般拉路顺序为： （1）电容器（拉开后暂时不用恢复送电）。 （2）充电备用线路（拉开后暂时不用恢复送电）。 （3）双回路用户分别停。 （4）线路长、分支多、负荷小、不太重要用户的线路，或者发生故障几率高的线路。 （5）分支少、线路短、负荷较大、较重要用户的线路
		确定接地点发生在各支路开关侧还是母线侧	拉开接地母线上所有分支开关（主变压器开关除外），若接地恢复则表明线路上发生同名相多点接地
		试送线路查找接地	依次逐个试送各线路开关，当接地复现时，表明该线路存在接地，拉开该线路开关后，继续试送其他线路开关
	隔离故障点	改冷备用	将试送开关发生接地的间隔改为冷备用

续表

阶段	操作过程	规范	
故障处理	隔离故障点	汇报记录	汇报相关调度
			归还工器具
			做好运行日志、修试记录
注意事项		（1）检查站内设备时防止人身触电，应佩戴安全工器具。 （2）未核对电压变化情况，判断真假接地。 （3）查找接地线路时误拉、合断路器。 （4）接地查找时线路停电时间过长	

（三）主变压器 35kV 侧出口至变压器刀闸间发生单相接地（无明显故障点）

主变压器 35kV 侧出口至变压器刀闸间发生单相接地（无明显故障点），寒山仿真变电站报 35kV（正/副）母线接地，异常处理见表 7-3。

表 7-3　主变压器 35kV 侧出口至变压器刀闸间发生单相接地异常处理

阶段	操作过程	规范	
后台初查汇报	异常初次检查		复归音响信号
			记录异常故障时间
			检查 35kV（正/副）母线电压变化情况，确认异常原因为母线电压互感器一次熔丝熔断或发生单相接地，如接地则确定接地相相别
现场检查	一、二次设备详细检查	工器具准备	穿戴好安全工具（安全帽、绝缘靴、绝缘手套）、携带钥匙
		二次设备检查复归	检查主变压器本体保护异常告警情况信息，复归保护信号
		一次设备检查	现场检查 35kV（正/副）母线送电围内是否存在接地，如果电压现象为电压互感器一次熔丝熔断，则检查电压互感器熔丝外观是否有明显异常。检查站内设备有无故障。对接地母线上的一次设备进行外部检查，主要检查各设备瓷瓶部分有无损坏、有无放电闪络，检查设备上有无落物、小动物及外力破坏现象，检查各引线有无断线接地，检查互感器、避雷器、电缆头等有无击穿损坏
详细汇报	事故分析判断、汇报	汇报	详细汇报相关调度、领导
			异常内容汇报［如汇报调度：我是寒山仿真变电站×××，×时×分，1 号 35kV（正/副）母线发生单相接地］
故障处理	查找故障点	采用顺停拉路法查找接地点	依次短时断开故障所在母线上各出线断路器，如果断开断路器后接地信号消失，绝缘监察电压表的指示恢复正常，即可证明所停的线路上有接地故障。接地信号未消失时，应立即恢复送电。利用瞬停法查找有接地故障的线路，一般拉路顺序为： （1）电容器（拉开后暂时不用恢复送电）。 （2）充电备用线路（拉开后暂时不用恢复送电）。 （3）双回路用户分别停。 （4）线路长、分支多、负荷小、不太重要用户的线路，或者发生故障几率高的线路。 （5）分支少、线路短、负荷较大、较重要用户的线路

续表

阶段	操作过程		规范
故障处理	查找故障点	确定接地点发生在各支路开关侧还是母线侧	拉开接地母线上所有分支开关（主变压器开关除外），若接地仍然存在，则表明接地发生在母线侧
		确定接地发生在主变开关的主变压器侧还是母线侧	试拉主变压器 35kV 侧开关，检查主变压器 35kV 侧避雷器漏电流读数，若读数恢复正常，则表明故障发生在母线侧，如果接地相漏电流为 0，则表明接地发生在主变压器侧
	隔离故障点	隔离主变间隔	拉开主变压器 35kV 母线刀闸（线路刀闸禁止操作）
	部分恢复送电	恢复母线送电	由其他主变压器送该 35kV 母线，检查电压正常无接地，逐个恢复线路送电
	进一步查找故障点	分割变压器 35kV 侧刀闸	（1）拉开主变三侧开关，主变压器失电。 （2）无电操作主变压器 35kV 侧变压器刀闸
		确定接地发生位置	检查主变压器 35kV 侧避雷器漏电流读数，若读数恢复正常，则表明故障发生在主变压器开关侧，如果接地相漏电流为 0，则表明接地发生在主变压器侧
	隔离故障点	改冷备用	将该主变压器改为冷备用，35kV 侧刀闸必须无电操作
		汇报记录	汇报相关调度
			归还工器具
			做好运行日志、修试记录
注意事项	（1）检查站内设备时防止人身触电，应佩戴安全工器具。 （2）未核对电压变化情况，判断真假接地。 （3）查找接地线路时误拉、合断路器。 （4）接地查找时线路停电时间过长。 （5）隔离接地点时带负荷拉隔离开关		

习 题

1. 简答：主变压器主保护动作最主要的原因有哪些？动作后主要检查内容是什么？应如何进行处理？

2. 简答：主变压器低压侧套管闪络有什么现象？应如何处理？

3. 简答：主变压器高压侧、中压侧后备保护动作的原因？

4. 简答：某站 2 号主变压器 A 相引线断裂与 B 相发生短路，有何现象？应如何处理？

5. 简答：某站 1 号主变压器内部故障跳闸，有何现象？应如何处理？

6. 简答：主变压器发生故障后，密切关注的主要问题有哪些？

第四节 实体仿真站异常巡视及处理实操练习

学习目标

1. 了解紫苑变电站变压器、GIS 组合电气设备、避雷器等一次设备的常见异常
2. 掌握紫苑变电站一次设备常见异常现象判断和处理流程

知 识 点

本节以 紫苑实体仿真变电站为例，介绍了变压器、GIS 组合电气设备、避雷器等一次设备常见异常的检查、处理流程及原则。

一、变压器异常

（一）变压器轻瓦斯动作

变压器轻瓦斯动作，出现 1 号主变压器轻瓦斯动作，异常处理见表 7-4。

表 7-4　　　　　　　　　变压器轻瓦斯动作异常处理

阶段	操作过程		规范
后台初查汇报	异常初次检查		复归音响信号
			记录异常故障时间
			检查告警窗（保护动作情况、光字牌、SOE 信息）、潮流、本体油温、油位信息
现场检查	一、二次设备详细检查	工器具准备	携带的必要的安全工具（安全帽、绝缘靴、绝缘手套）、钥匙、录音笔
		二次设备检查复归	检查主变压器本体保护异常告警情况信息，复归保护信号
		一次设备检查	现场（打开视频、利用望远镜）检查变压器气体继电器位置指示、外观、压力情况，取气、取油分析（参照作业卡）
详细汇报	事故分析判断、汇报	汇报	详细汇报相关调度、领导、修试人员
			异常内容汇报：将异常的异常向调度汇报（如汇报调度：我是紫苑变电站×××，×时×分，1 号变压器轻瓦斯动作）

续表

阶段	操作过程	规范	
故障处理	隔离故障点	所用电切换	停用 1、2 号站用电进线电源的自投切换，并将 1 号站用电进线电源的运行方式由 1 号站用变压器切换到 2 号站用变压器进线
		陪停	10kV 电容器、电抗器、接地变压器（消弧线圈）陪停
		陪停	10kV 线路技培 111、121 线路陪停
	恢复送电	合解环	110kV 母联 710 开关由热备用改为运行
			拉开 1 号主变压器 701 开关
		改冷备用	1 号主变压器 101 开关改该冷备用（陪停母线电压互感器）
			1 号主变压器 102 开关改冷备用（陪停母线电压互感器）
			1 号主变压器 701 开关改冷备用
			1 号主变压器 2501 开关改冷备用
	故障设备转检修	改检修	1 号主变压器改检修
		汇报记录	检查结束、归还工器具
			汇报相关调度
			做好运行日志、修试记录
注意事项			（1）规程规定：轻瓦斯动作后禁止将重瓦斯改接信号。 （2）进行取气和采油样分析、确保采用过程中人身安全。 （3）如果超过 2 次/天，申请停用变压器

（二）变压器本体油温（绕组）高

变压器本体油温（绕组）高，出现 1 号主变压器本体油温（绕组）高，异常处理见表 7-5。

表 7-5　　　　　变压器本体油温（绕组）高异常处理

阶段	操作过程		规范
后台初查汇报	异常初次检查		复归音响信号
			记录异常故障时间
			检查告警窗（保护动作情况、光字牌、SOE 信息）、潮流、本体油温、油位信息
现场检查	一、二次设备详细检查	工器具准备	携带的必要的安全工具（安全帽、绝缘靴、绝缘手套）、钥匙、录音笔
		二次设备检查复归	检查主变压器本体保护异常告警情况信息，复归保护信号
		一次设备检查	现场检查变压器油温（绕组）温度指示
			检查变压器三相风冷运行情况，开启变压器全部冷却器

续表

阶段	操作过程		规范
详细汇报	事故分析判断、汇报	汇报	详细汇报相关调度、领导、修试人员
			异常内容汇报：将异常的异常向调度汇报［如汇报调度：我是紫苑变电站×××，×时×分，1 号变压器油温（绕组）高动作告警］
故障处理	隔离故障点	所用电切换	停用 1、2 号站用电进线电源的自投切换，并将 1 号站用电进线电源的运行方式由 1 号站用变压器切换到 2 号站用变压器进线
		陪停	10kV 电容器、电抗器、接地变压器（消弧线圈）陪停
		陪停	10kV 线路技培 111、121 线路陪停
	恢复送电	合解环	110kV 母联 710 开关由热备用改为运行
		改冷备用	拉开 1 号主变压器 701 开关
			1 号主变压器 101 开关改该冷备用（陪停母线电压互感器）
			1 号主变压器 102 开关改冷备用（陪停母线电压互感器）
			1 号主变压器 701 开关改冷备用
			1 号主变压器 2501 开关改冷备用
	故障设备转检修	改检修	1 号主变压器改检修
		汇报记录	检查结束、归还工器具
			汇报相关调度
			做好运行日志、修试记录
注意事项	规程规定：后台与实际表计不符合，要求以现场表计为准		
	（1）根据变压器绝缘老化"6 度法则"，超出变压器允许温升情况下的长时间运行将严重损害变压器的寿命。 （2）过负荷引起的，应汇报调度，要求转移负荷，同时记录时间和过负荷倍数，并进行特巡。 （3）如果其他一切正常，系不明原因的异常升高，则必须立即汇报调度及检修，申请停用主变压器		

（三）变压器本体底部渗油

变压器本体底部渗油异常，出现 1 号主变压器本体底部严重渗油，异常处理见表 7-6。

表 7-6　　　　变压器本体底部渗油异常处理

阶段	操作过程	规范
后台初查汇报	异常初次检查	复归音响信号
		记录异常故障时间

续表

阶段	操作过程		规范
后台初查汇报	异常初次检查		检查告警窗（保护动作情况、光字牌、SOE 信息）、潮流、本体油温、油位信息
现场检查	一、二次设备详细检查	工器具准备	携带的必要的安全工具（安全帽、绝缘靴、绝缘手套）、钥匙、录音笔
		二次设备检查复归	检查主变压器本体保护有无异常告警信号
		一次设备检查	现场检查变压器油位指示，渗油情况
			如因大量漏油而使油位迅速下降时，要迅速采取制止漏油的措施，并尽快加油
详细汇报	事故分析判断、汇报	汇报	详细汇报相关调度、领导、修试人员
			异常内容汇报：将异常的异常向调度汇报［如汇报调度：我是紫苑变电站×××，×时×分，1 号变压器严重渗油，油位正常（偏低）申请停役］
故障处理	隔离故障点	所用电切换	停用 1、2 号站用电进线电源的自投切换，并将 1 号站用电进线电源的运行方式由 1 号站用变压器切换到 2 号站用变压器进线
		陪停	10kV 电容器、电抗器、接地变压器（消弧线圈）陪停
		陪停	10kV 线路技培 111、121 线路陪停
	恢复送电	合解环	110kV 母联 710 开关由热备用改为运行
			拉开 1 号主变压器 701 开关
		改冷备用	1 号主变压器 101 开关改该冷备用（陪停母线电压互感器）
			1 号主变压器 102 开关改冷备用（陪停母线电压互感器）
			1 号主变压器 701 开关改冷备用
			1 号主变压器 2501 开关改冷备用
	故障设备转检修	改检修	1 号主变压器改检修
		汇报记录	检查结束、归还工器具
			汇报相关调度
			做好运行日志、修试记录
注意事项			渗油一般为一般缺陷，如超过 5 滴/min，按紧急缺陷流程，申请停用变压器

（四）变压器套管接点发热

变压器套管接点发热异常，出现变压器 A 相接点严重发热 120℃，异常处理见表 7-7。

表 7-7   变压器套管接点发热异常处理

阶段	操作过程		规范
后台初查汇报	异常初次检查		复归音响信号
			记录异常故障时间
			检查潮流、本体油温、油位信息
现场检查	一、二次设备详细检查	工器具准备	携带的必要的安全工具（安全帽、绝缘靴、绝缘手套）、钥匙、录音笔
		二次设备检查复归	检查主变压器本体保护有无异常告警情况信息，复归保护信号
		一次设备检查	现场根据红外图像，检查变压器接点发热情况
			按发热缺陷的程度，根据规程填报缺陷程度
详细汇报	事故分析判断、汇报	汇报	详细汇报相关调度、领导、修试人员
			异常内容汇报：将异常的异常向调度汇报（如汇报调度：我是紫苑变电站×××，×时×分，1号变压器 A 相套管接点发热 120℃，需要申请停电）
故障处理	隔离故障点	所用电切换	停用 1、2 号站用电进线电源的自投切换，并将 1 号站用电进线电源的运行方式由 1 号站用变压器切换到 2 号站用变压器进线
		陪停	10kV 电容器、电抗器、接地变压器（消弧线圈）陪停
		陪停	10kV 线路技培 111、121 线路陪停
	恢复送电	合解环	110kV 母联 710 开关由热备用改为运行
			拉开 1 号主变压器 701 开关
		改冷备用	1 号主变压器 101 开关改该冷备用（陪停母线电压互感器）
			1 号主变压器 102 开关改冷备用（陪停母线电压互感器）
			1 号主变压器 701 开关改冷备用
			1 号主变压器 2501 开关改冷备用
	故障设备转检修	改检修	1 号主变压器改检修
		汇报记录	检查结束、归还工器具
			汇报相关调度
			做好运行日志、修试记录
注意事项			（1）套管严重渗漏或者瓷套破裂，需要更换时；套管末屏有放电声，需要对该套管做试验或者检查处理时，立即申请停运处理。 （2）套管、柱头热像缺陷性质：一般缺陷（温差不超过 10K，未达到严重缺陷的要求）；严重缺陷（热点温度>55℃或$\delta \geqslant 80\%$）；危急缺陷（热点温度>80℃或$\delta \geqslant 95\%$）

二、GIS组合电气设备异常

（一）220kV GIS 组合电气设备其他气室 SF_6 泄漏告警

220kV 紫五 2598 回路其他气室 SF_6 泄漏，出现紫五 25983 出线气室 SF_6 表指示在黄色区域，后台有"其他气室 SF_6 压力低"告警信号，异常处理见表 7-8。

表 7-8　　220kV 紫五 2598 回路其他气室 SF_6 泄漏告警异常处理

阶段	操作过程		规范
后台初查汇报	异常初次检查		复归音响信号
			记录异常故障时间
			检查告警窗（保护动作情况、光字牌、SOE 信息）、潮流信息
现场检查	一、二次设备详细检查	工器具准备	携带的必要的安全工具（安全帽、绝缘靴、绝缘手套）、钥匙、录音笔
		二次设备检查复归	检查××间隔有无保护异常告警情况信息，如有，记录后复归信号
		一次设备检查	记录×××开关 SF_6 压力，汇控柜内告警信号，判断是否误发信
			如确是压力低，则应汇报，天气符合条件，联系进行检漏并补气
			加强对压力值的监视，如压力下降过快，应汇报立即申请停役
详细汇报	事故分析判断、汇报	汇报	详细汇报相关调度、领导、修试人员
			异常内容汇报：将异常的异常向调度汇报（如汇报调度：我是紫苑变电站×××，×时×分，紫五 25983 出线气室 SF_6 压力低报警，正在联系检修处理）
故障处理	隔离故障点		无
	恢复送电		无
	故障设备转检修		无
		汇报记录	检查结束、归还工器具
			汇报相关调度
			做好运行日志、修试记录
注意事项			

（二）110kV 紫光 7822 闸刀合闸位置指示异常

110kV 紫光 7822 闸刀合闸位置指示异常，出现 110kV 紫光 7822 闸刀位置就地指示在"分闸"（后台在合闸），异常处理见表 7-9。

表 7-9　　　　　　110kV 紫光 7822 闸刀合闸位置指示异常处理

阶段	操作过程		规范
后台初查汇报	异常初次检查		复归音响信号
			记录异常故障时间
			检查告警窗（保护动作情况、光字牌、SOE 信息）、潮流信息
现场检查	一、二次设备详细检查	工器具准备	携带的必要的安全工具（安全帽、绝缘靴、绝缘手套）、钥匙、录音笔
		二次设备检查复归	检查保护异常告警情况信息。复归保护信号
		一次设备检查	检查闸刀操作条件是否符合联锁的操作条件
			检查汇控柜内闸刀控制电源、电机电源是否跳开时，如果跳开，可试送 1 次
			如试合不成功，暂停操作，必要时申请停用该间隔
			如果分、合闸指示器指示不正确，检查分合闸指示器标识是否存在脱落变形，暂停操作，结合运行方式和操作命令，检查监控系统变位、保护装置、遥测、遥信等信息确认设备实际位置，必要时申请停用该间隔）
详细汇报	事故分析判断、汇报	汇报	详细汇报相关调度、领导、修试人员
			异常内容汇报：将异常的异常向调度汇报（如汇报调度：我是紫苑变电站×××，×时×分，紫光 7822 闸刀位置指示不对位，暂停操作或申请停用）
故障处理	隔离故障点	陪停	拉开紫光 782 开关（判断是否已操作）
			拉开紫光 7823 闸刀（判断是否已操作）
			110kV 母联 710 改冷备用（副母线陪停）
			782 线对侧陪停
	恢复送电		无
	故障设备转检修	改检修	紫光 782 开关改检修
			110kV 副母线改检修
		汇报记录	检查结束、归还工器具
		汇报记录	汇报相关调度
			做好运行日志、修试记录
			做好运行日志、修试记录
注意事项			

（三）110kV 紫金 781 带电显示器指示异常

110kV 紫金 781 带电显示器指示异常，出现 110kV 紫金 781 带电显示器 A 相指示在"绿色"（B/C 相在红色），异常处理见表 7–10。

表 7–10　　　　　　　　110kV 紫金 781 带电显示器指示异常处理

阶段	操作过程		规范
后台初查汇报	异常初次检查		复归音响信号
			记录异常故障时间
			检查告警窗（保护动作情况、光字牌、SOE 信息）、潮流信息
现场检查	一、二次设备详细检查	工器具准备	携带的必要的安全工具（安全帽、绝缘靴、绝缘手套）、钥匙、录音笔
		二次设备检查复归	检查有无保护异常告警情况信息，有信号复归保护信号
		一次设备检查	检查带电显示器状态显示与设备带电情况进行核查
			重启带电显示器，再次核查
			无法恢复，填报缺陷流程
详细汇报	事故分析判断、汇报	汇报	无
			无
故障处理	隔离故障点		无
	恢复送电		无
	故障设备转检修	汇报记录	无
			检查结束、归还工器具
			汇报相关调度
			做好运行日志、修试记录
注意事项	带电显示器异常，影响设备接地操作的联锁回路		

三、220kV 避雷器泄漏电流异常

220kV 紫五 2599 线路避雷器泄漏电流异常，出现紫五 2599 线路避雷器泄漏电流 A 相指示在红色区域，B/C 相在绿色区域，异常处理见表 7–11。

表 7–11　　　　220kV 紫五 2599 线路避雷器泄漏电流异常处理

阶段	操作过程	规范
后台初查汇报	异常初次检查	复归音响信号
		记录异常故障时间
		检查告警窗有无异常信号（保护动作情况、光字牌、SOE 信息）、潮流信息

续表

阶段	操作过程		规范
现场检查	一、二次设备详细检查	工器具准备	携带的必要的安全工具（安全帽、绝缘靴、绝缘手套）、钥匙、录音笔
		二次设备检查复归	检查保护有无异常告警情况信息
		一次设备检查	发现泄漏电流表计指示异常增大时，应检查本体外绝缘积污程度，是否有破损、裂纹，内部有无异常声响
			进行带电泄漏电流检测、红外检测，根据检查及检测结果，判断是否表计问题，综合分析异常原因
			避雷器放电计数器动作情况
详细汇报	事故分析判断、汇报	汇报	详细汇报相关调度、领导、修试人员
			异常内容汇报：将异常的异常向调度汇报（如汇报调度：我是紫苑变电站×××，×时×分，紫五 2599 线路避雷器泄漏电流严重异常，需要申请停电）
故障处理	隔离故障点	停电	紫五 2599 改冷备用
			无
			无
	恢复送电		无
			无
			无
	故障设备转检修	改检修	紫五 2599 改线路检修
			无
		汇报记录	检查结束、归还工器具
			汇报相关调度
			做好运行日志、修试记录
注意事项	（1）正常天气情况下，泄漏电流表读数超过初始值 1.2 倍，为严重缺陷，应登记缺陷并按缺陷流程处理。 （2）正常天气情况下，泄漏电流表读数超过初始值 1.4 倍，为危急缺陷，应汇报值班调控人员申请停运处理		

习　题

1. 紫五 2598 开关气室 SF_6 泄漏告警，如何检查处理？

2. 220kV 母联 2510 开关 SF_6 闭锁，如何检查处理？

第八章

事故处理

第一节　事故处理技能要点及现场典型案例

学习目标

1. 了解典型事故的现象
2. 通过典型事故案例，掌握事故发生后的检查方法

知 识 点

一、电力系统故障类型及特点

（1）单相接地故障：产生负序、零序分量，接地点电压为零。

（2）相间故障：故障相电流相等，方向相反，故障相电压大小相等，为非故障相一半且方向相反；无零序分量。

（3）相间接地短路故障：故障相电压为零，故障电流为两相故障电流之和；产生零序、负序分量。

（4）三相短路故障：三相故障电流相等，相差 $120°$，短路点电压为零；无零序、负序分量。

（5）一相断线：故障相电流为零，非故障相电流变化与阻抗有关；产生负序、零序分量。

（6）两相断线：故障相电流为零，当断相处任一侧没有接地的中性点时，

各序电流为零；产生负序、零序分量。

二、单一故障现象

（一）线路故障跳闸的现象

（1）瞬时性故障跳闸，重合闸重合成功主要现象有：

1）事故警报，监控后台机主接线图断路器标志先显示绿闪，继而又转为红闪。

2）故障线路功率瞬间为零，继而又恢复数值（电流可查阅故障录波器波形）。由于是瞬时性故障，重合闸动作时间较短，上述故障的中间转换过程变电运维人员不易看到。

3）后台机出现告警窗口，显示故障线路某保护动作、重合闸动作、故障录波器动作等信息。故障线路保护屏显示保护及重合闸动作信息（信号灯亮），分相控制的线路则还有某相跳闸信息（信号），三相操作机构显示三相跳闸的信息（信号）。

（2）永久性故障跳闸，重合闸重合不成功主要现象有：

1）事故警报，监控后台机主接线图断路器标志显示绿闪。

2）故障线路电流、功率指示均为零。

3）监控后台机出现告警窗口，显示故障线路某种保护动作、重合闸动作、故障录波器动作等信息。故障线路保护屏显示保护及重合闸动作信息（信号灯亮），分相控制的线路则还有某相跳闸、合闸及三相跳闸信息（信号），三相操作机构有两次跳闸及一次合闸信息（信号）。

（二）主变压器事故跳闸的现象

主保护动作跳闸现象有：

（1）事故警报，监控后台机主接线图主变压器各侧断路器显示绿闪。

（2）主变压器各侧表计指示零，主变压器单电源馈电母线和线路表计均指示零。

（3）主变压器主保护中至少一个动作，故障录波器动作。

（4）气体继电器内可能有气体聚集。主变压器内部严重短路故障时，可有压力释放阀动作。

（三）后备保护动作跳闸的主要现象

（1）事故警报，监控后台机主接线图变压器一侧或各侧断路器显示绿闪。

（2）跳闸断路器后台电流指示零，变压器单电源馈电的母线和线路表计指示零。

（3）变压器相应后备保护动作。

（4）变压器内部故障可有轻瓦斯动作。

（四）母线故障（失电）事故的现象

220kV 及以上变电站，高、中压侧母线有专用的母线保护。220kV 及以上变电站低压侧母线以及 110kV 及以下变电站母线无专用母线保护，其母线保护一般采用本母线所在主变压器低压侧复合电压闭锁过流保护作为母线主保护。

引起母线电压消失的原因很多，有母线故障、电源故障、越级跳闸等。下面仅分析由电源故障所引起的母线失电事故的现象。给母线供电的所有电源断电，包括所有电源线路和主变压器断路器跳闸，将造成母线失电。其事故现象如下：

（1）事故警报，监控装置发出连接于某母线上的主变压器或电源线路保护动作和断路器跳闸的告警信息。

（2）主变压器保护动作，主变压器一侧或三侧断路器跳闸，母联或分段断路器跳闸。母线电源线路对侧断路器保护动作跳闸或本侧断路器因故跳闸。

（3）失电母线电压为零，连接于该母线上的各线路、母联（分段）、变压器本侧电流和功率为零。

（4）连接于失电母线上的主变压器或电源线路保护动作。

（5）失电母线的母差保护及连接于该母线上的各线路、主变压器的有关保护装置发出"TV 断线""装置闭锁"等告警信号。

（6）失电母线母差保护不动作，母线上无故障。

（五）并联电容器跳闸的现象

（1）事故警报，监控后台机主接线图，电容器断路器标志显示绿闪。

（2）故障电容器电流、功率指示均为零。

（3）监控后台机出现告警窗口，显示故障电容器某保护动作信息。故障电容器保护屏显示保护动作信息（信号灯亮）。

（4）电容器短路故障，可伴随声光现象。充油电容器内部故障时可有冒烟、鼓肚、喷油现象。

（5）电容器跳闸同时伴有系统或本站其他设备故障，则往往是由母线电压波动引起的电容器跳闸，应根据现象区别处理。

（六）并联电抗器跳闸的现象

（1）事故警报，监控后台机主接线图，电抗器断路器标志显示绿闪。

（2）故障电抗器电流、功率指示均为零。

（3）监控后台机出现告警窗口，显示故障电抗器某种保护动作信息。故障电抗器保护屏显示保护动作信息（信号灯亮）。

（4）电抗器外部设备短路故障伴随声光现象。充油电抗器内部故障可有冒烟、喷油现象。

（七）保护误动事故的现象

（1）一般不在某套保护范围内的故障，而该套保护动作的行为称为保护误动。如果系统无故障时，某套保护的动作行为也称为保护误动。一般是通过相应的故障录波器数据进行综合判断。系统无故障时，一般故障录波器不会启动。

（2）本站线路保护误动时，开关跳开，其线路电压互感器应能检测到电压。

（3）对侧变电站线路保护误动时，本侧开关在合闸位置，其线路电压互感器也能检测到电压。

（4）双重化配置保护，其中一套保护启动，另外一套保护未启动。线路保护误动时一般重合闸也会启动。故障录波器不动作，微机保护也没有区内故障的故障量波形，站内也没有任何故障设备，线路对侧断路器也不跳闸。这是保护误动的重要参考判据。

📋 案例分析

一、主变压器事故

案例1：220kV变电站1号主变压器跳闸故障

1. 案例概述

220kV某变电站1号主变压器发生两套保护差动动作，跳开主变压器三侧2601、701、301开关，110kV正母线、35kV正母线失电，下级备自投动作成功。

经现场检查：

（1）二次设备检查情况：1号主变压器第一套PRS-778S、第二套PRS-778S差动保护动作，跳开三侧开关，110kV正母线、35kV正母线失电。主变压器保护录波信息显示为AC相故障，保护差动二次故障电流为2.47A，折算到高压侧电流为 620A。主变压器本体放电部位如图 8-1 所示。

（2）一次设备检查情况：经检查 1 号主变压器差动保护区内，1 号主变压器平衡线圈 C 相对散热器油管道有放电痕迹，散热器与本体间下方地面有一只飞禽，其他无异常。主变压器下方地面小鸟如图 8-2 所示。

主变压器平衡线圈采用三相引出，一相接地，两相悬空加避雷器方式，平衡线圈及引排采用绝缘护套封装安装方式。

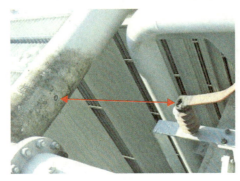

图 8-1　主变压器本体放电部位　　　　图 8-2　主变压器下方地面小鸟

2. 案例分析

该变压器平衡线圈三个端子引出，电压等级 15kV，A 相端子接地，B、C 相安装了避雷器，两相均有绝缘护套包封。

根据现场现象分析，估计是当鸟儿飞行在油管道与避雷器之间，鸟翼张开，用嘴啄坏绝缘时，形成放电通道，造成 C 相对主变压器油管道短路放电，变压器运行中 A 相正常接地，从而引起变压器平衡线圈 A、C 相出口短路，在主变压器差动保护范围内，两套主变压器保护差动动作，跳开主变压器三侧开关。

故障处理情况：

（1）主变压器跳闸后，值班员汇报分管专职及领导，向调度和省监控汇报现场检查情况，并申请将主变压器改为冷备用。

（2）申请恢复 110kV 正母线送电。

（3）申请将主变压器改为检修，做好安措，等待检修人员现场处理。

（4）检修人员处理后恢复送电。

案例 2：220kV 某变电站 2 号主变压器跳闸故障

1. 案例概述

220kV 某变电站 2 号主变压器第一套保护差动保护动作，2 号主变压器三侧开关动作跳闸；第二套保护启动，未动作。跳闸时现场为大风、大雨天气。

经现场检查：

（1）二次设备情况：现场查看第二套保护及故障录波器记录的故障波形，显示 2 号主变压器 220kV 侧及 110kV 侧 C 相流过穿越性故障电流，判断为在第一套保护范围内发生 C 相接地故障。

（2）一次设备情况：现场于 2 号主变压器 110kV 侧 8023 刀闸 C 相导电部分底座附件处及相间连杆法兰处发现放电点，其余设备检查未见异常，如图 8-3 和图 8-4 所示。

图 8-3　8023 刀闸导电底座放电部位　　图 8-4　8023 刀闸法兰放电部位

2. 案例分析

根据现场检查情况及保护动作情况，判断为大风卷起异物导致 2 号主变压器 110kV 侧 8023 刀闸 C 相导电部分底座附件对相间连杆法兰放电，形成 C 相接地，造成跳闸。

第一套保护使用独立 TA（高、中压侧），第二套保护使用套管 TA（高、中压侧），分析故障点应在主变压器 110kV 侧套管至 TA 之间，故第二套保护未动作。

故障处理情况：

（1）跳闸后，值班员汇报分管专职及领导，向调度和省监控汇报现场检查情况，并申请将主变压器改为冷备用。

（2）申请恢复 110kV 正母线、35kV 正母线送电。

（3）申请将主变压器改为检修，做好安措，等待检修人员现场处理。

（4）2 号主变压器 110kV 侧 8023 刀闸处理好后，恢复 2 号主变压器送电。

二、开关故障

案例1：220kV某变电站××线4X76线开关三相不一致故障

1. 案例概述

某日21时29分，值班员通过220kV某变电站后台执行××线4X76开关分闸操作，遥控命令执行后现场检查情况如下：××线4X76开关A相开关分闸位置，B、C相开关位置指示在分、合闸中间位置；××线4X76线RCS931、PSL603保护动作跳闸；对侧RCS931、PSL603远跳启动跳闸。

经现场检查：

（1）二次设备情况：21时29分12：130ms PSL603G保护差动保护启动，距离零序保护启动，综重电流启动，启动CPU启动；3220ms零序Ⅳ段动作，电流0.71A（二次值），保护永跳出口；3229ms综重沟通三跳；3341ms远跳出口，差动永跳出口（PSL603G零序Ⅳ段定值：0.5A、3.2s）。

RCS931A保护启动，3216ms零序Ⅲ段动作，电流0.7A（RCS931零序Ⅲ段定值：0.5A、3.2s）。

保护屏后第一组控制电源空气开关跳开，后台报"4X76线第一、二组控制回路断线"。

CZX-12G操作箱跳闸信号Ⅱ上B、C两相跳闸信号灯亮。

（2）一次设备检查情况：4X76线开关A相正常分闸，B、C位置指示在分、合中间位置；验电结果显示B、C有电，初步判断本体内部导电杆未拉开，外观检查正常；打开B、C相操作机构箱，检查发现分闸线圈（分1、分2）全部烧坏，A相正常。

2. 案例分析

××线4X76开关B、C相操作机构故障，导致B、C相开关未能正常分闸，辅助开关未切换到位，造成分闸线圈（分1、分2）长时间带电烧坏，第一组控制电源空气开关跳开；开关本体三相不一致继电器仅单套配置作用于开关第一组跳闸线圈，第一组控制电源空气开关已跳开，无法出口。

虽然××线4X76线路保护603零序Ⅳ段、931保护零序Ⅲ段动作，但因第一组控制电源跳开、第二组分闸线圈烧坏，开关无法分闸。如图8-5～图8-8所示。

图8-5 齿轮盘正常位置

图8-6 B、C相故障后齿轮盘位置

图8-7 未储能状态下齿

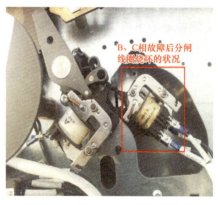

图8-8 B、C相分闸线圈烧坏

故障处理情况：

（1）事故后，值班员汇报分管专职及领导，向调度和省监控汇报现场检查情况。

（2）隔离故障开关方式。

方式1：等检修人员就地拉开××线4X76线开关B、C相后，运行人员将该开关改为冷备用。

方式2：空出220kV副母，用220kV母联2510开关隔离××线4X76线开关后，解锁拉开××线4X76线开关两侧刀闸。

（3）做好安措，等待检修人员处理。

（4）检修处理后，恢复送电。

案例 2：220kV 某变电站××线 2632 开关三相不一致误动

1. 案例概述

某日 9 时 40 分，220kV 某变电站××线 2632 开关机构内三相不一致保护动作，开关跳闸。

运行人员到达现场进行检查，发现××线 2632 开关三相分位，保护装置运行灯正常，无任何保护动作信号，操作箱跳闸动作灯未亮，PSL603G 和 RCS931A 两套保护均无动作信号。

后台监控显示：

9 时 40 分，开关非全相动作，A 相分闸、B 相分闸、C 相分闸、开关分位。

9 时 43 分，直流系统接地，××线 2632 开关跳闸时系统电压三相正常，线路电流为三相正常的负荷电流。

通过接地巡检仪发现"2632 开关 RCS931A 屏第二组直流操作电源""2632 开关测控遥信电源"有接地告警信号，测量对地电压正对地 0V，负对地 230V。

2. 案例分析

直流接地使得开关三相不一致继电器动作，引起开关三相跳闸，如图 8-9 所示。

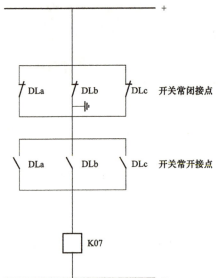

图 8-9　开关三相不一致回路示意图

××线 2632 开关 B 相开关机构箱内软铜股线绑扎于机构箱内板，因存在金属缺口导致软铜线外绝缘受损，如图 8-10 和图 8-11 所示，造成三相不一致回路中 K07 继电器线圈正极端长期存在一点接地，当××线 263234 接地闸刀临时接地锁回路发生正相接地时，回路中产生了两点接地，正电通过地网引至开关三相不一致 K07 继电器的接地端，使其得电动作，引起开关三相跳闸。

故障处理情况：

（1）事故后，值班员汇报分管专职和领导，向调度和省监控汇报现场检查情况。

（2）值班员将××线 2632 开关改为检修状态，许可检修人员抢修。

检修人员拉开 931 屏第二组操作电源，对 201（+KM2）回路摇绝缘发现其直接接地，对回路逐步排查发现××线 2632 开关 B 相开关机构箱内 S01:13 与

X01:14 连接到汇控箱内非全相继电器 K07 线圈正极端的连线存在接地，解开扎带，发现内部线把固定在内部金属快口上，导致其绝缘皮破损，已有铜线裸露，并发现多根导线被割破外皮。

图 8－10　内部线把绑扎处有金属块口　　图 8－11　B 相机构箱内芯线外绝缘皮破损

　　由于 K07 继电器阻值为兆欧级，当开关在合位时该接地点不会发出直流负接地信号，故正常运行时该回路存在着一个隐形的接地点，而当开关分闸时该回路通过 B 相分位接点连通了正电源，报出直流正接地。

　　图 8－9 红色处有接地点。开关合位时，DLb 常开接点闭合，但由于 K07 继电器电阻较大，平时不会报直流负接地；开关分位时，DLb 常闭接点闭合，报直流正接地。

　　开关 B 相机构箱内故障排查后，信号回路正接地依然存在，对信号电源的公共端逐一排查，发现××线 263234 临时接地锁内 E800 有绝缘破损现象，由于临时接地锁内部空间较小，施工时受电缆护管挤压所致。以上两点接地消除后，直流正接地信号复归，如图 8－12 和图 8－13 所示。

　　检修人员对开关机构箱内所有绝缘受损回路进行了绝缘处理，如图 8－14 和图 8－15 所示，并对绝缘易受损的地方采取了防护措施，摇二次回路绝缘均大于 10MΩ后，进行了开关分合、开关三相不一致联动试验，开关动作行为正确。

　　（3）检修人员将相关电线做好绝缘包裹后，值班员向调度申请恢复送电。

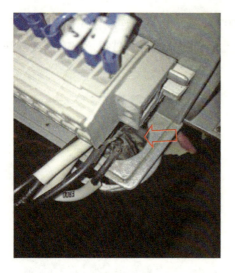

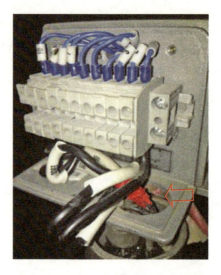

图 8-12　接地锁内信号回路芯线绝缘破损　　图 8-13　接地锁内信号回路芯线包扎

图 8-14　B 相机构箱内芯线包扎处理　　图 8-15　B 相机构箱内线用绝缘
　　　　　　　　　　　　　　　　　　　　　　　　　胶布重新捆扎

三、电流互感器故障

（一）220kV 某变电站××线 4W53 电流互感器 B 相冲顶漏油

1. 案例概述

　　某年 8 月 27 日 19 时，值班员在对 220kV 某变电站进行夜巡和红外测温过程中发现，220kV ××线 4W53 电流互感器 B 相基础周围有大量油迹，B 相电流互感器防雨罩被顶开，如图 8-16 和图 8-17 所示，金属膨胀器鼓胀，连接处裂开，A、C 相电流互感器外观正常，油位正常。

图8-16 电流互感器防雨罩顶开

图8-17 地面油迹

2. 案例分析

初步分析为电流互感器内部绝缘含水量高，在运行电压下发生低能量放电产生大量气体，导致膨胀器冲顶。由于未采用真空注油技术，补油时混入空气，器身内因气泡逐步产生低能量的局部放电，最终产生大量可燃性气体而发生冲顶。

故障处理情况：

（1）发现故障后，值班员汇报分管专职和领导，并向调度和省监控汇报现场检查情况。

（2）申请将××线4W53开关改为检修，做好安措，等待检修人员现场处理。

（3）更换新电流互感器后启动操作并做带负荷试验。

（二）220kV 某变电站 220kV 母联 2610 电流互感器 B、C 相油位异常

1. 案例概述

1月23日16时34分，220kV某变电站例行巡视时，值班员发现220kV母联2610电流互感器B、C相油位接近观察窗标识上限，明显高于该环境温度下电流互感器正常油位，而A相油位处于观察窗三分之一高度位置，三相电流互感器油位也不平衡，见图8-18。

(a) A 相油位

(a) B 相油位

(c) C 相油位

图8-18 三相电流互感器油位

2. 案例分析

现场初步分析判断电流互感器内部存在绝缘缺陷。故障处理情况：

（1）发现故障后，值班员汇报分管专职和领导，并向调度和省监控汇报现场检查情况。

（2）申请将 220kV 母联 2610 开关改为检修，做好安措，等待检修人员现场处理。

（3）更换新电流互感器后启动操作并做带负荷试验。

四、母线故障

（一）220kV 某变电站副母线失电故障

1. 案例概述

2015 年 3 月 5 日 20 时 9 分，220kV 某变电站由于孔明灯飘进所内挂在 220kV 副母线支柱构架与××线 4928 开关间隔之间，导致 220kV××线 49282 闸刀 A 相与开关间连接导线对构架放电，故障造成 220kV 副母线失电，220kV 母差保护动作跳开 220kV 母联 2610 开关，跳开运行于副母线上××线 4928、××线 4H72 开关。

现场检查情况：

（1）二次设备情况：某变电站 220kV Ⅱ 段母线发生 A 相接地故障，以此为 0 时刻基准（A 相故障一次电流约为 18750A）。

1ms 差动保护启动。

17ms 第一套、第二套 BP-2CS 母差动保护动作，跳母联及 Ⅱ 母线上所有开关（2610 母联、建观线 4928、建洋线 4H72）；

27ms 保护向对侧发远跳命令。

72ms 开关三相跳闸。

经分析，所有保护动作均正确，设备动作行为正确。

（2）一次设备情况：现场检查发现 220kV 副母线支柱构架上悬挂一只巨大孔明灯，副母支柱构架以及相邻 220kV××线 49282 闸刀 A 相开关侧导线上均有明显放电痕迹，如图 8-19～图 8-21 所示，220kV 母联 2610 开关、××线 4928 开关、××线 4H72 开关三相分闸位置。其他一次设备未发现异常。

图 8-19　故障当晚的照片

图 8-20　故障处理过程

图 8-21　支柱及导线上的放电痕迹

2. 案例分析

3 月 6 日,检修人员到现场对烧毁的孔明灯进行检查,经测量底部直径达 4~5m,高度达 6~8m,由于孔明灯尺寸巨大,当时挂在 220kV 副母线支柱构架与××线 4928 间隔之间,导致了××线 4928 闸刀 A 相与开关间连接导线对构架放电,造成母线单相接地短路,导致母差保护动作、副母线失电,是本次事故的直接原因。

故障处理情况:

(1) 发现故障后,值班员汇报分管专职和领导,并向调度和省监控汇报现场检查情况。

(2) 申请将 220kV 副母、××线 4928 改为检修后,将孔明灯取下。

(3) 检修人员处理后,恢复送电。

（二）220kV 某变电站 220kV 正母线跳闸

1. 案例概述

2016 年 10 月 15 日 15 时 46 分，220kV 某变电站 220kV 母差保护动作，跳开 220kV 正母线上所有开关；备自投正确动作，现场天气阴。

现场检查情况：

（1）二次设备情况：220kV 正母母差保护动作。

（2）一次设备情况：220kV 母联开关三相跳闸、220kV 正母线上线路、主变压器开关跳闸，1 号主变压器失电，××线 2X292 闸刀 A 相支柱绝缘子上部的均压环以及绝缘子底部支架有放电闪络痕迹，旋转绝缘子与金具的连接处有胶水热融痕迹，旋转绝缘子底部存在受热开裂现象。

2. 案例分析

现场检查发现 220kV ××线 2X292 闸刀 A 相开关侧故障，引起 220kV 正母母差保护动作。设备情况如图 8-22～图 8-25 所示。

图 8-22　绝缘子底部放电痕迹

图 8-23　刀闸均压环放电痕迹

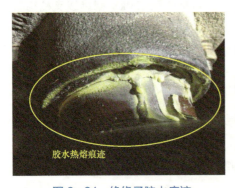

图 8-24　绝缘子胶水痕迹

图 8-25　绝缘子开裂痕迹

通过监控视频发现故障时有鸟飞过××线 2X292A 相闸刀,且该鸟所衔不明物体掉落,致使 A 相绝缘子上部均压环对闸刀底座放电,导致××线 2X292 闸刀 A 相对地闪络,造成 220kV 母差保护动作。现场检查确认 220kV 母差保护动作系暨前 2X29 副母线闸刀动触头(靠开关侧)A 相均压环及底座绝缘子绝缘放电闪络造成(××线 2X29 故障前运行于 220kV 正母线)。

故障处理情况:

(1)发现故障后,值班员汇报分管专职和领导,并向调度和省监控汇报现场检查情况。

(2)值班员将××线 2X29 改为冷备用,隔离故障点。

(3)用电源线路对 220kV 正母充电,正常后恢复正常线路及 1 号主变压器运行。

(4)值班员将 220kV 副母改为检修,××线 2X29 开关改为检修,处理××线 2X292 刀闸。

(5)检修人员处理完毕后,值班员汇报调度并恢复 220kV 正母及××线 2X29 送电。

五、线路故障

1. 案例概述

500kV 某变电站 220kV××线 2999 线发生 A 相接地短路故障,NSR302G 保护动作跳 A 相,WXH802_B6 保护动作跳 A 相,269ms 后发生 B 相接地故障,NSR302G 保护动作跳三相,WXH802_B6 保护动作跳三相,三相跳闸闭锁重合闸。

现场检查情况:

(1)二次设备情况:7 月 25 日 23 时 33 分 32:341,××线 2999 线发生 A 相故障,以此为 0 时刻基准,269ms 后发生 B 相故障,值班员到保护屏检查报告。

第一套 NSR302G 保护:

0ms	保护启动;
24ms	距离Ⅰ段保护动作跳 A 相;
30ms	纵联距离保护动作跳 A 相;
30ms	纵联零序保护动作跳 A 相;
262ms	纵联距离保护动作跳三相;
277ms	距离Ⅰ段保护动作跳三相。

第二套 WXH802A_B6 保护：

0ms　　保护启动；

22ms　　距离Ⅰ段保护动作跳 A 相；

30ms　　纵联距离保护动作跳 A 相；

35ms　　纵联零序保护动作跳 A 相；

269ms　纵联距离保护动作跳三相；

270ms　距离Ⅰ段保护动作跳三相。

故障录波报告如图 8-26 所示。

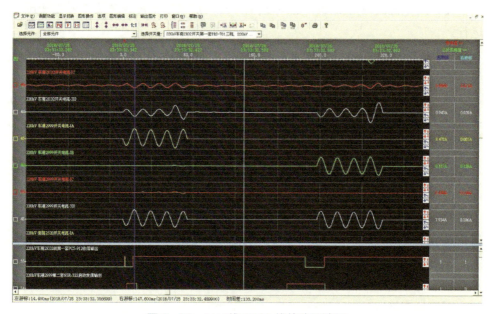

图 8-26　××线 2999 线故障录波图

（2）一次设备情况：××线 2999 线开关三相分闸，其余设备都正常。

2. 案例分析

××线 2999 线 0ms 时 A 相故障，保护动作 A 相跳闸，269ms 时 B 相又发生故障，保护直接出口三跳××线，××线 2999 开关跳闸，重合闸不动作。

故障处理情况：

（1）事故后，值班员汇报分管专职和领导，并向调度和省监控汇报现场检查情况。

（2）值班员做好试送操作准备，线路故障排除后，根据调度指令恢复送电。

六、线路故障，失灵保护动作

（一）220kV 某变电站××线 4H45 线路故障、失灵保护动作

1. 案例概述

8月29日9时37分，220kV××线4H45线C相接地，220kV××线4H45线两侧保护动作，C相跳闸，重合不成，××线4H45线两侧后加速三相开关跳闸，但C相开关本体触头未能分开，母差失灵保护动作，跳开Ⅲ段母线所连接开关（××线4H45开关、××线4H47开关、2500分段开关、2650母联开关），同时发远跳令跳开对侧某变电站××线4H47开关。故障时短路电流17.5kA，故障测距距本站约2.1km。

现场检查情况：

（1）二次设备情况：8月29日9时37分11秒，220kV××线4H45线路上发生C相接地故障，47ms后，220kV某变电站××线4H45开关C相跳开，0.86s后，重合于永久性故障。1.0s时，保护再次动作跳开××线4H45开关时，开关C相未跳开，1.1s后对侧××线4H45开关跳开，1.3s后220kVⅢ、Ⅳ段母差失灵保护动作跳开220kV母联2650开关和220kV分段2500开关，1.6s失灵保护跳开××线4H47，以及远跳对侧开关，切除故障。

（2）一次设备情况：××线4H45开关、××线4H47开关、220kV分段2500开关、220kV母联2650开关三相都在分位，Ⅲ母失电，其他设备运行正常。对侧××线4H47三相开关在分位。

2. 案例分析

220kV××线4H45线C相故障造成C相开关故障，引起失灵保护动作。

故障处理情况：

（1）事故后，值班员汇报分管专职和领导，并向调度和省监控汇报现场检查情况。

（2）值班员申请将××线4H45开关由热备用改冷备用，恢复Ⅲ母送电及其他线路送电。

（3）值班员申请将××线4H45间隔及线路改为检修，做好安措，停电检修。

（4）检修完成后，值班员汇报调度，恢复送电。

（二）220kV 某变电站××线 2988 线路雷击故障、开关击穿

1. 案例概述

8月16日21时58分00秒，某变电站××线2988线路WXB-11C保护，

LFP-901A 保护动作出口，220kV 失灵保护动作将所有正母连接设备跳开，1 号主变压器、110kV 正母失电，10kV 备自投成功。当晚该地区为雷暴雨天气。

现场检查情况：

（1）二次设备情况：××2988 线 901 保护突变量方向高频、零序方向高频、距离Ⅰ段、高频加速、距离加速保护动作。

11C 保护距离Ⅰ段、高频零序、零序Ⅱ段加速出口、距离相近故障加速出口、高频加速出口。重合闸启动未出口。

220kV 正母失灵保护动作。

（2）一次设备情况：××线 2988 开关现场在分闸位置，机构及三相输出拐臂动作正常。其余设备都正常。

2. 案例分析

××线 2988 线 C 相受雷击，C 相开关在首次雷击接地故障的情况下，成功地切除了故障电流。由于后续连续的雷击，导致开关的 C 相断口击穿，内部燃弧发生严重的损坏。开关失灵保护起动，母差保护起动，将所有正母连接设备跳开。

从保护的录波图上分析，故障相为 C 相，第一次故障电流持续时间 80ms，电流峰值 43kA，有效值 30kA。C 相单跳令在故障开始后 30ms 左右发出，保护单跳正确切除故障。约 80ms C 相再次出现故障电流，电流峰值 43kA，有效值 30kA。

保护三跳令于第二次故障开始后 20ms 发出，但故障电流持续约 650m 后才消失，同时保护三跳令返回。由于保护三跳出口动作，同时 C 相故障电流持续时间超出失灵整定延时，所以 220kV 母差失灵保护正确动作跳开正母所有设备，切除故障。

故障处理情况：

（1）事故后，值班员汇报分管专职和领导，并向调度和省监控汇报现场检查情况。

（2）值班员申请将××线 2988 线改为冷备用，隔离故障点恢复 220kV 母线及 1 号主变压器以运行。

（3）值班员将××线 2988 线改为线路、开关检修，等待检修处理。

（4）检修处理后，值班员汇报调度，恢复送电。

习 题

1. 简答：主变压器内部故障与外部故障的区别？

2. 简答：母线故障处理要求？

3. 简答：值班员如何准确判断事故的性质和影响范围？

4. 简答：220kV 和 500kV 电力系统的死区故障分别有哪几种类型？母联死区故障和母联拒动的区别？

5. 简答：某站 1 号主变压器 1 号低抗着火事故预演，请详细写出事故处理流程。

第二节　常规变电站事故处理仿真实操练习

学习目标

1. 掌握各类主变压器事故现象的检查、分析及汇报
2. 掌握各类主变压器事故处理原则及流程

知 识 点

通过 220kV 寒山仿真变电站主变压器套管、主变压器保护高中低压侧死区故障等仿真案例，了解以上事故发生后的相关保护动作现象和跳闸开关，掌握以上事故发生后一、二次设备检查、调度汇报的规内容、隔离故障设备和恢复正常设备送电操作等处理的流程步骤。

一、变压器高压侧套管发生故障

220kV 寒山仿真变电站 1 号变压器高压侧套管发生故障，出现：① 1 号主变压器第一套差动保护动作；② 1 号主变压器三侧开关跳开；③ 35kV 正母线失电；④ 35kV 1 号电容器失压跳闸。故障处理见表 8-1。

表 8-1　　220kV 寒山仿真变电站 1 号变压器高压侧套管故障处理

阶段	操作过程	规范
后台初查汇报	初次检查	记录故障时间并复归音响信号
		检查告警窗（保护动作情况、光字牌、SOE 信息）、潮流、本体油温、油位信息
		记录开关变位情况及设备失电情况
		记录保护动作信息

续表

阶段	操作过程		规范
现场检查	一、二次设备详细检查	工器具准备	携带的必要的安全工具（安全帽、绝缘靴、绝缘手套）、钥匙
		二次设备检查复归	检查主变压器保护装置上保护动作，故障电流，故障相别情况信息。复归保护信号
		一次设备检查	现场检查变压器各侧开关变位正常，SF$_6$压力正常，详细检查变压器外观正常，气体继电器正常，重点检查高压侧套管至高压侧开关电流互感器之间有无故障。检查发现高压侧套管×相发生闪络放电
详细汇报	事故分析判断、汇报	汇报	详细汇报相关调度、领导、修试人员
			异常内容汇报（如汇报调度：我是寒山仿真变电站×××，×时×分，1号变压器第一套差动保护动作，主变三侧开关跳闸，35kV正母线失电……检查发现高压侧套管×相发生闪络放电）
故障处理	部分隔离故障点	35kV母线隔离	将3011号主变压器改为冷备用
	恢复送电	恢复35kV正母线送电	合上3033号主变压器开关
			检查35kV正母线电压正常，各出线潮流正常
			检查3号主变压器负荷正常，后期监视其负荷和油温变化情况
		恢复400V交流Ⅰ段母线供电	合上400V交流Ⅰ段进线总开关
			检查交流屏上电压电流正常
	隔离故障点	1号主变压器改冷备用	1号主变压器高中压侧改冷备用
	故障设备转检修	改检修	1号主变压器改检修
		汇报记录	检查结束、归还工器具
			汇报相关调度
			做好运行日志、修试记录
注意事项			（1）检查站用电交流系统、站用电直流系统和其他运行中强迫油循环主变压器的冷却系统的运行情况，立即停用跳闸主变压器的强迫油循环系统的电源（本案例1号主变压器内部无故障，故无需立即停用）。 （2）本着无故障主变压器尽快恢复送电的原则，对于不同的接线方式，应及时调整运行方式

二、变压器中压侧开关与电流互感器间死区发生故障

220kV寒山仿真变电站1号主变压器中压侧开关与电流互感器间死区发生故障，出现：① 1号主变压器高后备保护（复压过电流/零序过电流）动作；② 1号主变压器中后备保护（复压过电流/零序过电流）动作；③ 1号主变压

器三侧开关跳开；④ 35kV 正母线失电；⑤ 35kV 1 号电容器失压跳闸。故障处理见表 8-2。

表 8-2 　　　　220kV 寒山仿真变电站 1 号主变压器中压侧开关与电流互感器间死区故障处理

阶段	操作过程		规范
后台初查汇报	初次检查		记录故障时间并复归音响信号
			检查告警窗（保护动作情况、光字牌、SOE 信息）、潮流、本体油温、油位信息
			记录开关变位情况及设备失电情况
			记录保护动作信息
现场检查	一、二次设备详细检查	工器具准备	携带的必要的安全工具（安全帽、绝缘靴、绝缘手套）、钥匙
		二次设备检查复归	检查主变保护装置上高后备保护、中后备保护动作，故障电流，故障相别情况信息。复归保护信号
			检查主变压器保护装置上差动保护、瓦斯保护是否有异常
		一次设备检查	现场检查变压器各侧开关变位正常，SF_6 压力正常
			详细检查变压器外观正常，气体继电器正常，重点检查中压侧开关电流互感器之间死区有无故障。检查发现 1 号主变压器中压侧开关电流互感器 GIS 简体×相有烧损异常
详细汇报	事故分析判断、汇报	汇报	详细汇报相关调度、领导、修试人员
			异常内容汇报（如汇报调度：我是寒山仿真变电站×××，×时×分，1 变压器高后备保护、中后备保护动作，主变压器三侧开关跳闸，35kV 正母线失电……检查发现 1 号主变压器中压侧开关电流互感器之间死区发生故障，开关电流互感器 GIS 简体×相有烧损异常）
故障处理	站内电源调整	恢复 400V 交流系统供电	调整 400V 交流环供方式，恢复各开关储能及刀闸电机电源
	隔离故障点	隔离主变中压侧开关电流互感器	将 1101 1 号主变压器改为冷备用
		隔离复压开放功能	退出 1 号主变压器中压侧复压元件
	恢复送电	恢复 1 号主变压器供电	恢复 1 号主变压器高压侧开关送电，检查全站负荷分配正常
		恢复 35kV 正母线送电	合上 301 1 号主变压器开关
			检查 35kV 正母线电压正常，各出线潮流正常
			检查 3 号主变压器负荷正常，后期监视其负荷和油温变化情况
		恢复 400V 交流 I 段母线供电	合上 400V 交流 I 段进线总开关
			检查交流屏上电压电流正常
			调整 400V 交流环供方式，恢复正常运方

续表

阶段	操作过程	规范	
故障处理	故障设备转检修	改检修	1号主变压器中压侧开关改检修
		汇报记录	检查结束、归还工器具
			汇报相关调度
			做好运行日志、修试记录
注意事项	（1）检查站用电交流系统、站用电直流系统。 （2）对于不同的接线方式，应及时调整运行方式，本着无故障主变压器尽快恢复送电的原则		

三、35kV 母线发生故障

220kV 寒山仿真变 35kV 正母线发生故障，出现：① 1号主变压器低后备保护（复压过电流Ⅰ段）动作；② 1号主变压器低压侧开关跳开；③ 35kV 正母线失电；④ 35kV 1号电容器失压跳闸。故障处理见表 8-3。

表 8-3　　　　　　　220kV 寒山仿真变 35kV 正母线故障处理

阶段	操作过程	规范	
后台初查汇报	初次检查	记录故障时间并复归音响信号	
		检查告警窗（保护动作情况、光字牌、SOE 信息）、潮流、本体油温、油位信息	
		记录开关变位情况及设备失电情况	
		记录保护动作信息	
现场检查	一、二次设备详细检查	工器具准备	携带的必要的安全工具（安全帽、绝缘靴、绝缘手套）、钥匙
		二次设备检查复归	检查主变压器保护装置上低后备保护动作，故障电流，故障相别情况信息。复归保护信号
			检查主变压器保护装置上差动保护、瓦斯保护是否有异常
		一次设备检查	现场检查变压器低压侧开关变位正常，SF_6 压力正常
			详细检查变压器外观正常，气体继电器正常，重点检查 301 1号主变压器送电范围内母线等设备是否正常。检查发现 35kV 正母线发生故障
详细汇报	事故分析判断、汇报	汇报	详细汇报相关调度、领导、修试人员
			异常内容汇报［如汇报调度：我是寒山仿真变电站×××，×时×分，1号变压器低后备保护（复压过电流Ⅰ段）动作，主变压器低压侧开关跳闸，35kV 正母线失电……检查发现 35kV 正母线发生故障］
故障处理	隔离故障点	隔离 35kV 正母线	将 35kV 正母线改为冷备用

续表

阶段	操作过程		规范
故障处理	恢复送电	恢复35kV正母线上原有运行设备供电	将35kV正母线上原有运行设备冷倒至35kV副母线
			根据负荷分配情况,合理安排3台主变压器运行方式,检查潮流分配正常
		恢复400V交流I段母线供电	合上400V交流I段进线总开关
			检查交流屏上电压电流正常
	故障设备转检修	改检修	将35kV母线改检修
		汇报记录	检查结束、归还工器具
			汇报相关调度
			做好运行日志、修试记录
注意事项	(1)检查站用电交流系统、站用电直流系统。 (2)对于不同的接线方式,应及时调整运行方式,本着无故障主变压器尽快恢复送电的原则		

四、主变压器 35kV 开关电流互感器间死区发生故障

220kV 寒山仿真变 1 号主变压器 35kV 开关电流互感器间死区发生故障,出现:① 1 号主变压器低后备保护(复压过电流 I 段、速断过电流)动作;② 1 号主变压器三侧开关跳开;③ 35kV 正母线失电;④ 35kV 1 号电容器失压跳闸。故障处理见表 8-4。

表 8-4　　　220kV 寒山仿真变电站 1 号主变压器 35kV 开关电流互感器间死区故障处理

阶段	操作过程		规范
后台初查汇报	异常初次检查		记录故障时间并复归音响信号
			检查告警窗(保护动作情况、光字牌、SOE 信息)、潮流、本体油温、油位信息
			记录开关变位情况及设备失电情况
			记录保护动作信息
现场检查	一、二次设备详细检查	工器具准备	携带的必要的安全工具(安全帽、绝缘靴、绝缘手套)、钥匙
		二次设备检查复归	检查主变压器保护装置上低后备保护动作,故障电流,故障相别情况信息。复归保护信号
			检查主变压器保护装置上差动保护、瓦斯保护是否有异常
		一次设备检查	现场检查变压器低压侧开关变位正常,SF_6 压力正常
			详细检查变压器外观正常,气体继电器正常,重点检查 301 1 号主变压器送电范围内母线等设备是否正常。检查发现 1 号主变压器 35kV 开关电流互感器间死区发生故障

续表

阶段	操作过程		规范
详细汇报	事故分析判断、汇报	汇报	详细汇报相关调度、领导、修试人员
			异常内容汇报［如汇报调度：我是寒山仿真变电站×××，×时×分，1号变压器低后备保护（复压过电流Ⅰ段、速断过电流）动作，主变压器三侧开关跳闸，35kV正母线失电……检查发现1号主变压器35kV开关电流互感器间死区发生故障］
故障处理	隔离故障点	隔离主变压器低压侧开关间隔	将301 1号主压器变开关间隔改为冷备用，3018刀闸保持合位
	恢复送电	恢复35kV正母线送电	合上303 3号主变压器开关
			检查35kV正母线电压正常，各出线潮流正常
			检查3号主变压器负荷正常，后期监视其负荷和油温变化情况
		恢复400V交流Ⅰ段母线供电	合上400V交流Ⅰ段进线总开关
			检查交流屏上电压电流正常
		恢复1号主变压器供电	恢复1号主变压器高中压侧供电
		恢复1号主变压器35kV侧供电	320旁路代供301开关运行于35kV正母线（合环）
			拉开303 3号主变压器开关（解环）
	故障设备转检修	改检修	将301 1号主变压器开关间隔改检修
		汇报记录	检查结束、归还工器具
			汇报相关调度
			做好运行日志、修试记录
注意事项			（1）检查站用电交流系统、站用电直流系统。 （2）对于不同的接线方式，应及时调整运行方式，本着无故障主变压器尽快恢复送电的原则

第三节　智能变电站事故处理仿真实操练习

学习目标

掌握220kV长安仿真变电站线路故障、变压器故障、母线故障、断路器失灵故障、死区故障等简单和复杂事故的检查，会对以上事故进行分析、汇报和处理

知 识 点

通过 220kV 长安仿真变电站在相关开关闭锁、保护异常情况下，当发生主变压器故障、线路故障等仿真案例，了解以上事故发生后的相关保护动作现象和跳闸开关，掌握以上事故发生后一、二次设备对检查、汇报调度的规范内容、隔离故障设备和恢复正常设备送电操作等处理的流程步骤。

一、仿真案例 1

（1）故障说明。110kV 正母线 B 相接地故障；110kV 正母线保护拒动；1 号主变压器 1101 开关拒分；1 号主变压器 2201 开关拒分；10kV 备自投拒动，2 号站用变压器故障；400V 失电。

（2）故障现象。1 号主变压器两套中压侧后备保护动作（接地阻抗、零序）；2 号主变压器两套中压侧后备保护动作（接地阻抗）；2 号主变压器 2202 开关控回断线发信；220kV Ⅰ 母失灵保护动作；2251、2212、2253、2255、2213、901、1112 开关跳闸；220kV Ⅰ 母、110kV Ⅰ 母、10kV Ⅰ 母失电，400V 交流 Ⅰ、Ⅱ 段母线全部失电。

（3）故障处理见表 8-5。

表 8-5　　　　　　　　　　故 障 处 理

序号	项目名称		操作规范要求	评分
1	简要检查	检查确认监控机告警信息	确认告警信息： （1）1 号主变压器两套中压侧后备保护动作（接地阻抗、零序）。 （2）2 号主变压器两套中压侧后备保护动作（接地阻抗）。 （3）220kV Ⅰ 母失灵保护动作	
		检查监控后台，确认跳闸情况（开关变位、遥信、遥测、光字牌）	（1）1 号主变压器间隔：事故总、中压侧后备保护动作（接地阻抗、零序）。 （2）2 号主变压器两套中压侧后备保护动作（接地阻抗）。 （3）220kV Ⅰ 母失灵保护动作。 （4）1 号主变压器 2201 开关控回断线、开关操作把手就地光字牌亮。 （5）2251、2212、2253、2255、2213、901、1112 开关变位。 （6）2251、2212、2253、2255、2213、901、1112 开关事故总光字牌。 （7）10kV 备自投动作光字牌亮。 （8）1151、1153、1155 及 110kV 母线间隔 TV 断线告警。 （9）交流系统图：400V Ⅰ、Ⅱ 段电压三相指示均为 0，充电柜 1、充电 2 柜交流电源告警	

续表

序号	项目名称	操作规范要求		评分
1	简要检查	检查站内事故后负荷潮流、电压情况	遥测量：220kVⅠ母失电；110kVⅠ母失电；10kVⅠ母失电。 遥测量：2201、2251、2212、2253、2255、1151、1153、1101、1155、1112 开关失去潮流。 遥测量：2252、2254 潮流正常；2 号主变压器 2202 潮流正常	
2	简要汇报调度	向调度简要汇报。简要汇报内容包括时间、保护动作情况、开关跳闸情况、潮流情况等	如我是长安仿真变电站值班员×××，事故汇报：××日××时××分，长安仿真变电站 1 号主变压器两套中压侧后备保护动作、2 号主变压器两套中压侧后备保护动作、220kVⅠ母失灵保护动作； 2251、2212、2253、2255、2213、901、1112 开关跳闸；220kVⅠ母及 2251、2253、2255 出线，110kVⅠ母 1151、1153、1155 出线失电；10kVⅠ母及 953、952、951 出线失电，1 号主变压器失电；1 号电抗器失电；1 号站用电失电；2 号主变压器及 2252、2254、2256 出线负载正常。现场天气晴，站内无人工作	每漏1 处扣1 分，扣完为止
3	详细检查	选取安全工器具	佩戴安全帽、钥匙、万用表，戴绝缘手套	
		详细检查确认相关二次设备状况，复归相关保护；打印报告、故障录波报告；检查相关设备异常或缺陷	（1）检查 1 号主变压器第一套、第二套保护［保护动作灯、液晶屏（记录保护动作情况及故障测距）］，复归信号。 （2）检查 2 号主变压器第一套、第二套保护［保护动作灯、液晶屏（记录保护动作情况及故障测距）］，复归信号。 （3）检查 220kVⅠ母母线第一套、第二套保护（保护动作灯、液晶屏（记录保护动作情况及故障电流）］，复归信号。 （4）逐个检查 2251、2253、2255、1151、1153、1155、953、952、951 间隔线路/开关保护异常信号（液晶、告警灯、复归）。 （5）检查发现 1112 开关合并单元装置运行灯熄灭，汇报后试合装置电源空气开关无效。 （6）检查 110kV 母线保护装置：TA 断线告警。 （7）打印故障录波器波形	
		详细检查确认相关一次设备；检查相关设备异常或缺陷	（1）检查站用电 400V 失电原因（ATS 切换情况、查表计指示、开关位置、切换把手位置）。 （2）检查发现：2 台 ATS 均切在手动位置，且 2 号 ATS 切在备用供电方式下，在手动方式下，将 1 号、2 号 ATS 均切至 400VⅡ段供电，并检查充电机、UPS 工作正常情况检查。 （3）合上 2 号主变压器 22020、11020 中性点接地刀闸检查 2251、2212、2253、2255、2213、901、1112 开关跳闸情况（机械位置）。 （4）检查 1101 开关拒动原因（开关位置、开关 SF$_6$ 压力、弹簧储能、二次元件）。 （5）检查发现 1101 开关 A 套智能终端跳闸硬压板漏投；B 套智能终端装置电源空气开关分位，汇报调度后恢复硬压板投入，恢复合上智能终端装置电源。 （6）检查检查 2201 开关拒动原因（开关位置、开关 SF$_6$ 压力、弹簧储能、二次元件）。 （7）检查发现：2201 开关机构就地位置，汇报调度后恢复远方位置。 （8）检查 10kV 备自投未动作原因。 （9）检查发现 10kV 备自投软压板未投，汇报调度后恢复软压板投入（检查软压板状态）。 （10）故障点查找（包括 110kVⅠ段母线及 110kV 各出线设备）。 （11）自行拉失电开关：1151、1101、1155、953、952、951、973、910（先分开站用次级开关）并逐个检查开关电气、机械位置	

序号	项目名称		操作规范要求	评分
4	详细汇报调度	向调度详细汇报（格式见示例），并申请调度指令（默认调度同意申请内容）	如我是长安仿真变电站值班员×××，事故汇报：××日××时××分，长安仿真变电站 1 号主变压器两套中压侧后备保护、2 号主变压器两套中压侧后备保护动作跳开 1112 开关，故障相别显示 B 相，故障测距均为 0km，因故障前 1112 开关合并单元故障，110kV 母线保护被闭锁。 因 1 号主变压器 1101 开关 A 套智能终端跳闸硬压板漏投、B 套智能终端装置电源空气开关分位导致 1 号主变压器中后备跳 1101 拒动，进而 1 号主变压器中后备 3 时限动作，又因 2201 开关远近控切就地导致 2201 拒动，仅跳开 901 开关，同时 1 号主变压器中后备启动 220kV I 段失灵保护动作，跳开 2251、2253、2255、2212、2213 开关。 因 10kV 备自投软压板未投，901 开关跳开后，10kV I 母及其出线失电。 对变电站内 110kV I 段母线及各支路间隔设备检查未发现明显故障。本次事故造成 220kV I 母及 2251、2253、2255 出线，110kV I 母 1151、1153、1155 出线失电；10kV I 母及 953、952、951 出线失电，1 号主变压器失电；1 号电抗器失电；1 号站用电失电；2 号主变压器及 2252、2254、2256 出线负载正常。 已自行拉开失电开关 1151、1101、1155、953、952、951、973、910，已恢复放上 1101 开关 A 套智能终端出口硬压板、已试合 1101 开关 B 套智能终端装置电源成功，已将 2201 开关远近控切换开关切至远方位置；现场天气晴，站内无人工作	
5	隔离故障设备	隔离故障设备（转至冷备用，二次保护视情况同步调整）；如需要解锁，在"特殊操作"栏体现申请流程	（1）汇报调度：因站内未找到明确故障点，无法判断具体故障位置，现申请将 110kV I 母及其相关支路开关改至冷备用状态。 （2）将 1151、1153、1112（分列压板同步操作）、1101、1155 开关依次改至冷备用（规范性，查开关位置，检查另一把母刀、查合并单元、母线保护刀闸位置）将 110kV I 母电压互感器改至冷备用（含电压互感器次级）。 （3）退出 1 号主变压器保护中压侧电压元件软压板（软压板检查）2 块。 （4）将 110kV 正副母电压互感器改至冷备用。 （5）投上 110kV 母差保护分列压板、退出 1112 开关 SV 接收软压板、出口软压板	
6	恢复正常设备运行	根据调度规程将正常设备（间隔）调整至合理运行方式	汇报调度：申请恢复 220kV I 段母线、2251、2253、2255、1 号主变压器及 10kV I 段母线及出线供电。 （1）启用 220kV 母联 2212 开关充电保护（投功能、投出口）。 （2）合上 2212 开关（检查开关机械位置、电气指示、220kV 母线电压恢复正常）。 （3）停用 220kV 母联 2212 开关充电保护（退出口、退功能）。 （4）合上 2213 开关（检查开关机械位置、电气指示、潮流正常）。 （5）依次合上 2251、2253、2255、2201 开关（检查机械、电气、潮流）。 （6）分开 2 号主变压器中性点地刀 22020。 （7）启用 10kV 分段 912 开关过电流保护（软压板，软压板检查）。 （8）合上 912 开关（查机械、电气、10kV I 段母线电压正常）。 （9）停用 10kV 分段 912 开关过电流保护（软压板，软压板检查）。	

续表

序号	项目名称	操作规范要求	评分
6	恢复正常设备运行	根据调度规程将正常设备（间隔）调整至合理运行方式 （10）合上 901 开关（查机械、电气指示、潮流）触发故障：2 号站用变压器 920 开关跳闸。 （11）故障查看：2 号站用变压器 920 开关机械位置查看；2 号站用变压器高压侧故障挂牌 ABC 相短路接地。 （12）汇报调度：2 号站用变压器高压侧故障，申请先恢复1 号站用变压器送电后，将 2 号站用变压器改至冷备用。 （13）合上 910 开关（再合 411、412）（查机械、电气指示），将 ATS 切至手动 400V I 段供电方式将 2 号站用变压器改至冷备用（920 及 421、422）。 （14）依次合上 953、952、951、973（检查机械、电气指示、潮流）	
7	故障设备转检修	隔离故障设备，并转检修；布置围栏，悬挂标识牌 （1）汇报调度：正常设备已恢复运行，并已汇报工区联系检修进一步查找故障。现申请将 110kV I 母及 1 号站用变转检修。 （2）间接验电：检查母线上所有母线刀闸位置在分位（机械位置、电气指示），合上 1117 地刀。 （3）在 2 号所用变压器高压侧、低压侧验电、挂地线各一组。 （4）设置标示牌、围栏	
8	结束	汇报调度处理完成 画面清闪，故障站内设备正常，设备已转检修，事故处理完毕	
		归还安全工器具 （1）归还安全帽、钥匙、绝缘手套。 （2）特殊操作：填写 PMS 记录、解锁记录、运方日志等	

二、仿真案例 2

（1）故障说明。1 号主变压器低压侧连接母排 B 相接地转化为 AB 相故障，1 号主变压器高压侧 2201 开关拒动 1 号主变压器 22011 闸刀卡涩，同步 220kV 曲长 22541 母线闸刀自行分闸，2212 母联回路闸刀操作电源跳开。

（2）故障现象。1101、901 开关跳开；1 号主变压器两套主保护跳各侧；2201 开关控回断线，开关未跳开；10kV 备自投动作，912 开关合闸，10kV I 段、Ⅱ段同时报 A 相接地；2 号主变压器及其他线路负荷正常。

（3）故障处理见表 8-6。

表 8-6　　　　　　　　　　　故 障 处 理

序号	项目名称	操作规范要求	评分
1	简要检查	检查确认监控机告警信息 主接线图确认（开关、潮流、电压）：检查断路器位置，检查 2 号主变压器潮流	
		检查监控后台，确认跳闸情况（开关变位、遥信、遥测、光字牌） 站用电交直流系统后台检查：1101、901 跳闸，分段 912 合闸	
		检查站内事故后负荷潮流、电压情况 重要光字牌：双套 1 号主变压器主保护跳各侧；10kV I 段、Ⅱ段 A 相接地；2201 控回断线	

序号	项目名称		操作规范要求	评分
2	简要汇报调度	向调度简要汇报。简要汇报内容包括时间、保护动作情况、开关跳闸情况、潮流情况等	如我是长安仿真变电站值班员：×××，事故汇报：××时××分，长安仿真变电站1101、901开关跳开；1号主变压器两套主保护跳C侧；2201开关控回断线，开关未跳开；10kV备自投动作，912开关合闸，10kVⅠ段、Ⅱ段同时报A相接地；2号主变压器及其他线路负荷正常；现场天气晴，站内无人工作	
3	详细检查	选取安全工器具	佩戴安全帽、钥匙、万用表，携带绝缘手套	
		详细检查确认相关二次设备状况，复归相关保护；打印报告、故障录波报告；检查相关设备异常或缺陷	1号主变压器第一套、第二套主变压器保护屏检查、打印、复归；1号主变压器故障录波器检查、打印、复归；停用10kV备自投；后台画面复归、清闪	
		详细检查确认相关一次设备；检查相关设备异常或缺陷	汇报调度，先调整主变压器中性点状态，合上2号主变压器220、110kV中性点刀闸，拉开1号主变压器220kV侧中性点刀闸。找出故障点：1号主变压器低压侧连接母排B相接地（挂牌1，挂在1号主变压器穿套外侧）。检查2201开关控回断线原因（检查开关分合位、开关储能、表计压力及油位，检查智能终端动作指示灯、压板及电源等）（检查开关拒动原因：空气开关跳开，现场合上后，试分成功）。检查1101、901、912开关（检查机械位置指示即可）。检查主变压器本体正常	
4	详细汇报调度	向调度详细汇报（格式见示例），并申请调度指令（默认调度同意申请内容）	如我是长安仿真变电站值班员：×××，事故汇报：××时××分，长安仿真变电站1号主变压器低压侧连接母排B相接地，10kVⅡ段母线或间隔A相接地相继动作（暂未确定故障点位置），故障电流××A；1号主变压器两套主变压器差动保护动作跳开1101、901开关。2201开关因控制电源跳开拒动。10kV备自投动作，912开关合闸，10kVⅠ段、Ⅱ段同时报A相接地。2号主变压器及其他线路负荷正常。现场天气晴、站内无人工作。现场合上2201控制电源空气开关后，试分开关成功，同时现场主变压器中性点接地方式已调整到2号主变压器，10kV备自投已停用	
5	隔离故障设备	隔离故障设备（转至冷备用，二次保护视情况同步调整）；如需要解锁，在"特殊操作"栏体现申请流程	1号主变压器三侧转为冷备用，发现：22011刀闸卡涩拒动；特殊操作，汇报调度，申请220kVⅠ母改为冷备用。（1）依次将2251、2253、2255热倒至Ⅱ母线。（2）依次将2212、2213改为冷备用（期间注意恢复2212的刀闸控制电源空气开关）。（3）对10kVⅠ段母线间隔进行试拉路，最终确定故障点在母线上。	
6	恢复正常设备运行	根据调度规程将正常设备（间隔）调整至合理运行方式	（4）申请10kVⅠ段母线改冷备用。（5）将1号站用变压器所供负载切至2号站用变压器	

续表

序号	项目名称		操作规范要求	评分
7	故障设备转检修	隔离故障设备,并转检修;布置围栏,悬挂标识牌	(1)汇报调度:正常设备已恢复运行,并已汇报工区联系检修进一步查找故障。 (2)现申请将 220kV I 母、2212、2213、10kV I 段母线转检修。 (3)间接验电:检查母线上所有母线刀闸位置在分位(机械位置、电气指示),合上地刀。 (4)设置标示牌、围栏	
8	结束	汇报调度处理完成	画面清闪,故障站内设备正常,设备已转检修,事故处理完毕	
		归还安全工器具	(1)归还安全帽、钥匙、绝缘手套。 (2)特殊操作:填写 PMS 记录、解锁记录、运方日志等	

习 题

1. 简答:长康 1156 线开关与电流互感器间死区故障,2 号主变压器中压侧 1102 开关 SF_6 闭锁的检查处理?

2. 简答:220kV 拉安 2252 线单相永久故障,A 套和 B 套智能终端同时电源消失故障,如何检查处理?

第四节 实体仿真变电站事故处理实操练习

学习目标

1. 了解开关闭锁、保护异常情况下,当发生主变压器故障发生后的相关保护动作现象和跳闸开关

2. 掌握以上事故发生后一、二次设备检查、汇报调度的规范内容、隔离故障设备和恢复正常设备送电操作等处理的流程步骤

知 识 点

通过 220kV 紫苑实体仿真变电站在相关开关闭锁、保护异常情况下,当发生主变压器故障、线路故障等仿真案例,了解以上事故发生后的相关保护动作

现象和跳闸开关，掌握以上事故发生后一、二次设备检查、汇报调度的规范内容、隔离故障设备和恢复正常设备送电操作等处理的流程步骤。

一、220kV 紫五 2598 线路单相永久故障

（1）故障现象。2599 线路 931、303 保护动作；2599 开关跳闸；2599 线路失电。

（2）故障处理见表 8-7。

表 8-7　　　　　　　　　　　故　障　处　理

序号	项目名称	操作规范要求		评分
1	简要检查	检查确认监控机告警信息	告警窗报文检查：2599 线路保护动作，重合闸动作、开关变位信息	
		检查监控后台，确认跳闸情况（开关变位、遥信、遥测、光字牌）	光字牌检查：2599 线路 931、303 保护动作，重合闸动作。后台主接线画面检查：2599 开关跳闸	
		检查站内事故后负荷潮流、电压情况	遥测量：2599 线失电；遥测量：2599 开关失去潮流。遥测量：2598、1 号主变压器 2501 潮流正常	
2	简要汇报调度	向调度简要汇报。简要汇报内容包括时间、保护动作情况、开关跳闸情况、潮流情况等	如我是紫苑变电站值班员××，××年××月××日 9 时 20 分，紫苑变紫五 2599 线路 A 相故障，303、931 分相差动保护动作，重合不成。紫五 2599 开关在分闸位置，2599 线路失电；现场天气晴，站内无人工作	
3	详细检查	选取安全工器具	佩戴安全帽、钥匙、万用表，携带绝缘手套	
		详细检查确认相关二次设备状况，复归相关保护；打印报告、故障录波报告；检查相关设备异常或缺陷	（1）2599 线路 931、303 保护液晶屏：××年××月××日××时××分××秒保护启动，5ms 纵联差动保护动作，30ms 接地距离 I 段保护动作，156ms 纵联差动保护、接地距离 I 段保护动作，故障电压 8.49V，故障电流 1.08A，零序故障电流 1.42A，最大差动电流 3.79A，故障测距 30.8km，故障相别：A 相。2599 开关 SF₆ 压力低闭锁分闸。（2）打印故障录波器波形	
		详细检查确认相关一次设备；检查相关设备异常或缺陷	（1）紫五 2599 开关位置为分位，其 SF₆ 压力、开关机构、储能正常。（2）检查紫五 2599 线出线范围内无明显异常	
4	详细汇报调度	向调度详细汇报（格式见示例），并申请调度指令（默认调度同意申请内容）	如我是紫苑变电站值班员××，××年××月××日，紫五 2599 线路 A 相故障，303、931 保护差动保护、接地距离 I 段保护动作，重合不成，故障电压 8.49V，故障电流 1.08A，零序故障电流 1.42A，最大差动电流 3.79A，故障测距 30.8km。紫五 2599 现场检查一二次设备正常	

续表

序号	项目名称	操作规范要求		评分
5	隔离故障设备（转至冷备用,二次保护视情况同步调整）;如需要解锁,在"特殊操作"栏体现申请流程	隔离故障设备（转至冷备用,二次保护视情况同步调整）;如需要解锁,在"特殊操作"栏体现申请流程	(1) 汇报调度:申请将紫五 2599 开关改为冷备用。 (2) 拉开 25993 闸刀,检查智能终端、机械等刀闸位置变位。 (3) 拉开 25991 闸刀,检查智能终端、机械等刀闸位置变位。 (4) 确认后台、保护（母差、线路）等刀闸位置变位	0.5,扣完为止
6	恢复正常设备运行	根据调度规程将正常设备（间隔）调整至合理运行方式	无	
7	故障设备转检修	隔离故障设备,并转检修;布置围栏,悬挂标识	(1) 安全工器具:验电笔、绝缘手套。 (2) 申请将紫五 2599 出线转为线路检修。 (3) 查明 2599 线路无电。 (4) 合上 25994 地刀。 (5) 分开 2599 出线电压互感器次级空气开关。 (6) 设置标示牌	
8	结束	汇报调度处理完成	画面清闪,故障站内设备正常,设备已转检修,事故处理完毕	
		归还安全工器具	(1) 归还安全帽、钥匙、绝缘手套。 (2) 特殊操作:填写 PMS 记录、解锁记录、运方日志等	

二、1 号主变压器内部短路故障（低压侧单相接地故障除外）

（1）故障现象。1 号主变压器差动保护动作；1 号主变压器重瓦斯保护动作（主变压器内部故障点）;2501、701、101、102 开关跳闸;10kV Ⅰ、Ⅱ 母失电（110kV 正母通过 781 供副母供 782 运行）。

（2）故障处理见表 8-8。

表 8-8　　　　　　　　故　障　处　理

序号	项目名称	操作规范要求		评分
1	简要检查	检查确认监控机告警信息	确认告警信息	1 分
		检查监控后台,确认跳闸情况（开关变位、遥信、遥测、光字牌）	(1) 1 号主变压器两套保护动作。 (2) 2501、701、101、102 开关位置分位。 (3) 检查 782、781 负荷情况	
		检查站内事故后负荷潮流、电压情况	10kV Ⅰ、Ⅱ 母失电,111、112 出线失电,1 号主变压器失电;1 号接地变压器失电	

序号	项目名称		操作规范要求	评分
2	简要汇报调度	向调度简要汇报。简要汇报内容包括时间、保护动作情况、开关跳闸情况，潮流情况等	点击电话，汇报调度和工区。 如紫苑变电站值班员：×××，事故汇报：××时××分，1号主变压器差动、重瓦斯保护动作；1号主变压器三侧2501、701、101、102开关分位，电流指示为零；1号主变压器失电，10kVⅠ、Ⅱ失电段母线失电；782、781负荷较大，建议调整方式，降低负荷。现场天气晴，站内无人工作	
3	详细检查	选取安全工器具	佩戴安全帽、钥匙，携带绝缘手套	
		详细检查确认相关二次设备状况，复归相关保护；打印报告、故障录波报告；检查相关设备异常或缺陷	（1）检查1号主变压器第一、二套保护［保护动作灯、液晶屏（记录保护动作情况及故障测距）］本体保护柜、复归信号。 （2）打印故障录波器波形。 （3）画面光字清闪，遥信全对位。 （4）检查接地电ATS切换情况、充电机、UPS工作正常情况检查	
		详细检查确认相关一次设备；检查相关设备异常或缺陷	（1）1号主变压器本体重瓦斯继电器动作。 （2）检查1号主变压器外部电气送电范围有无明显故障点。 （3）自行拉开失电开关：111、121。 （4）检查现场接地变次级开关AST位置	
4	详细汇报调度	向调度详细汇报（格式见示例），并申请调度指令（默认调度同意申请内容）	如我是紫苑变电站值班员××，事故汇报：××日××时××分，紫苑变电站1号主变压器重瓦斯动作、两套差动保护动作。 主变压器三侧2501、701、101、102开关跳闸，事故造成10kVⅠ、Ⅱ母及111、121出线失电，1号接地变失电；110kV 781进线主供110kV正副母线、供782开关运行，一二次设备外观检查正常；潮流变化情况。已自行拉开失电开关111、121. 电容器1R1开关（会失压跳闸）。 现场天气晴，站内无人工作	
5	隔离故障设备	隔离故障设备（转至冷备用，二次保护视情况同步调整）；如需要解锁，在"特殊操作"栏体现申请流程	（1）汇报调度：根据主变压器保护故障测距判断故障点在1号主变压器本体故障，申请将1号主变压器转为冷备用。 （2）拉开25013、25011、7013、7011闸刀（检查后台、机械位置），拉开25011、70111母线闸刀前后检查后台、机械位置分位外还需对合并单元、母差保护刀闸位置进线检查。 （3）将101、102开关改冷备用，同步将10kVⅠ、Ⅱ母改冷备用（111、121、1R1、1J1、1K1间隔改冷备用）	
6	恢复正常设备运行	根据调度规程将正常设备（间隔）调整至合理运行方式	汇报调度：汇报781、782线路负荷变化情况	
7	故障设备转检修	隔离故障设备，并转检修；布置围栏，悬挂标识牌	（1）汇报调度：正常设备已恢复运行，申请将故障设备1号主变压器转检修。 （2）选手装备事故处理安全工器具（220、110、10kV验电笔）	

续表

序号	项目名称	操作规范要求		评分
7	故障设备转检修	隔离故障设备，并转检修：布置围栏，悬挂标识牌	（3）将1号主变压器转检修［验电（规范性）、合上25014、7014接地闸刀，在10kV 101开关后柜门接地线1副］。 （4）设置标示牌、围栏	
8	结束	汇报调度处理完成	画面清闪，故障站内设备正常，设备已转检修，事故处理完毕	
		归还安全工器具	（1）归还验电笔、安全帽、钥匙、绝缘手套。 （2）特殊操作：填写PMS记录、解锁记录、运方日志等	

三、110kV 紫金 781 线路故障、线路保护漏投出口

（1）故障现象。1号主变压器中压侧后备保护动作；781开关线路保护动作；701、710开关跳闸；110kV 正母线、110kV 副母线失电。

（2）故障处理见表8-9。

表8-9　　　　　　　　　　　　故 障 处 理

序号	项目名称	操作规范要求		评分
1	简要检查	检查确认监控机告警信息	后台主接线画面检查，确认告警信息。告警窗报文检查：781开关线路保护动作；1号主变压器中压侧后备保护动作，701、710开关跳闸	
		检查监控后台，确认跳闸情况（开关变位、遥信、遥测、光字牌）	701、710开关跳闸光字牌检查：1号主变压器间隔 1号主变压器中压侧后备保护动作；781开关线路保护动作	
		检查站内事故后负荷潮流、电压情况	110kV 正母线、110kV 副母线失电	
2	简要汇报调度	向调度简要汇报。简要汇报内容：时间、保护动作情况、开关跳闸情况，潮流情况等	点击电话，汇报调度和工区。 如我是紫苑变电站值班员××，××年××月××日××，紫苑变电站781开关保护动作，1号主变压器中压侧后备保护动作，现场天气晴、站内无人工作。现场天气晴，站内无人工作	
3	详细检查	选取安全工器具	佩戴安全帽、钥匙，携带绝缘手套	
		详细检查确认相关二次设备状况，复归相关保护；打印报告、故障录波报告；检查相关设备异常或缺陷	781线路保护液晶屏：××年××月××日××时××分××秒保护启动，14ms 零序过电流Ⅰ段、相间距离Ⅰ段保护动作，304ms 相间距离、接地距离保护动作，602ms 零序过电流Ⅲ段保护动作，差动故障电流4.32A、零序故障电流4.19A，故障测距10.6km，故障相别：AB相；检查781保护跳闸出口软压板未投（经汇报后，恢复软压板投入）。 主变压器保护液晶屏：××年××月××日 10时32分54秒保护启动，618ms 中压侧零序Ⅰ段保护1时限动作跳中压侧母联、2时限动作；故障电流4.315A	

续表

序号	项目名称	操作规范要求	评分
3	详细检查	（1）701、710 开关分位，SF$_6$ 压力正常，操作机构储能正常。 （2）781 一次回路检查正常，自行拉开失电 782、781 开关	
4	详细汇报调度	向调度详细汇报（格式见示例），并申请调度指令（默认调度同意申请内容） 如我是紫苑变电站值班员××，××年××月××日 10 时 32 分，紫苑变电站 781 开关线路差动、接地距离、相间距离保护及零序Ⅲ段保护动作，差动故障电流 4.32A、零序故障电流 4.19A，故障测距离 10.6km，故障相别：AB 相；781 开关因保护跳闸出口软压板未投拒动，1 号主变压器中压侧后备保护动作，701、710 开关跳闸，110kV 正母线、110kV 副母线及其出线失电；已拉开失电 781、782 开关，恢复 781 开关线路保护跳闸出口软压板。现场天气晴，站内无人工作	
5	隔离故障设备	隔离故障设备（转至冷备用，二次保护视情况同步调整）；如需要解锁，在"特殊操作"栏体现申请流程 （1）汇报调度：申请将紫金 781 开关改为冷备用。 （2）将 781 测控切到"就地"位置。 （3）检查 781 开关在分闸位置。 （4）拉开 7813；检查智能终端、机械等刀闸位置变位。 （5）拉开 7811 闸刀，检查智能终端、机械等刀闸位置变位。 （6）确认后台、保护（母差、线路）等刀闸位置变位	
6	恢复正常设备运行	根据调度规程将正常设备（间隔）调整至合理运行方式 （1）申请合上 701 开关恢复 110kV 正母线供电，检查 110kV 正母线电压恢复正常，检查开关位置正常，其 SF$_6$ 压力、开关机构储能正常。 （2）合上 710 开关恢复 110kV 副母线供电，检查 110kV 副母线电压恢复正常，检查开关位置正常，其 SF$_6$ 压力、开关机构储能正常。 （3）合上 782 开关恢复出线供电；检查开关位置正常，其 SF$_6$ 压力、开关机构储能正常	
7	故障设备转检修	隔离故障设备，并转检修；布置围栏，悬挂标识牌 （1）取安全工器具：验电笔、绝缘手套。 （2）申请 将 781 出线转为线路检修。 （3）查明 781 线路无电后。 （4）合上 7814 地刀。 （5）分开 781 出线电压互感器次级空气开关。 （6）设对 781 开关、7811、7812 闸刀操作手柄处"禁止合闸，线路有人工作"牌。 （7）对后台 781 开关间隔挂"检修"牌	
8	结束	汇报调度处理完成 画面清闪，故障站内设备正常，设备已转检修，事故处理完毕	
		归还安全工器具 （1）归还验电笔、安全帽、钥匙、绝缘手套。 （2）特殊操作：填写 PMS 记录、运方日志等	

习　题

1. 简答：紫金 782 开关气室 SF$_6$ 闭锁（0.3），线路故障的检查处理？

2. 简答：220kV 紫五 2598 开关与电流互感器间故障，如何检查处理？

第九章

运维一体化

第一节 隔 离 开 关 排 故

学习目标

1. 了解隔离开关排除故障的操作流程等

2. 能够进行隔离开关异常故障分析判断，并根据现场故障情况提出相应检修策略

知 识 点

一、隔离开关机构各主要部件

1. 空气开关

空气开关又名空气断路器，是断路器的一种，是一种只要电路中电流超过额定电流就会自动断开的开关。空气开关是低压配电网络和电力拖动系统中非常重要的一种电器，它集控制和多种保护功能于一身。除能完成接触和分断电路外，还能对电路或电气设备发生的短路、严重过载及欠电压等进行保护，同时也可以用于不频繁地启动电动机。

2. 接触器（见图 9-1）

接触器分为交流接触器和直流接触器，它广泛应用于各类电器设备和相应辅助系统中。接触器广义上是指工业电中利用线圈流过电流产生磁场，使触头

闭合，以达到控制负载的电器。其工作原理为：当线圈通电时，静铁芯产生电磁吸力，将动铁芯吸合，由于触头系统是与动铁芯联动的，动铁芯带动三条动触片同时动作，主触点闭合，和主触点机械相连的辅助常闭触点断开，辅助常开触点闭合，从而接通电源；当线圈断电时，吸力消失，动铁芯联动部分依靠弹簧的反作用力而分离，使主触头断开，和主触点机械相连的辅助常闭触点闭合，辅助常开触点断开，从而切断电源。

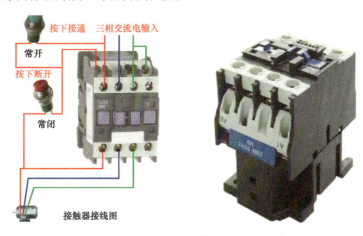

图9-1　接触器

3. 微动开关（见图9-2）

微动开关是具有微小接点间隔和快动机构，用规定的行程和规定的力进行开关动作的接点机构，用外壳覆盖，其外部有驱动杆的一种开关，因开关的触点间距比较小，故名微动开关。微动开关是外机械力通过传动元件作用于动作簧片上，使其末端的定触点与动触点快速接通或断开的开关。

图9-2　微动开关图

微动开关工作原理为：外机械力通过传动元件（按销、按钮、杠杆、滚轮等）将力作用于动作簧片上，当动作簧片位移到临界点时产生瞬时动作，使动作簧片末端的动触点与定触点快速接通或断开；当传动元件上的作用力移去后，动作簧片产生反向动作力，当传动元件反向行程达到簧片的动作临界点后，瞬时完成反向动作。微动开关的触点间距小、动作行程短、按动力小、通断迅速。其动触点的动作速度与传动元件动作速度无关。

4. 缺相保护器

缺相保护器又称电机断缺相保护器或者电源缺相保护器。一般都用在三相电机电路上，如果缺少一路电，电机扭力会变小，转子转速会下降，从而导致其他两路电流增大，烧毁电机绕组，其原理就是通过不同手段对三相电进行监控，如有断路情况，就会自动切断电源，避免烧毁绕组。缺相保护器可通过监测各路电压和电流进行监测缺相情况。

5. 转换开关（见图 9-3）

转换开关（远近控开关）是一种切换多回路的低压开关。转换开关的轴上迭焊多个动触头，轴转动时动触头依次与静触头接通或分断实现电路切换。转换开关可以按线路的要求组成不同接法的开关，以适应不同电路的要求。在控制和测量系统中，采用转换开关可进行电路的转换。

6. 按钮开关（见图 9-4）

按钮开关是指利用按钮推动传动机构，使动触点与静触点按通或断开并实现电路换接的开关。在电气自动控制电路中，广泛用于手动发出控制信号以控制接触器、继电器、电磁起动器等。在按钮未按下时，动触头与上面的静触头是接通的，这对触头称为常闭触头。此时，动触头与下面的静触头是断开的，这对触头称为常开触头；按下按钮，常闭触头断开，常开触头闭合；松开按钮，在复位弹簧的作用下恢复原来的工作状态。

图 9-3　转换开关图

图 9-4　按钮开关图

二、隔离开关 CJ6B 型机构二次排故

1. CJ6B 机构动作原理图与接线图（见图 9-5）

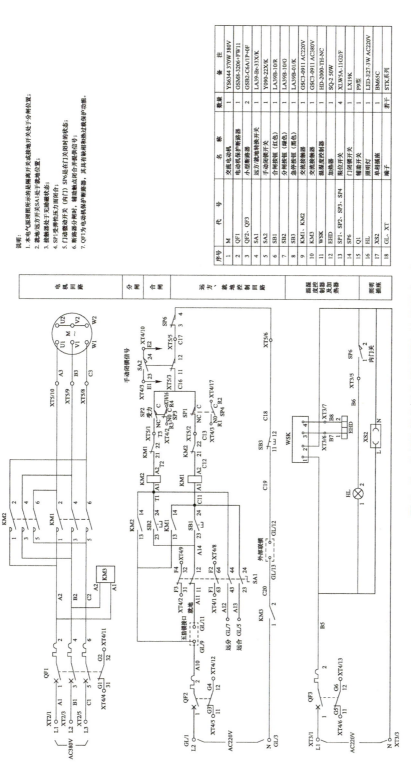

图 9-5　CJ6B 机构动作原理图与接线图（一）

说明：
1. 本电气原理图所示的是隔离开关或接地开关处于分闸位置；
2. 就地／远方开关SA1此子就地位置；
3. 接触器处于无励磁状态；
4. SP1受弹性压力而闭合；
5. 门边微动开关（内门）SP6是在门关闭时的状态；
6. 断路器分闸时，辅助触点闭合并提供闭合信号；
7. QF1为电动机保护断路器，其具有缺相和热过载保护功能。

序号	代号	名　称	数量	备　注
1	M	交流电动机	1	YS6344 370W 380V
2	QF1	电动机保护断路器	1	GSM8-3206+FW11
3	QF2、QF3	小型断路器	2	GSB2-C6A/1P+0F
4	SA1	远方/就地转换开关	1	LA39-Br-33X/K
5	SA2	手动闭锁开关	1	Y090-22X/K
6	SB1	合闸按钮（红色）	1	LA39B-10R
7	SB2	分闸按钮（绿色）	1	LA39B-10G
8	SB3	急停按钮	1	LA39B-01/K
9	KM1、KM2	交流接触器	1	GSC3-0911 AC220V
10	KM3	交流接触器	1	GSC3-0911 AC380V
11	WSK	温湿度控制器	1	HD-2000-TH-NC
12	EHD	加热器	1	SQ-2.50W
13	SP1、SP2、SP3、SP4	限位开关	4	XLW5A-11G2/F
14	SP6	门闭锁开关	1	LX19K
15	Q1	辅助开关	1	P9型
16	HL	照明灯	1	LED-E27-3W AC220V
17	XS2	单相插座	1	BM65C
18	GL、XT	端子	若干	STK,系列

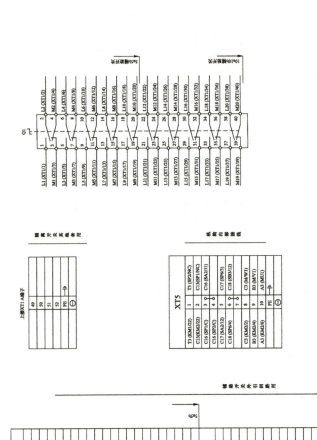

图 9-5　CJ6B 机构动作原理图与接线图（二）

2. CJ6B 机构二次动作原理

隔离开关操作时控制回路、电机回路的电流通道如下：

（1）控制回路电流通道：操作隔离开关时将 QF2 空气开关合闸，转换开关 SA1 切换至就地位置（此时 SA1 的 11、12 接点导通），按下合闸按钮 SB1，电流通过 QF2（1、2 接点）、五防接口、转换开关 SA1（11、12 接点）、合闸接触器线圈 KM1、防正反转同时启动的 KM2（21、22）接点、合闸终了限位开关 SP1、手动挡板闭锁接点 SP5、机构门闭锁接点 SP6、缺相保护继电器 KM3、停止按钮的常闭接点及与本设备共同安装的地刀闭锁接点，最后回到 QF2 零线端。当按钮松开后，电流将通过 KM1 的 13、14 接点使 KM1 保持动作状态（自保持状态），直至合闸终了 SP1 动作断开合闸控制回路，自保持复归。分闸回路与其相似，不再赘述。

（2）电机回路电流通道：QF1 三相空气开关合闸，当合闸控制回路导通后，KM1 继电器动作，电机回路的 KM1 的 1、3、5 接点分别与 2、4、6 接点闭合，三相电流通过 QF1、KM1 进入电机产生旋转磁场，电机转动，直到合闸终了合闸控制回路断电 KM1 继电器复归后，切断电机回路，电机失电停止动作。分闸回路与其相似，不再赘述。

3. CJ6B 机构二次排故步骤

二次排故一般使用排除法进行。

第一步，先将隔离开关摇至中间位置，防反转造成机械伤害。

第二步，分别使用万用表电压档检查控制、电机回路的电源是否正常。

第三步，投上控制电源分别按压分、合闸按钮，检查分合闸接触器是否吸合，如吸合可推断是电机回路故障，如不吸合，说明控制回路有问题。

第四步，通断检查控制回路先检查端子排上闭锁回路的接点通断是否正常（闭锁回路一般串接地开关、断路器、接地锁等的辅助开关、微动开关的接点），如有异常先进行处理；第五步，控制回路检查时需确认各电气元器件功能是否正常（如按钮、远近控、接触器、分合闸终点微动开关等），接点切换应灵活，接触可靠。

第五步，使用万用表检查二次连接线各连接点有无绝缘、锈蚀、断裂等异常，进行处理（注：一般串在控制回路里的缺相过载保护器的接点在未通电时是不通的）。

对于电机回路，在完成第一~三步后，再开始检查：① 检查电机直阻、绝缘及碳刷是否正常；② 需确认各电气元器件功能是否正常（如接触器、缺相过载保护器等），接点切换应灵活，接触可靠；③ 使用万用表检查二次连接线各连接点有无绝缘、锈蚀、断裂等异常，进行处理。

三、隔离开关日常故障判断及处理

1. 保证操作 3000 次的隔离开关预防性维护计划

保证操作 3000 次的隔离开关预防性维护计划见图 9-6。

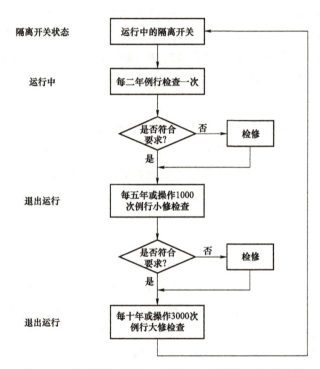

图 9-6　保证操作 3000 次的隔离开关预防性维护计划

2. GW23 型隔离开关故障判断及处理

GW23 型隔离开关故障判断及处理见表 9-1。

表 9-1　　　　　　　　　GW23 型隔离开关故障判断及处理

故障类型		可能引起的原因	判断标准和检查方法	处理
底座传动部位	三相连动杆弯曲	产品上定位卡住，导电部位传动拐臂与操作绝缘子传动拐臂不同步	合闸时三相导电部位主拐臂是否在同一位置	松操作绝缘子，通过间隙来调整
	机构转动，产品不动	未按照力矩要求紧固夹紧螺栓或螺栓未禁锢	通过力矩扳手紧固	检查

续表

故障类型		可能引起的原因	判断标准和检查方法	处理
上导电部位	触指压力特性不能满足要求	弹簧锈蚀、变形失效，影响触头接触压力影响弧触头复位	弹簧锈蚀、变形失效	更换弹簧
	接触部位的氧化	触头接触不良，引起发热	目测接触部位有无烧灼现象	清理表面污垢，有烧灼时进行更换
	动静触头合闸位置偏差	支柱绝缘子螺栓未拧紧	分合多次后绝缘子位与固定部件之间的位置发生变化	重新调整完后紧固螺栓
其他	远控不动	远方/就地开关在就地位置	检查信号，是否有控制回路断线信号	切换至远方
	远控、近控均不动作	分合闸回路有元器件损坏	测量隔离开关所配电动机构分合闸回路	查出故障元件，更换
		接线松脱，内部二次元器件损坏	测量隔离开关所配电动机构分合闸回路	查出松脱的接线，重新插接，更换损坏部件
	无开关状态信号	辅助、行程开关接线不正确或开关损坏	确认接线正确后检查辅助、行程开关	恢复接线或更换辅助、行程开关
	电动机构不动作	电源缺相	电机有"嗡嗡"声但不动作	消除缺相
		电动机损坏	电源正确，但电机不动作	更换电机
		行程开关损坏	用万用表检查线路	更换行程开关
	转换开关打在手动，闭锁挡板无法拉出	闭锁继电器损坏	转换开关打在手动，继电器不动作	更换继电器
	电动机构输出角度变化	机械定位损坏	通过手摇进行目视检查	更换定位件
		行程开关损坏或断电过早	通过手摇进行目视检查	更换行程开关或调整其切换时间

3. GW4 型隔离开关故障判断及处理

GW4 型隔离开关故障判断及处理见表 9-2。

表 9-2 GW4 型隔离开关故障判断及处理

故障类型		可能引起的原因	判断标准和检查方法	处理
底座传动部位	主刀分、合闸不到位	相间传动连杆变形或接头松动	目测传动连杆及接头	检查原因，消除相应的缺陷
	主刀分、合闸不到位	夹件松动、打滑	通过力矩扳手紧固	重新调整地刀的合闸位置，紧固夹件
	机构转动，产品不动	未按照力矩要求紧固夹紧螺栓或螺栓未禁锢	通过力矩扳手紧固	检查

续表

故障类型		可能引起的原因	判断标准和检查方法	处理
底座传动部位	人力操作力矩增大	传动系统转动部分的润滑油干涸，油泥过多，轴销生锈，导致传动阻力增大	操作时阻力增大	清理并润滑转动部件
上导电部位	接触部位的氧化	触头接触不良，引起发热	目测接触部位有无烧灼现象或红外测温	清理表面污垢，有烧灼时进行更换
其他	远控不动	远方/就地开关在就地位置	检查信号，是否有控制回路断线信号	切换至远方
	远控、近控均不动作	分合闸回路有元器件损坏	测量电动机构分合闸回路	查出故障元件，更换
		接线松脱	测量电动机构分合闸回路	查出松脱的接线，重新插接

4. GW7 型隔离开关故障判断及处理

GW7 型隔离开关故障判断及处理见表 9–3。

表 9–3　　　　　　　　GW7 型隔离开关故障判断及处理

故障类型		可能引起的原因	判断标准和检查方法	处理
底座传动部位	机构转动，产品不动	未按照力矩要求紧固夹件的两端紧固螺栓或中间防松螺栓未上好	通过力矩扳手紧固	检查
上导电部位	合闸到位触头接触不好	两静侧高度不等	静触头上下触指受电压互感器形距离有较大差异	调整两个静侧触头安装螺栓
	导电闸刀未合闸到位就发生翻转	静触头合闸口位与闸刀不等高，合闸到位前，静触头合闸口或闸指对动触头产生干涉阻挡	手动合闸，将导电闸刀旋转到即将发生翻转位置，检查动触头是否处于两触指中间位置	调整两个静侧触头安装螺栓
	单人手拉主拐臂费力，拉不动	翻转弹簧力不合格	产品翻转时触刀与两静侧触子无卡滞，拉动主拐臂，操作力矩≥125N·m	更换翻转弹簧
	触头接触不良，引起发热	接触部位的氧化	目测接触部位有无烧灼现象	清理表面污垢，有烧灼时进行更换
其他	仅远控不动	（1）远方/就地开关在就地位置　（2）远控线路有故障	（1）检查远方/就地开关是否在远方位置　（2）检查远控线路	（1）切换至远方　（2）维修线路，更换故障元件
	远控近控均不动作	分合闸回路有元器件损坏	检查隔离开关所配电动机构分合闸回路	查出故障元件，更换
		辅助开关接线不正确或辅助开关损坏	与接线图核对辅助开关接线，用万用表检查线路	检查或更换辅助开关
	电动机构不动作	电源缺相	电机有"嗡嗡"声但不动作	消除缺相
		电动机损坏	电源正确，但电机不动作	更换电机
		行程开关损坏	用万用表检查线路	更换行程开关

续表

故障类型		可能引起的原因	判断标准和检查方法	处理
其他	转换开关打在手动，闭锁挡板无法拉出	（1）闭锁回路有元器件损坏，闭锁继电器不带电（2）闭锁继电器损坏	（1）检查闭锁回路（2）转换开关打在手动，继电器不动作	（1）查出故障元件，更换（2）更换继电器
	电动机构输出角度变化	机械定位损坏	通过手摇目视检查	更换定位件
		行程开关损坏或断电过早	通过手摇进行目视检查	更换行程开关或调整其切换时间

5. GW6 型隔离开关故障判断及处理

GW6 型隔离开关故障判断及处理见表 9-4。

表 9-4　　　　　　　　　　GW6 型隔离开关故障判断及处理

故障类型		可能引起的原因	判断标准和检查方法	处理
底座传动部位	三相传动拐臂不在同一条直线上	三相传动拐臂的分合闸位置不在同一位置	确认操作绝缘子传动拐臂分合闸位置是否在同一位置	松开操作绝缘子，调整操作绝缘子传动拐臂角度使分合闸位置一致，且底座分合闸与导体分合闸一致
	机构转动，产品不动	未按照力矩要求紧固机构夹件夹紧螺栓或紧定螺栓未上	通过力矩扳手紧固	检查
	触头接触不良，引起发热	接触部位的氧化	目测接触部位有无烧灼现象	清理表面污垢，有烧灼时进行更换
		传动底座操作法兰未过死点	检查传动底座操作法兰是否过死点	调整机构夹件
		接触压力不符合要求	检查触指压力	反馈厂家客服调整触指压力
	动触头钳夹不到静触头	铝绞线未按照说明书长度计算方法切割，或吊紧钢丝绳太紧	铝绞线环绕为圆形还是椭圆型	重新切割铝绞线进行安装
其他	远控不动	远控/近控开关在近控位置	检查信号，是否有控制信号断线信号	切换至远方
	远控、近控均不动作	分合闸回路有元器件损坏	测量隔离开关所配电动机构分合闸回路	查出故障元件，更换
		接线松脱，内部元器件损坏	测量隔离开关所配电动机构分合闸回路	查出松脱的接线，重新插接、更换损坏部件
	无开关状态信号	辅助开关接线不正确或辅助开关损坏	确认接线正确后检查辅助开关是否损坏	检查或更换辅助开关
	电动机构不动作	电源缺相	电动机有"嗡嗡"声但不动作	消除缺相
		电动机损坏	电源正确，但电动机不动作	更换电动机
		行程开关损坏	用万用表检查线路	更换行程开关

故障类型		可能引起的原因	判断标准和检查方法	处理
其他	电动机构输出角度变化	机械定位损坏	通过手摇进行目视检查	更换定位件
		行程开关损坏或断电过早	通过手摇进行目视检查	更换行程开关或调整其切换时间

习　题

1. 简答：隔离开关无法电动操作，如何区分是控制回路还是电机回路故障？

2. 简答：如何排查隔离开关控制回路故障？

3. 简答：隔离开关电机回路故障排查时，需进行哪些电机回路特有的排查项目？

4. 简答：GW6 型隔离开关三相传动拐臂不在同一条直线上，如何处理？

5. 简答：转换开关打在手动，闭锁挡板无法拉出，一般是什么原因造成？

第二节　GIS 气室诊断分析

学习目标

1. 了解 SF_6 及气体成分检测相关原理、标准、规程等要求

2. 能够熟练掌握气体成分分析仪的使用、检测具体步骤和现场测试方法

3. 能够进行异常气体成分分析判断，并根据检测结果完成报告编制，提出相应检修策略

知 识 点

一、SF_6 气体介绍

1. 物理特性

SF_6 在常温常压下是一种无色、无味、无毒、不可燃也不助燃的气体,在 20℃、标准大气压下密度为 6.16g/L,约为空气的五倍。SF_6 临界温度（气体可以被液化的最高温度）为 45.6℃,临界压力（在临界温度时使气体液化所需的最小压

力）为 3.84MPa。

SF_6 气体为负电性气体，氟原子的高负电性和 SF_6 分子的大质量，使 SF_6 具有优异的电气性能。首先，SF_6 气体具有较高的绝缘强度，是理想的绝缘介质。在均匀电场下，SF_6 气体绝缘强度是同等气压下空气的 2.5～3 倍，气压为 294.2kPa 的 SF_6 气体绝缘强度与绝缘油相同；其次，SF_6 气体灭弧性能强，SF_6 气体依靠自身的强电负性和热化特性灭弧，SF_6 的电弧时间常数约为空气的 1/100，灭弧能力约为空气的 100 倍，适用于高电压、大电流的开断。SF_6 在电弧作用下分解出低氟化物和氟原子，这些分解产物具有较强的电负性，在电弧中吸收大量电子，减少电子密度，降低电导率，促使电弧熄灭。

2. 化学特性

SF_6 在常温下接近惰性气体，温度高于 $500°C$ 开始分解。SF_6 与碱金属在 $200°C$ 左右即可反应，使用温度 $150～200°C$ 时，要慎重选用与 SF_6 接触的材料。在放电和热分解过程中及水分作用下，SF_6 气体分解产物主要为 SO_2、HF，当故障涉及固体绝缘材料电解或热解时，还会产生 CF_4、H_2S、CO 和 CO_2。由于大多数故障都会导致显著的 SO_2 和 H_2S 含量，所以气室诊断关注的主要检测对象是 SO_2 和 H_2S 两种分解物。

二、SF_6 气体检测的必要性

1. 湿度（水分）检测

SF_6 气体湿度与其绝缘强度相关，不同状态水分随温度变化对设备闪络电压的影响如图 9-7 所示。

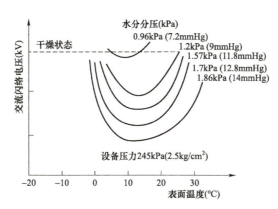

图 9-7　不同状态水分随温度变化对设备闪络电压的影响

当 SF_6 中水分露点值低于环境温度时，可能在设备内部结露附着在零件表面，如电极、绝缘子表面等，容易产生沿面放电（闪络）引起事故。

2. 分解物检测

SF_6 气体分解产物中的 HF 具有强烈腐蚀性，溶于水形成氢氟酸腐蚀绝缘材料表面，加剧绝缘性能劣化。另一方面，虽然 SF_6 和环氧树脂、聚四氟乙烯、聚酯乙烯、纸和漆等绝缘材料具有很好的化学稳定性和优异的电气性能，但由于设计、材质、工艺和维护等原因，使设备内部可能存在一定缺陷，而目前的其他试验方法又难以将其检出。当 SF_6 电气设备内部存在故障时，故障区域的 SF_6 气体和固体绝缘材料在热和电的作用下发生裂解，产生的分解产物以溶解、扩散的方式不断地溶解到 SF_6 气体中，因此，检测 SF_6 气体中的分解产物的种类和含量，便可诊断设备内部故障。

3. 纯度检测

SF_6 的纯度降低时将导致其绝缘、灭弧性能下降。

三、SF_6 综合检测

（一）常用工器具的介绍

SF_6 综合检测常用工器具见表 9-5。

表 9-5 SF_6 综合检测常用工器具

序号	器具名称	产品形态	作用
1	GIS 气室		被测气室
2	SF_6 气瓶		标"零"气体，对 SF_6 气体综合检测仪进行校零、清洗
3	减压阀		对 SF_6 气瓶进行减压以符合仪器进气压力要求

序号	器具名称	产品形态	作用
4	SF$_6$气体综合分析仪		SF$_6$综合检测仪可实现同时检测纯度、水分及分解产物
5	SF$_6$气体检漏仪		对检测连接管路以及检测前后对设备取气口进行检漏
6	SF$_6$尾气袋		检测尾气进行收集
7	导气管		取样进气管路
8	SF$_6$尾气排放管路		连接仪器排气口与尾气袋
9	测试接头		转接设备取气口与进样导气管
10	温湿度计		测试检测环境温度
11	扳手		
12	万用表		测量 220V 电源是否正常以及接地线是否导通

序号	器具名称	产品形态	作用
13	吹风机		被测气室取气口及转接头结露、沾污时用于吹干表面
14	插座		
15	双层试验车		放置仪器及工器具
16	橡胶手套		防护用品,避免皮肤接触SF_6有毒分解物
17	无毛纸		被测气室取气口及转接头结露、沾污时用于擦拭清洁表面
18	仪器接地线		

(二)检测流程

1. 准备阶段

(1)工作服、安全帽、绝缘鞋、橡胶手套、防毒面罩等防护用品检查合格、穿戴规范。

(2)检查SF_6气体综合分析仪及各部件是否齐备、完好,并有有效的合格证。

(3)检查测试管路接头齐备、完好,并有有效的合格证(充放气接头的阀芯的长度合适,内部各接头、密封圈均完好、合格)。

(4)检查工器具、万用表、电吹风、无毛纸等齐备、完好,万用表、温湿度计、风速、风向仪、电吹风、无毛纸应有有效的合格证,电吹风功率符合要求。

(5)检查密封圈、密封硅脂等备品备件齐全、完备。

（6）检查集气袋外观完好，阀门关闭并有有效的合格证。

（7）检查检漏仪外观完好，自检合格并有有效的合格证。

（8）检查 SF_6 气瓶、减压阀外观完好，并有有效的合格证，阀门均处于关闭状态。

（9）检查移动线盘符合相关要求，漏电保护器动作正常。

（10）检查检修平台外观完好，刹车灵活、可靠，符合相关要求。

（11）携带作业指导书（或检测工序卡）。

2. 许可、入场阶段

（1）着装、安全用具及防护用品的穿戴、检查正确。

（2）检测环境条件判断。

1）室外环境下天气、环境温湿度应符合检测条件要求，不应在有雷、雨、雾、雪等的室外环境下进行检测，判断现场风速是否满足检测要求，并指出下风侧位置。

2）室内环境温湿度应符合检测条件要求，判断现场风速是否满足检测要求，并指出下风侧位置。

（3）进入高压室前，确认在线检测装置中氧气、SF_6 气体含量是否符合检测条件，进入 GIS 高压室前，确认通风装置已开启并正常工作，确认 SF_6 气体在线报警装置传感器位置合适，并正常工作。

（4）办理完成带电检测工作票：确认设备双重名称、工作地点与待测气室相符（试验至少应两人进行，一人操作、一人监护。试验开始前，由负责人带领进入现场，并执行开工会等相关手续）。

（5）检查被检测设备工作区域内及附近是否有影响检测的因素（如带电体、传动机构、防爆膜喷口等）、检查被检测设备的外观是否完好、检查被检测设备的外壳接地是否完好可靠、检查被检测设备的 SF_6 气体压力与铭牌相符、检查被检测设备的三通阀是否开启（如有闭锁是否可靠）、检查被检测设备的充放气接口防尘罩区域外观情况（如有水分、污渍，拆除防尘罩前应进行处理）。

（6）待测气室如是灭弧气室，测试前查询被检测设备 48h 内是否有不良工况及分合闸操作。

3. 检测准备阶段

（1）气体分析仪探头不应落地或受脏污，不应过度弯折管路，不应踩踏管路、接地线、接头、仪器仪表等。

（2）检测前记录待测气室 SF_6 气体压力、相关铭牌数据及其他事项。

（3）检修平台和分析仪放置平稳且符合检测要求（检修平台应接地）。

（4）仪器接地线正确可靠接地，先接接地端，后接仪器端。

（5）打开仪器，进行仪器预热，检查仪器电量。

（6）沿下风侧方向充分展开尾气管后，正确连接仪器尾气口与集气袋，可靠连接尾气管后打开集气袋阀门（尾气管展开过程中不应"打金勾"或过度弯折等伤害）。

（7）对需要用到的分析仪各接头、测试管路两侧接头使用吹风机进行干燥，使用无毛纸擦拭干净接头连接部位，见图9-8。

图9-8　测试管路两侧接头使用吹风机进行干燥

4. 仪器、测试管路冲洗阶段

此阶段人员全程均应在上风侧操作，避开传动机构及防爆膜喷口方向，并与带电部位保持足够安全距离，不应踩踏管路、接头、仪器仪表等。

（1）对 SF_6 气瓶接口进行正确检漏（检漏仪探头不应落地或受脏污）。

（2）将减压阀与气瓶正确连接（连接处清洁处理，用扳手锁紧连接螺母，减压阀表与垂线呈45°，便于观察）。

（3）正确安装减压阀与测试管路的过渡接头（连接处清洁处理）。

（4）正确连接测试管路（连接处清洁处理，展开测试管过程中不应"打金勾"、过度弯折等伤害，测试管接头及转换接头不应落地或受脏污）。

（5）打开气瓶阀门，检查气瓶侧压力是否符合要求，打开减压阀调节出口压力至 0.3~0.4MPa。

（6）确定检测仪流量正常。

（7）对减压阀各接口、仪器管路、尾气管、集气袋及各连接处进行正确检漏（检漏仪探头不应落地或受脏污）。

（8）点击"零位"按键进行冲洗，见图 9-9，待分解产物回零，同时，所有成分的"原零位"与"当前零位"值相差＜10%后，无需按"保存"键直接返回首页，否则应点击"保存"键对当前"零位"进行保存；关闭钢瓶阀门，关闭减压阀（先关气瓶阀门，待流量为零后再关闭减压阀；收持测试管过程中不应"打金勾"、过度弯折等伤害，测试管接头不应落地或受脏污）。

图 9-9　SF_6 气体分析仪 SF_6 清洗功能

5. 被测气室检测阶段

此阶段人员全程均应在上风侧操作，避开传动机构及防爆膜喷口方向，并与带电部位保持足够安全距离，不应踩踏管路、接头、仪器仪表等，检测人员和检测仪器应避开设备取气阀门开口方向，难以避开的应采取相应防护措施，防止取气造成设备内气体大量泄漏及发生其他意外；当气体绝缘设备发生故障引起大量 SF_6 气体外溢时，检测人员应立即撤离事故现场。

（1）确认待测气室密度表 SF_6 气体压力、三通阀处于开启状态、设备充放气口完好正常后，擦拭并取下充放气口防尘罩，并对充放气口进行清洁处理。

（2）对设备充放气口正确检漏（检漏仪探头不应落地或受脏污），见图 9-10。

图 9-10　SF_6 检漏仪对充气口进行检漏

（3）将仪器充放气接头与测试管路连接后，将仪器接头与设备充放气口正确连接（各连接处清洁处理，充放气接头的阀芯在连接过程中避免转动，展开测试管过程中不应"打金勾"、过度弯折等伤害，测试管接头及转换接头不应落地或受脏污）。

（4）开机并预热，见图9-11，在等待中确认分析仪流量正常，如没有气体流量，首先确认检查各接口是否插接到位，其次检查仪器接头顶针长度是否合适。

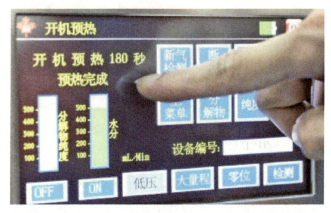

图9-11 SF$_6$气体成分分析仪进行开机预热

（5）对检测管路及各连接处进行正确检漏（检漏仪探头不应落地或受脏污）。

（6）确认测前密度表压力值及各流量正常：纯度流量范围（200±10）mL/min；湿度流量范围（500±50）mL/min 分解产物流量（200±10）mL/min。

（7）正确选择检测界面各选项，直至各数据稳定后停止检测并记录（打印）数据（微水已通过趋势线判断且数值稳定），同时在检测过程中不断观察密度表压力值是否正常，停止检测后再次观察密度表压力值是否正常，如图9-12所示。

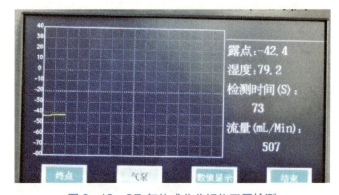

图9-12 SF$_6$气体成分分析仪开展检测

（8）根据分解物测试结果判断是否需要再次进行"零位校准"操作，如果测试结果小于 10μL/L，可直接进行第二次分解物检测，否则需对仪器、管路进行冲洗。

（9）进行第二次分解物检测，检测过程参见步骤（6）～（8）。

四、气体检测的分析

1. 纯度评价对应检修建议

设备中 SF_6 气体纯度不足，可能存在如下原因：

（1）外部原因：① SF_6 新气纯度不合格；② 充气过程带入的杂质；③ 透过密封件或设备泄漏点渗入空气等。

（2）内部原因：① 绝缘件、吸附剂等材料吸附的杂质；② 设备内部缺陷产生的杂质等。

对电气设备 SF_6 气体纯度检测后，可以按照标准进行评价，作出相应处理，见表 9-6。

表9-6　　　　　　　　　纯度评价对应检修建议

体积比（%）	评价结果	检修建议
≥97	正常	执行状态检修周期
95～97	跟踪	进行气体杂质成分分析，缩短检测周期，跟检
<95	处理	进行气体杂质成分分析，综合诊断，加强监护

其他纯度的检修建议：当空气为主要杂质成分时，应对设备进行 SF_6 气体泄漏检测，并更换气体；当 SF_6 分解物为主要杂质成分时，应对设备进行诊断性试验。

2. 分解物评价对应检修建议

造成分解物异常的原因如下：

（1）外部原因：① SF_6 新气分解物质量不合格；② 充气过程带入的分解物。

（2）内部原因：① 放电故障导致分解物异常；② 过热故障导致分解物异常。

分解物评价对应检修建议见表 9-7。

表9-7　　　　　　　　　分解物评价对应检修建议

气体组分	检测指标（μL/L）		检修建议
SO₂	≤1	正常值	正常执行周期检测
	1～5	注意值	缩短检测周期

续表

气体组分	检测指标（μL/L）		检修建议
SO₂	5～10	警示值	跟踪检测，综合诊断
	>10	警示值	综合诊断
H₂S	≤1	正常值	正常执行周期检测
	1～2	注意值	缩短检测周期
	2～5	警示值	跟踪检测，综合诊断
	>5	警示值	综合诊断

3. 湿度评价对应检修建议

设备中 SF_6 气体湿度超标的主要原因有以下几种：

（1）外部原因：① SF_6 新气含水量不合格；② 充气过程带入的水分；③ 透过密封件或设备泄漏点渗入水分等。

（2）内部原因：绝缘件、吸附剂带入水分等。

湿度评价对应检修建议见表9-8。

表9-8　　　　　　　　　　湿度评价对应检修建议

气室	湿度值（运行中）	对应状态	检修建议
灭弧气室	≤300μL/L	正常状态	按正常检修周期进行常规性检查、维护、试验，按需要安排带电测试和不停电维修
	>300μL/L	12分 注意状态	根据实际情况缩短检测周期跟踪检测，之前加强带电测试和不停电维修
	>300μL/L 对照历史数据快速上升	24分 异常状态	综合判断检修内容，并适时安排停电检修，之前加强带电测试和不停电维修
	>500μL/L 对照历史数据快速上升	30分 严重状态	综合判断检修内容，并尽快安排停电检修，之前加强带电测试和不停电维修
其他气室	≤500μL/L	正常状态	按正常检修周期进行常规性检查、维护、试验，按需要安排带电测试和不停电维修
	>500μL/L	12分 注意状态	根据实际情况缩短检测周期跟踪检测，之前加强带电测试和不停电维修
	>500μL/L 对照历史数据快速上升	24分 异常状态	综合判断检修内容，并适时安排停电检修，之前加强带电测试和不停电维修
	>800μL/L 对照历史数据快速上升	30分 严重状态	综合判断检修内容，并尽快安排停电检修，之前加强带电测试和不停电维修

其他湿度的检修建议：湿度持续增加时，检查设备是否泄漏；湿度持续增加且无泄漏时，建议对气体回收处理并更换吸附剂。

习 题

1. 简答：造成 SF_6 气体纯度不足的原因一般有哪些？
2. 简答：造成 SF_6 气体分解物异常的原因一般有哪些？
3. 简答：设备中 SF_6 气体湿度超标的主要原因有哪些？
4. 简答：断路器灭弧气室的微水要求是什么？
5. 简答：GIS 不产生电弧的气室，微水超标可能会造成哪些危害？

第三节 局部放电检测

学习目标

1. 了解局部放电带电检测相关原理、标准、规程等要求
2. 能够熟练掌握局部放电检测仪的使用、局部放电检测的具体步骤和现场测试方法
3. 能够进行异常图谱分析判断，给出缺陷类型，并根据检测结果完成报告编制，提出相应检修策略

知识点

一、基础知识

电力设备的绝缘系统中，只有部分区域发生放电，而没有贯穿施加电压的导体之间，即尚未击穿，这种现象称之为局部放电。电气设备在发生局部放电时，通常伴有声、光、电、热等多种故障特征信息。它是由于局部电场畸变、局部场强集中，从而导致绝缘介质局部范围内的气体放电或击穿所造成的。它可能发生在导体上，也可能发生在绝缘体的表面或内部。在绝缘体中的局部放电甚至会腐蚀绝缘材料，并导致绝缘击穿。局部放电是一种脉冲放电，它会在电力设备内部和周围空间产生一系列的光、声、电气和机械的振动等物理现象和化学变化。这些伴随局部放电而产生的各种物理和化学变化可以为监测电力设备内部绝缘状态提供检测信号。

（一）局部放电产生的原因

组合电器设备中局部放电产生的原因如图9-13所示，设备在生产过程中，由于施工工艺不良造成设备内部的导体或壳体上存在金属毛刺；设备在出厂组装过程中，内部散落金属粉尘或颗粒；设备在运输过程中造成设备金属连接处存在松动或断裂；绝缘盆子在浇筑过程中形成气隙或气泡，都可能引起设备运行中产生局部放电。

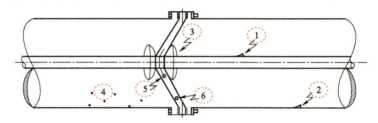

图9-13 组合电器设备中局部放电产生的原因

1—导体上的毛刺；2—壳体上的毛刺；3—悬浮屏蔽（接触不良）；4—自由移动的金属颗粒；
5—盆式绝缘子上的颗粒；6—盆式绝缘子内部缺陷

常见的局部放电类型有电晕放电、沿面放电、气隙放电和悬浮放电。

（1）电晕放电是由于电力设备导体和外壳在制造、安装和运行过程中造成的毛刺尖端放电，一般发生在电场强度较高的不均匀电场中，如高压导线的周围，带电体的尖端附近等。

（2）沿面放电主要由绝缘表面脏污等引起，一般发生在两种绝缘介质的交界面，如被气体绝缘包围的绝缘子表面。

（3）气隙放电是由于绝缘介质在生产加工过程中，材料本身缺陷与加工工艺不当，导致绝缘介质内部缺陷出现气泡、杂质等引起绝缘介质内部放电。一般发生在电缆本体、电缆终端、电缆接头、瓷绝缘子、复合材料绝缘子等各类绝缘设备和绝缘材料中。

（4）悬浮放电是由于装配工艺不良或运行中的震动等原因，导致设备内部金属部件与导体（或接地体）失去电位连接，从而产生的接触不良放电。

（二）局部放电检测方法及原理

在局部放电过程中往往伴随有电磁波、超声波、光、臭氧、热等物理或化学现象以及相应的过程，目前常用带电检测技术主要包括超声波检测、特高频检测与暂态地电压检测。这三种技术均适用于开关柜检测，超声波检测、特高频检测适用于组合电器检测。

1. 暂态地电压局部放电检测

高压电气设备发生局部放电时，放电量往往先聚集在与接地点相邻的接地金属部位，形成对地电流，在设备的金属表面上传播。当开关柜的内部元件对地绝缘发生局部放电时，小部分放电能量会以电磁波的形式转移到柜体的金属铠装上，因柜体接地，电磁波在开关柜外表面感应出高频电流，可利用电容耦合测出幅值及脉冲。暂态地电压局部放电产生和检测示意图见图9-14。

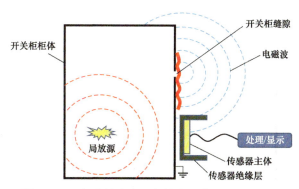

图9-14 暂态地电压局部放电产生和检测示意图

2. 超声波局部放电检测

局部放电是一种快速的电荷释放或迁移过程，导致放电点周围的电场应力、机械应力与粒子力失去平衡状态而产生振荡变化过程。机械应力与粒子力的快速振荡导致放电点周围介质的振动现象，从而产生声波信号。电力设备放电过程中会产生的声波频谱可以从几十赫到几兆赫，其中频率低于 20kHz 的信号能够被人耳听到，而高于这一频率的超声波信号必须用超声波传感器才能接收到。根据放电释放的能量与声能之间的关系，用超声波信号声压的变化代表局部放电所释放能量的变化，通过测量超声波信号的声压，可以推测出放电的强弱。超声波局部放电产生和检测示意图见图9-15。

3. 特高频局部放电检测

电力设备内发生局部放电时的电流脉冲能在内部激励频率高达数吉赫的电磁波，特高频（Ultra High Frequency，UHF）局部放电检测技术就是通过检测这种电磁波信号实现局部放电检测的目的，如图9-16所示。特高频法检测频段高（通常为300~3000MHz），具有抗干扰能力强、检测灵敏度高等优点，可用于电力设备局部放电类缺陷的检测、定位和故障类型识别。特高频局部放电产生和检测示意图见图9-16。

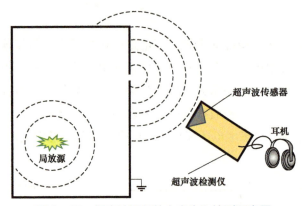

图 9-15 超声波局部放电产生和检测示意图

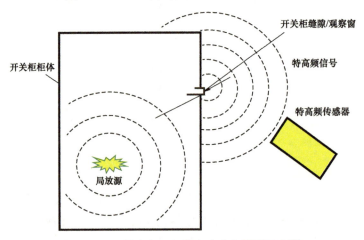

图 9-16 特高频局部放电产生和检测示意图

（三）局部放电检测仪器

局部放电检测仪器一般由传感器、信号调理、数据采集、嵌入式处理、人机交互、存储模块及设备台账识别与管理等部分组成，可实现暂态地电压、非接触式超声波和特高频信号检测，多功能局部放电检测仪原理图如图 9-17 所示。

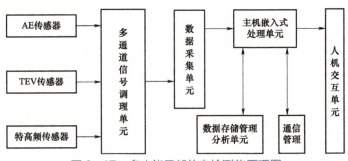

图 9-17 多功能局部放电检测仪原理图

（1）超声波（AE）传感器：采集超声波信号，检测主机内置非接触式空声传感器，主谐振频率 40kHz，具有"连续模式""时域模式""相位模式"，其中，"连续模式"能够显示信号幅值大小、50Hz/100Hz 频率相关性，"时域模式"能够显示信号幅值大小及信号波形，"相位模式"能够反映超声波信号相位分布情况。

（2）暂态地电压（TEV）传感器：采集设备外壳表面地电压信号，检测主机内置暂态地电压传感器，检测频率范围：3～100MHz，检测灵敏度：1dBmV，检测量程：0～60dBmV，检测误差：不超过±2dBmV。

（3）特高频（UHF）传感器：采集特高频信号，传感器与主机实现无线连接，检测带宽：300～1500MHz，检测灵敏度：65dBmV。

（4）多通道信号调理单元：针对不同类型传感器的信号特点，分别设计相应的信号调理及采集电路，通过设计模拟检波电路，实现多工频周期的连续检测。

（5）数据存储管理分析单元：用于存储现场采集获得的数据结果，便于查询和回放数据。系统主嵌入式芯片带有文件操作系统，可以对存储的数据进行整理、删除等操作。

（6）主机嵌入式处理单元：具有多个模数转换通道，能够同时对各个检测通道进行并行信号采集，满足大量数据处理的要求，具有通用性和易扩展性。

（7）人机交互单元：通过该液晶显示屏展示信号值的强弱及变化过程，并展现相关图谱，仪器具有上下左右、确定及退出等少数按键，能够进行功能选择和检测参数设置。

（8）通信管理：实现传感器调理器与设备主机实时数据交互。

二、局部放电基本检测方法

（一）检测流程

局部放电检测流程如图 9-18 所示。

（1）设备开机及同步器连接：检查仪器完整性，按照仪器说明书连接检测仪器各部件后开机，连接同步器。

（2）工况检查：运行检测软件，检查仪器通信状况、同步状态、相位偏移等参数；进行仪器自检，确认各检测通道工作正常。

（3）设置检测参数：如增益、相移、同步源等。

（4）背景噪声检测及干扰源排除：将传感器放置在空气中，检测并记录为背景噪声，根据现场噪声水平调整仪器检测带宽或阈值。背景噪声较大应采取干扰抑制措施，如存在干扰源时应尽量排除所有干扰源。

（5）信号检测：将特高频传感器放置在柜前、柜后观察窗或者开关柜柜门缝隙处进行检测，信号稳定后检测时间不少于 15s。检测时应尽可能保持传感器与设备的相对静止，避免因传感器移动引起的信号干扰正确判断。如存在异常信号，则进入异常诊断流程。

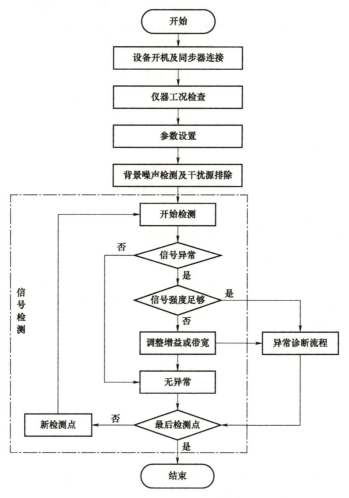

图 9-18　局部放电检测流程

（二）异常诊断流程

局部放电检测异常诊断流程见图 9-19。

（1）异常记录数据及放电源定位：如果发现信号异常，则延长检测时间，并对异常信号附近区域开展检测，记录并保存不同频带下特高频、超声波局部放电图谱。根据各检测点的信号幅值大小和脉冲数，进行幅值对比和趋势分析，定位局部放电源。

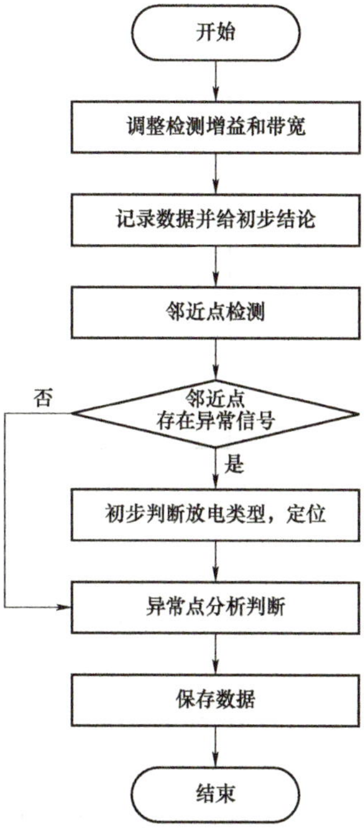

（2）异常点分析判断：根据各种特征图谱、周期图谱的相关特征对放电类型进行综合诊断分析。

（3）数据存档：保存图谱数据和影像资料，作为开关柜局部放电缺陷诊断的依据。

（三）检测时注意事项

1. 安全注意事项

为确保安全生产，特别是确保人身安全，除严格执行电力相关安全标准和安全规定之外，还应注意以下几点：

（1）检测时应勿碰、勿动其他带电设备。

（2）防止传感器坠落到 GIS 管道上，避免发生事故。

图 9-19　局部放电检测异常诊断流程

（3）保证待测设备绝缘良好，以防止低压触电。

（4）在狭小空间中使用传感器时，应尽量避免身体触碰 GIS 管道。

（5）行走中注意脚下，避免踩踏设备管道。

（6）在进行检测时，要防止误碰误动 GIS 其他部件。

（7）在使用传感器进行检测时，应戴绝缘手套，避免手部直接接触传感器金属部件。

2. 暂态地电压局部放电检测注意事项

（1）测试环境（空气和金属）中的背景值。一般情况下，测试金属背景值时可选择开关室内远离开关柜的金属门窗；测试空气背景时，可在开关室内远离开关柜的位置，放置一块 20×20 cm 的金属板，将传感器贴紧金属板进行测试。

（2）每面开关柜的前面和后面均应设置测试点，具备条件时（如一排开关柜的第一面和最后一面），在侧面设置测试点，检测测点可参考图 9-20。

（3）确认开关柜表面洁净后，施加适当压力将暂态地电压传感器紧贴于金属壳体外表面，检测时传感器应与开关柜壳体保持相对静止，人体不能接触暂态地电压传感器，应尽可能保持每次检测点的位置一致，以便于进行比较分析。

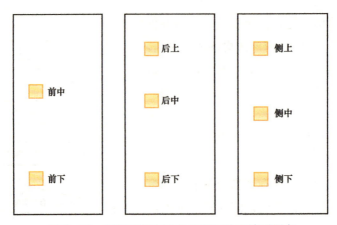

图 9-20 开关柜暂态地电压局部放电检测测点

3. 超声波局部放电检测注意事项

（1）针对 GIS 设备将检测点选取于断路器断口处、隔离开关、接地开关、电流互感器、电压互感器、避雷器、导体连接部件以及水平布置盆式绝缘子上方部位，检测前应将传感器贴合的壳体外表面擦拭干净，检测点间隔应小于检测仪器的有效检测范围，测量时测点应选取于气室侧下方。

（2）针对开关柜设备，在桥架散热孔处、开关柜柜门缝隙、散热口（如有）等金属缝隙处设置测点，检测时传感器靠近测点缓慢移动连续测量；当检测到异常信号时固定传感器。

（3）在超声波传感器检测面均匀涂抹专用检测耦合剂，施加适当压力紧贴于壳体外表面以尽量减小信号衰减，检测时传感器应与被试壳体保持相对静止，对于高处设备，如某些 GIS 母线气室，可用配套绝缘支撑杆支撑传感器紧贴壳体外表面进行检测，但须确保传感器与设备带电部位有足够的安全距离。

（4）在显示界面观察检测到的信号，观察时间不低于 15s，如果发现信号有效值/峰值无异常，50Hz/100Hz 频率相关性较低，则保存数据，继续下一点检测。

（5）如果发现信号异常，则在该气室进行多点检测，延长检测时间不少于30s 并记录多组数据进行幅值对比和趋势分析，为准确进行相位相关性分析，可利用具有与运行设备相同相位关系的电源引出同步信号至检测仪器进行相位同步。也可用耳机监听异常信号的声音特性，根据声音特性的持续性、频率高低等进行初步判断，并通过按压可能振动的部件，初步排除干扰。

4. 特高频局部放电检测注意事项

（1）对于 GIS 设备，利用外露的盆式绝缘子处或内置式传感器，在断路器断口处、隔离开关、接地开关、电流互感器、电压互感器、避雷器、导体连接部件等处均应设置测试点。对于较长的母线气室，可将测点间距设置为 0.8～1m，应保持每次测试点的位置一致，以便于进行比较分析。

（2）针对开关柜设备，在桥架散热孔处，开关柜柜门缝隙、观察窗、散热口（如有）等非金属连续处设置测点，检测时传感器紧贴测点，当检测到异常信号时固定传感器，待读数稳定后不少于 15s 记录数据。

（3）将传感器放置在空气中，检测并记录为背景噪声，根据现场噪声水平设定各通道信号检测阈值。

（4）打开连接传感器的检测通道，观察检测到的信号，测试时间不少于 30s。如果发现信号无异常，保存数据，退出并改变检测位置继续下一点检测。如果发现信号异常，则延长检测时间并记录多组数据，进入异常诊断流程。必要的情况下，可以接入信号放大器。测量时应尽可能保持传感器与盆式绝缘子的相对静止，避免因为传感器移动引起的信号而干扰正确判断。

三、超声波检测数据分析

1. 现场干扰排除
现场检测时应避免大型设备振动、人员频繁走动等干扰源带来的影响。

2. 故障发现及数据保存
检测过程中如有发现异常，应拍照记录超声波信号幅值最大位置和开关柜名称，在检测任务中保存好图谱后，并记录相应的数据。

记录数据包括超声波幅值图谱、超声波相位图谱、超声波波形图谱，每个类型的图谱保存多张，且尽可能选择典型的、特征明显的图谱，如图 9-21 所示。

3. 故障信号处理及判断
根据幅值图谱、相位图谱、波形图谱，判断测量信号是否具备 50Hz/100Hz 相关性。若是，说明可能存在局部放电，按以下步骤进行分析：

（1）同一类设备局部放电信号的横向对比，相似设备在相似环境下检测得到的局部放电信号，其检测幅值和检测图谱应比较相似，对同一高压室内同型号设备同一位置的局部放电图谱对比，可以帮助判断是否存在放电。

（2）同一设备历史数据的纵向对比，通过在较长的时间内多次测量同一设备的局部放电信号，可以跟踪设备的绝缘状态劣化趋势，如果测量值有明显增大，或出现典型局部放电图谱，可判断此检测部位存在异常。

（3）若检测到异常信号，可以根据超声波检测信号的 50Hz/100Hz 频率相关性、信号幅值水平以及信号的相位关系，进行缺陷类型识别，具体分析方法见表 9-9，还可以借助其他检测手段，对异常信号进行综合分析，并判断放电的类型，根据不同的判据对被测设备放电严重程度进行评估。

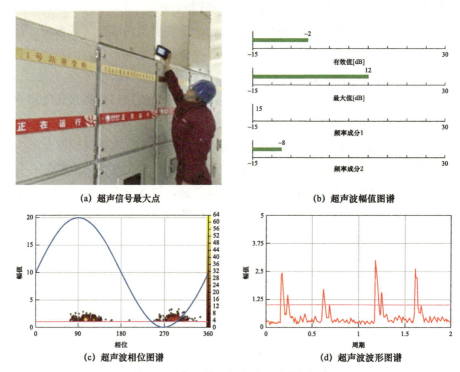

图 9-21 开关柜超声波异常数据保存

表 9-9 超声波局部放电类型判断

参数		悬浮放电	电晕放电	沿面放电
幅值模式	有效值	高	较高	高
	周期峰值	高	较高	高
	50Hz 频率相关性	弱	强	弱
	100Hz 频率相关性	强	弱	强
相位模式		有规律，一周波两个脉冲尖峰，波形陡，打点位置悬空	有规律，一周波一簇大信号，一簇小信号	有规律，一周波两簇信号，呈双驼峰状，打点位置有大有小
波形模式		有规律，一周波两个脉冲尖峰，波形陡，且幅值相当	有规律，存在周期性脉冲信号	有规律，一周波两簇信号，相位宽，脉冲幅值有大有小

4. 典型放电类型的识别与判定

开关柜内部典型超声波局部放电异常特征图谱如表 9-10 所示，可根据幅值图谱、相位图谱、波形图谱的相关特征进行综合诊断分析。

表9-10　　　　　　　　开关柜内部典型超声波局部放电异常特征图谱

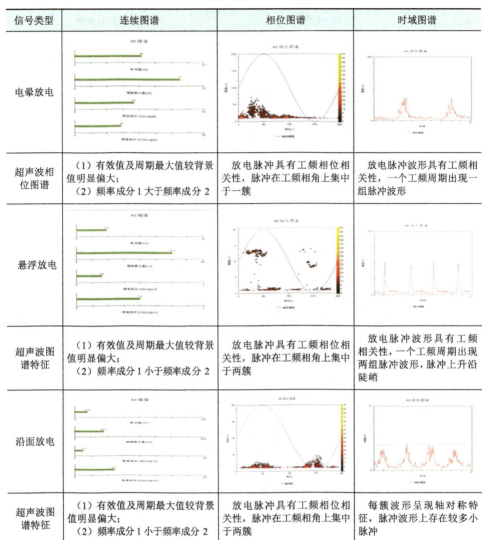

信号类型	连续图谱	相位图谱	时域图谱
电晕放电			
超声波相位图谱	（1）有效值及周期最大值较背景值明显偏大； （2）频率成分1大于频率成分2	放电脉冲具有工频相位相关性，脉冲在工频相角上集中于一簇	放电脉冲波形具有工频相关性，一个工频周期出现一组脉冲波形
悬浮放电			
超声波图谱特征	（1）有效值及周期最大值较背景值明显偏大； （2）频率成分1小于频率成分2	放电脉冲具有工频相位相关性，脉冲在工频相角上集中于两簇	放电脉冲波形具有工频相关性，一个工频周期出现两组脉冲波形，脉冲上升沿陡峭
沿面放电			
超声波图谱特征	（1）有效值及周期最大值较背景值明显偏大； （2）频率成分1小于频率成分2	放电脉冲具有工频相位相关性，脉冲在工频相角上集中于两簇	每簇波形呈现轴对称特征，脉冲波形上存在较多小脉冲

四、特高频检测数据分析

1. 干扰信号识别

在开始检测前，尽可能避免手机、雷达、电动马达、照相机闪光灯等无线信号的干扰，检查周围有无悬浮放电的金属部件。现场最常见的干扰信号雷达噪声、移动电话噪声、荧光噪声和电机噪声，特高频典型干扰谱图及特征见表9-11。

表9-11　　　　　　　　　　特高频典型干扰谱图及特征

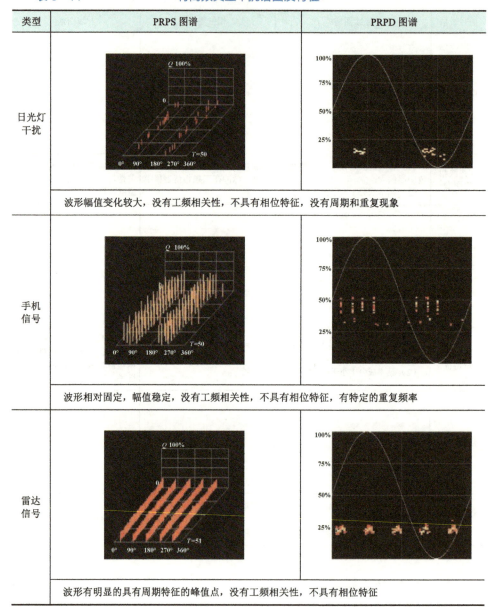

类型	PRPS 图谱	PRPD 图谱
日光灯干扰		
	波形幅值变化较大，没有工频相关性，不具有相位特征，没有周期和重复现象	
手机信号		
	波形相对固定，幅值稳定，没有工频相关性，不具有相位特征，有特定的重复频率	
雷达信号		
	波形有明显的具有周期特征的峰值点，没有工频相关性，不具有相位特征	

2. 典型放电类型的识别与判定

特高频局部放电检测过程中若发现某开关柜存在异常特高频信号，记录开关柜名称，保存多张不同频带下特征明显的 PRPD/PRPS 图谱和周期图谱，与特高频典型局部放电谱图进行对比，特高频典型局部放电谱图及特征如表9-12所示。

表 9-12　　　　　　　　　特高频典型局部放电谱图及特征

类型	放电模式	PRPS 图谱	PRPD 图谱
悬浮电位放电	松动金属部件产生的局部放电		
	放电脉冲幅值稳定，且相邻放电时间间隔基本一致。当悬浮金属体不对称时，正负半波检测信号有极性差异		
绝缘件内部气隙放电	固体绝缘内部开裂、气隙等缺陷引起的放电		
	放电次数少，周期重复性低。放电幅值较分散，但放电相位较稳定，无明显极性效应		
沿面放电	绝缘表面金属颗粒或绝缘表面脏污导致的局部放电		
	放电幅值分散性较大，放电时间间隔不稳定，极性效应不明显		
金属尖端放电	处于高电位或低电位的金属毛刺或尖端，产生电晕放电		
	图谱工频周期内出现一或两簇脉冲信号，脉冲信号幅值分布较分散，脉冲数目较多，放电相位较稳定，极性效应明显		

习 题

1. 单选：下列不属于 GIS 局部放电绝缘件内部气隙放电类型特征的是（   ）。

A. 放电次数少　　　　　　　B. 周期重复性低

C. 放电幅值较分散　　　　　D. 放电相位不稳定

2. 单选：暂态地电压检测仪器的检测频谱范围一般要求（   ）。

A. 1～30MHz　　　　　　　　B. 3～100MHz

C. 300～1500MHz　　　　　　D. 20～120kHz

3. 单选：超声波局部放电检测是通过检测电力设备局部放电激发的（   ）信号，来反映电力设备内部绝缘状况。

A. 特高频电磁波　　　　　　B. 机械波

C. 高频电流　　　　　　　　D. 暂态地电压

第四节　设备精确测温

学习目标

1. 了解带电设备红外精确测温相关原理、标准、规程等要求

2. 熟练掌握红外测温仪的使用、精确测温的具体步骤和现场测试方法

3. 能够进行异常图谱分析判断，给出缺陷类型和严重程度，并根据检测结果完成报告编制，提出相应检修策略

知 识 点

一、基础知识

带电设备红外精确测温简称精确测温，主要用于检测电压致热型和部分电流致热型设备的表面温度分布，从而发现设备内部缺陷，是对设备故障做精确判断的检测，也称诊断性红外检测。区别于用红外热像仪对电气设备表面温度分布进行较大面积的巡视性检测，精确测温对检测环境条件要求严格，同时需要细致分析导致设备外部温场异常的内部成因，才能准确判断如避雷器阀片进

水受潮或劣化、绝缘子劣化泄漏电流增大、断路器内部导电回路连接接触不良、互感器内部局部放电、电缆分岔部位及应力锥处电场分布不均等导致的发热等缺陷。红外精确检测时，一般不易在红外热像仪屏幕上直观发现和确定缺陷性质，现场应拍摄完整热像图使用热像仪分析软件进行分析。

（一）红外线的特点

红外线是电磁波，是太阳光线中众多不可见光线中的一种，又称为红外热辐射，热作用强。由英国科学家赫歇尔于 1800 年发现，他将太阳光用三棱镜分解开，在各种不同颜色的色带位置上放置了温度计，试图测量各种颜色的光的加热效应。结果发现，位于红光外侧的那支温度计升温最快。因此得到结论：太阳光谱中，红光的外侧必定存在看不见的光线，这就是红外线。

红外线具有热辐射效应。红外线是频率介于微波与可见光之间的电磁波，波长在 1mm～760nm 之间。这种电磁波人眼不可见，具有热辐射，俗称红外线。任何物体都能发出红外线。所有超过绝对零度（−273.15℃）的物体自身都能发出红外线，物体的温度越高，红外线热辐射能量越强。如冰块这样表面非常寒冷的物体，一样能够发射红外线。

（二）红外测温原理

物体由于具有温度而辐射电磁波的现象称为热辐射，是热量传递的三种方式之一。一切温度高于绝对零度的物体都能产生热辐射，温度越高，辐射出的总能量就越大，短波成分也越多。热辐射的光谱是连续谱，波长覆盖范围理论上可从 0 直至 ∞，一般的热辐射主要靠波长较长的可见光和红外线传播。物体热辐射不仅仅有红外辐射，但总是包含着红外辐射在内，并且当物体的温度在 1000℃ 以下时，其热辐射中最强的电磁波是红外波。因此，人们利用红外热辐射原理研制了各类测温仪器。

影响固体表面的吸收和反射性质的，主要是表面状况和颜色，表面状况的影响往往比颜色更大。固体和液体一般是不透热的。热辐射的能量穿过固体或液体的表面后只经过很短的距离（一般小于 1mm，穿过金属表面后只经过 1μm）就被完全吸收，这也是红外测温只能测定物体表面温度，一般无法测定物体内部或玻璃（特殊加工玻璃除外）背后物体温度的原因。气体对热辐射能量几乎没有反射能力，在一般温度下的单原子和对称双原子气体（如 H_2、N_2 等），可视为透热体，多原子气体（如 CO_2、SO_2 等）在特定波长范围内具有相当大的吸收能力，SF_6 红外检漏仪正是利用了 SF_6 气体在 10.3～10.7μm 区间的吸收窗口研制。

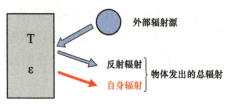

图 9-22　物体辐射示意图

对大多数物体来说，对红外辐射不透明，即透射率 $\tau=0$，$\varepsilon=1-\rho$。实际物体的辐射由两部分组成：自身辐射和反射环境辐射。物体辐射示意图如图 9-22 所示。

相同温度存在不同的热辐射强度。辐射率（也称发射率）是依据物体本身的温度辐射出能量的能力，描述被测物体辐射能力的参数，也指物体自身辐射的能量与同一温度下绝对黑体所辐射的能量比，用符号 ε 表示。除黑体外，其他物体的辐射率介于 0 和 1 之间。辐射率仅仅与物体表面的性质（成分、结构）有关。对运行的电力设备进行红外测温诊断时，大多情况下是通过比较法来判断的，即相邻相的横向比较和本身不同部位的纵向比较，一般只需求出温度的变化，不必对辐射率 ε 的精度苛求，但要进行绝对温度准确测量时，必须事先知道被测物体的辐射率，否则测出的温度值将与实际值有较大的误差，最大时可达 19%。电力设备发射率一般取 0.85～0.95 之间。

（三）红外热成像仪

根据红外测温原理，研制出了红外测温仪、红外热成像仪等测温仪器，通过测定物体红外热辐射值大小，间接确定物体温度。物体发射的红外辐射功率经过大气传输和衰减后，由检测仪器光学系统接收并聚焦在红外探测器上，把目标的红外辐射信号功率转换成便于直接处理的电信号，以数字或二维热图像的形式显示目标设备表面的温度值或温度场分布。红外热成像仪基本原理见图 9-23，电力系统精确测温常用的红外热成像仪为非制冷红外焦平面阵列型，一般无虚线部分。

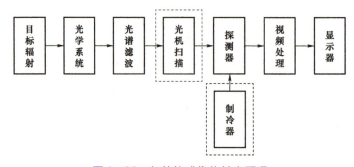

图 9-23　红外热成像仪基本原理

红外热像仪主要参数如下：

（1）温度分辨率：表示测温仪能够辨别被测目标最小温度变化的能力。

温度分辨率的客观参数是噪声等效温差，是评价热成像系统探测灵敏度的一个客观参数，能识别的最小温差。分辨率高不代表精度高。

（2）红外像元数（像素）：表示探测器焦平面上单位探测元数量。

分辨率越高，一般成像效果越清晰。目前使用的手持式热像仪一般为 $160×120$、$320×240$、$384×288$、$640×480$ 像素的非制冷焦平面探测器。

（3）视场角（FOV）：由红外热像仪镜头决定。视场决定了热像仪可以拍摄的距离和范围。根据不同的使用场景，选择不同视场角的镜头，如广视角（48°）镜头或长焦镜头（12°或7°）。

（4）测温准确度（测温精度）：热像仪测量温度的准确性，一般不大于±2℃或±2%（取绝对值大者）。

（5）焦距：透镜中心到其焦点的距离。焦距越大，可清晰成像的距离越远。

（四）设备发热类型及机理

对于高压电气设备的发热缺陷，从红外检测与诊断的角度大体可分为两类，即外部缺陷和内部缺陷。

外部缺陷是指裸露在设备外部各部位发生的缺陷，如长期暴露在大气环境中工作的裸露电气接头缺陷、设备表面污秽以及金属封装的设备箱体涡流过热等。从设备的热图像中可直观地判断是否存在热缺陷，根据温度分布可准确地确定缺陷的部位及缺陷严重程度。

内部缺陷则是指封闭在固体绝缘、油绝缘及设备壳体内部的各种缺陷。由于这类缺陷部位受到绝缘介质或设备壳体的阻挡，所以通常难以像外部缺陷那样从设备外部直接获得直观的有关缺陷信息。

从产生的机理来分，高压电气设备发热缺陷可分为以下五类：

1. 电流致热型缺陷

电力系统导电回路中的金属导体都存在相应的电阻，因此当通过负荷电流时，必然有一部分电能按焦耳–楞茨定律以热损耗的形式消耗掉。由此产生的发热功率为

$$P=K_f I^2 R \qquad (9-1)$$

式中：P 为发热功率，W；K_f 为附加损耗系数；I 为通过的电荷电流，A；R 为载流导体的直流电阻值，Ω。

K_f 表明在交流电路中计及趋肤效应和邻近效应时使电阻增大的系数。

式（9–1）表明，如果在一定应力作用下是导体局部拉长、变细，或多股绞线断股，或因松股而增加表面层氧化，均会减少金属导体的导流截面积，从而

造成增大导体自身局部电阻和电阻损耗的发热功率。电力设备载流回路电气连接不良、松动或接触表面氧化会引起接触电阻增大，该连接部位与周围导体部位相比，就会产生更多的电阻损耗发热功率和更高的温升，从而造成局部过热。

2. 电压致热型缺陷

除导电回路以外，有固体或液体（如油等）电介质构成的绝缘结构也是许多高压电气设备的重要组成部分。用作电器内部或载流导体电气绝缘的电介质材料，在交变电压作用下引起的能量损耗，通常称为介质损耗。由此产生的损耗发热功率表示为

$$P = U^2 \omega C \tan\delta \qquad\qquad (9-2)$$

式中：U 为施加的电压；ω 为交变电压的角频率；C 为介质的等值电容；$\tan\delta$ 为绝缘介质损耗因数。

由于绝缘电介质损耗产生的发热功率与所施加的工作电压平方成正比，而与负荷电流大小无关，因此称这种损耗发热为电压效应引起的发热即电压致热性发热缺陷。即使在正常状态下，电气设备内部和导体周围的绝缘介质在交变电压作用下也会有介质损耗发热。当绝缘介质的绝缘性能出现缺陷时，会引起绝缘的介质损耗（或绝缘介质损耗因数 $\tan\delta$）增大，导致介质损耗发热功率增加，设备运行温度升高。

介质损耗的微观本质是电介质在交变电压作用下将产生两种损耗，一种是电导引起的损耗，另一种是由极性电介质中偶极子的周期性转向极化和夹层界面极化引起的极化损耗。通常主要由于电气设备的绝缘材料老化、受潮、局部击穿等情况造成。

3. 电磁致热型缺陷

对于由绕组或磁回路组成的高压电气设备，由铁芯的磁滞、涡流而产生的电能损耗称为铁磁损耗或铁损。如果由于设备结构设计不合理、运行不正常，或者由于铁芯材质不良，铁芯片间绝缘受损，出现局部或多点短路，可分别引起回路磁滞或磁饱和或在铁芯片间短路处产生短路环流，增大铁损并导致局部过热。另外，对于内部带铁芯绕组的高压电气设备（如变压器和电抗器等）如果出现磁回路漏磁，还会在铁制箱体产生涡流发热。由于交变磁场的作用，电器内部或载流导体附近的非磁性导电材料制成的零部件有时也会产生涡流损耗，因而导致电能损耗增加和运行温度升高。此类缺陷多见于电力变压器等运行中磁路故障或磁屏蔽设计不良造成局部漏磁后，引起个别大罩螺栓发热。

4. 综合致热型缺陷

有些高压电气设备（如避雷器和输电线路绝缘子等）在正常运行状态下都

有一定的电压分布和泄漏电流，但是当出现缺陷时，将改变其分布电压 U_d 和泄漏电流 I_g 的大小，并导致其表面温度分布异常。此时的发热虽然仍属于电压效应发热，发热功率而由分布电压与泄漏电流的乘积决定。

$$P = U_d I_g \qquad (9-3)$$

多见于避雷器内部部分受潮或部分绝缘子裂化成低值或零值，造成正常的阀片或绝缘子承受电压增大引起。

5. 缺油及其他缺陷

油浸式高压电气设备由于渗漏或其他原因（如变压器套管未排气）而造成缺油或假油位，严重时可以引起油面放电，并导致表面温度分布异常。这种热特征除放电时引起发热外，通常主要是由于设备内部油位面上下介质（如空气和油）热容系数不同所致。

除了上述各种主要缺陷模式以外，还有由于设备冷却系统设计不合理、堵塞及散热条件差等引起的热缺陷。

二、测温要点

（一）精确测温条件

1. 安全要求

（1）应严格执行国家电网公司《电力安全工作规程》的相关要求。

（2）检测时应与设备带电部位保持相应的安全距离。

（3）进行检测时，要防止误碰误动设备。

（4）行走中注意脚下，防止踩踏设备管道。

（5）应有专人监护，监护人在检测期间应始终行使监护职责，不得擅离岗位或兼任其他工作。

2. 环境要求

（1）被检测设备处于带电运行或通电状态，或可能引起设备表面温度分布特点的状态。

（2）尽量避开视线中的封闭遮挡物，如门和盖板等。

（3）环境温度宜不低于0℃，相对湿度一般不大于85%。

（4）白天天气以阴天、多云为佳。

（5）检测不宜在雷、雨、雾、雪等恶劣气象条件下进行，检测时风速一般不大于5m/s。

（6）室外或白天检测时，要避开阳光直接照射或被摄物反射进入仪器镜头，在室内或晚上检测应避开灯光的直射，宜闭灯检测。

（7）检测电流致热型设备，一般应在不低于 30%的额定负荷下进行，很低负荷下检测应考虑低负荷率设备状态对测试结果及缺陷性质判断的影响。

3. 人员要求

进行电力设备红外热像检测的人员应具备如下条件：

（1）熟悉红外诊断技术的基本原理和诊断程序。

（2）了解红外热像仪的工作原理、技术参数和性能。

（3）掌握热像仪的操作程序和使用方法。

（4）了解被测设备的结构特点、工作原理、运行状况和导致设备故障的基本因素。

（5）具有一定的现场工作经验，熟悉并能严格遵守电力生产和工作现场的相关安全管理规定。

（二）测温设备要求

红外测温仪一般由光学系统、光电探测器、信号放大及处理系统、显示和输出、存储单元等组成。同时，应经具有资质的相关部门校验合格，并按规定粘贴合格标志。

便携式红外热像仪的基本要求：

（1）空间分辨率：不大于 1.5 毫弧度（标准镜头配置）。

（2）温度分辨率：不大于 0.1℃。

（3）帧频：不低于 25Hz。

（4）像素：一般检测不低于 160×120，精确检测不低于 320×240。

（5）测温准确度应不大于±2℃或±2%（取绝对值大者）。

（6）测温一致性应满足测温准确度的要求。

（三）测温方法及步骤

1. 一般检测

（1）仪器开机，进行内部温度校准，待图像稳定后对仪器的参数进行设置。

（2）根据被测设备的材料设置辐射率，作为一般检测，被测设备的辐射率一般取 0.9 左右。

（3）设置仪器的色标温度量程，一般宜设置在环境温度加 10～20K 左右的温升范围。

（4）开始测温，远距离对所有被测设备进行全面扫描，宜选择彩色显示方式，调节图像使其具有清晰的温度层次显示，并结合数值测温手段，如热点跟踪、区域温度跟踪等手段进行检测。应充分利用仪器的有关功能，如图像平均、自动跟踪等，以达到最佳检测效果。

（5）环境温度发生较大变化时，应对仪器重新进行内部温度校准。

（6）发现有异常后，再有针对性地近距离对异常部位和重点被测设备进行精确检测。

（7）测温时，应确保现场实际测量距离满足设备最小安全距离及仪器有效测量距离的要求。

2. 精确检测

（1）为了准确测温或方便跟踪，应事先设置几个不同的方向和角度（至少选择 3 个不同方位对设备进行检测），确定最佳检测位置，并可做上标记，以供今后的复测用，提高互比性和工作效率。

（2）将大气温度、相对湿度、测量距离等补偿参数输入，进行必要修正，并选择适当的测温范围。

（3）正确选择被测设备的辐射率，特别要考虑金属材料表面氧化对选取辐射率的影响，辐射率选取具体可参见 DL 664—2016《带电设备红外诊断应用规范》中附录 D "常用材料辐射率的参考值"。

（4）检测温升所用的环境温度参照物体应尽可能选择与被测试设备类似的物体，且最好能在同一方向或同一视场中选择。

（5）测量设备发热点、正常相的对应点及环境温度参照体的温度值时，应使用同一仪器相继测量。

（6）在安全距离允许的条件下，红外仪器宜尽量靠近被测设备，使被测设备（或目标）尽量充满整个仪器的视场，以提高仪器对被测设备表面细节的分辨能力及测温准确度，必要时，可使用中、长焦距镜头。

（7）记录被检设备的实际负荷电流、额定电流、运行电压，被检物体温度及环境参照体的温度值。

三、分析要点

对不同类型的设备采用相应的判断方法和判断依据，并由热像特点进一步分析设备的缺陷特征，判断出设备的缺陷类型。

（一）判断方法

1. 表面温度判断法

主要适用于电流致热型和电磁效应引起发热的设备。根据测得的设备表面温度值，对照 GB/T 11022 中高压开关设备和控制设备各种部件、材料及绝缘介质的温度和温升极限的有关规定，结合环境气候条件、负荷大小进行分析判断。

2. 同类比较判断法

根据同组三相设备、同相设备之间及同类设备之间对应部位的温差进行比较分析。

3. 图像特征判断法

主要适用于电压致热型设备。根据同类设备的正常状态和异常状态的热像图，判断设备是否正常。注意尽量排除各种干扰因素对图像的影响，必要时结合电气试验或化学分析的结果，进行综合判断。

4. 相对温差判断法

主要适用于电流致热型设备。特别是对小负荷电流致热型设备，采用相对温差判断法可降低小负荷缺陷的漏判率。对电流致热型设备，发热点温升值小于 15K 时，不宜采用相对温差判断法。相对温差 δ_t 计算公式为

$$\delta_\mathrm{t} = (\tau_1 - \tau_2)/\tau_1 \times 100\% = (T_1 - T_2)/(T_1 - T_0) \times 100\% \qquad (9-4)$$

式中：τ_1 和 T_1 分别为发热点的温升和温度；τ_2 和 T_2 分别为正常相对应点的温升和温度；T_0 为被测设备区域的环境温度-气温。

5. 档案分析判断法

分析同一设备不同时期的温度场分布，找出设备致热参数的变化，判断设备是否正常。

6. 实时分析判断法

在一段时间内使用红外热像仪连续检测某被测设备，观察设备温度随负载、时间等因素变化的方法。

（二）判断依据

（1）单纯电流致热型、电压致热型设备的判断依据详细见 DL 664-2016《带电设备红外诊断应用规范》中附录 H "电流致热型设备缺陷诊断判据" 和附录 I "电压致热型设备缺陷诊断判据"。

（2）当缺陷是由两种或两种以上因素引起的，应综合判断缺陷性质。对于磁场和漏磁引起的过热可依据电流致热型设备的判据进行处理。

（三）缺陷类型的确定及处理方法

根据过热缺陷对电气设备运行的影响程度将缺陷分为以下三类：

1. 一般缺陷

当设备存在过热，波温度分布有差异，但不会引发设备故障，一般仅做记录，可利用停电（或周期）检修机会，有计划地安排实验检修，消除缺陷。

对于负荷率低、温升小但相对温差大的设备，如果负荷有条件或有机会改变时，可在增大负荷电流后进行复测，以确定设备缺陷的性质，否则，可视为一般缺陷，记录在案。

2. 严重缺陷

指当设备存在过热，或出现热像特征异常，程度较严重，应早做计划，安排处理。未消缺期间，对电流致热型设备，应有措施（如加强检测次数，清楚温度随负荷等变化的相关程度等），必要时可限负荷运行；对电压致热型设备，应加强监测并安排其他测试手段进行检测，缺陷性质确认后，安排计划消缺。

3. 危急缺陷

当电流（磁）致热型设备热电温度（或温升）超过规定的允许限制温度（或）温升时，应立即安排设备消缺处理，或设备带负荷限值运行；对电压致热型设备和容易判定内部缺陷性质的设备（如缺油的充油套管、未打开的冷却器阀、温度异常的高压电缆终端等）其缺陷明显严重时，应立即消缺或退出运行，必要时，可安排其他试验手段进行确诊，并处理解决。

（四）典型案例分析

1. 500kV 变压器一次套管误判局部发热（见图 9-24）

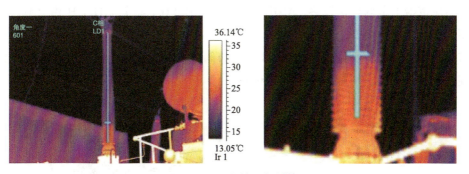

图 9-24 套管局部过热

热像图特征及分析：变压器 500kV 干式套管下部局部发热，怀疑内部故障。变压器干式套管存在缺陷一般为固体绝缘开裂，进水受潮放电，缺陷部位本体出现高温区，并且温度相当高。本支套管伞裙温度高于本体温度，发热部位下部温度高于中上部，且发热区域上部右侧向上倾斜，应为变压器器身辐射影响。

停电试验套管正常。

2. 变压器储油柜局部假象过热（见图9-25）

热像图特征及分析：变压器储油柜中上部热像图表征的局部过热。为变压器储油柜右后上方照明灯的反射干扰。

图 9-25　变压器储油柜局部假象过热

3. 220kV避雷器阀片受潮老化发热（见图9-26）

热像图特征及分析：A相、B相避雷器上节中部温度均偏高，B相避雷器下节温度目视偏高于A相、C相下节，线温分析证实目视观察准确。本案A相、B相避雷器上节均异常发热，A相上节与C相上节比，温差2.1K，B相上节与C相上节比，温差2.2K，A相下节与C相下节比，温差0.2K，B相下节与C相下节比，温差0.6K，避雷器A相、B相上节阀片均受潮老化，B相避雷器阀片受潮老化最为严重，影响避雷器下节过热。

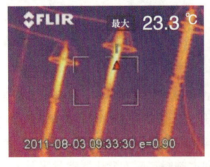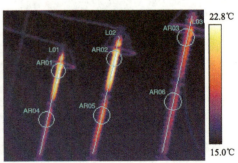

图 9-26　氧化锌避雷器局部过热

习　题

1. 单选：在对以下设备进行红外检测时，不需要进行精确检测（　　）。

A. 避雷器　　　　B. 电缆终端　　　C. 电流互感器　D. 导线接头

2. 单选：与抛光铸铁相比，完全生锈的铸铁的红外辐射发射率（　　）。

A. 更低　　　　　B. 更高　　　　　C. 相等　　　　　D. 不一定

3. 单选：红外检测瓷绝缘子时发现，发热点温度比正常绝缘子要低，该缺陷属于（　　）。

A. 芯棒受潮　　　　　　　　　B. 表面污秽程度严重

C. 低值绝缘子　　　　　　　　D. 零值绝缘子

4. 单选：红外热像检测图谱的下列参数中，不能够用软件调节的有（　　）。

A. 颜色　　　　　B. 辐射率　　　　C. 焦距　　　　　D. 测量距离

5. 单选：若环境温度 20℃，用发射率为 0.95 的热像仪检测目标温度为 50℃，当发射率调至 0.5，得到的温度数据将（　　）。

A. 高于 50℃　　　　　　　　　B. 高于 20℃，低于 50℃

C. 低于 20℃　　　　　　　　　D. 没有变化

附录 A　仿真系统各变电站接线图及正常运行方式

A.1　寒山仿真变电站（见图 A.1）

220kV 的主接线方式为双母线带旁路母线（母联间旁），110kV 的主接线方式为双母线接线，35kV 的主接线方式为双母线带旁路母线。正常运行方式如下：

220kV 正母：虎寒 2K09、木寒 2K29、1 号主变压器 2501、3 号主变压器 2503 开关运行，正旁母线跨桥 2510 闸刀合上。

220kV 副母：虎寒 2K10、木寒 2K09、2 号 2502 开关运行。

220kV 旁路间母联 2520 开关运行接副母合环运行。

110kV 正母：3 号主变压器 1103 开关供 110kV 正母运行，寒虹 1164、虎寒 1143、寒珠 1165、寒乐 1167、寒鹿 1160、寒白 1169 开关运行。

1 号主变压器 1101、寒马 1166 开关接正母热备用。

110kV 副母：2 号主变压器 1102 开关供 110kV 副母线运行；寒开 1162、金寒 1171、山鹿 1168 开关运行。

寒阳 1161、寒索 1163 开关接副母热备用。

110kV 正副母联 1100 开关热备用。

35kV 正母：1 号主变压器 301 开关供 35kV 正母运行，金象 363、寒瑞 368、寒硕 369 开关接正母；35kV 旁路开关 320 开关接正母空冲旁路母线、364 1 号站用变压器接正母运行，1 号电容器 3K1、3 号电抗器 3K3 接正母。

2 号主变压器 303 接正母热备用。

35kV 副母：2 号主变压器 302 开关供 35kV 副母运行，飞虹 361、豪雅 362、佳能 365、枫桥 367 开关运行；3670 2 号站用变压器接枫桥 367 开关运行，2 号电容器 3K2、4 号电抗器 3K4 接副母。

35kV 母联 300 开关热备用。

35kV 1 号消弧线圈接 1 号主变压器运行，35kV 2 号消弧线圈接 2 号主变压器运行。

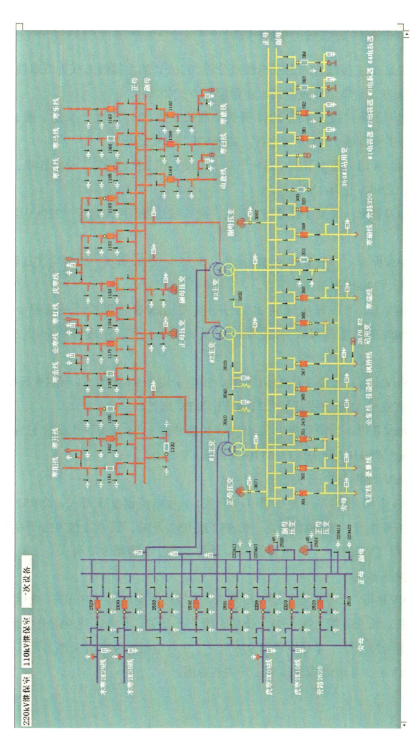

图 A.1 寒山仿真变模拟主接线图

A.2　长安仿真变电站（见图 A.2）

220kV 的主接线方式为双母线双分段，110kV 的主接线方式为双母线，10kV 的主接线方式为单母分段方式。正常运行方式如下：

220kV Ⅰ 母：拉安Ⅰ线 2251 开关、曲长Ⅰ线 2253 开关、长龙Ⅰ线 2255 开关、1 号主变压器 2201 开关运行；220kVⅠ母 TV 运行。

220kV Ⅱ 母：拉安Ⅱ线 2251 开关、曲长Ⅱ线 2254 开关、长龙Ⅱ线 2256 开关运行；220kVⅡ母 TV 运行。

220kVⅢ母：许安Ⅰ线 2257 开关、虎长线 2259 开关运行；220kVⅢ母 TV 运行。

220kVⅣ母：许安Ⅱ线 2258 开关、布安线 2260 开关、2 号主变压器 2202 开关运行；220kVⅣ母 TV 运行。

220kVⅠ、Ⅱ段母线母联 2212 开关，220kVⅢ、Ⅳ段母线母联 2234 开关，220kVⅠ、Ⅲ段母线分段 2213 开关，220kVⅡ、Ⅳ段母线分段 2224 开关运行。

110kVⅠ母：长唐Ⅰ线 1151 开关、长华Ⅰ线 1153 开关、1 号主变压器 1101 开关、直安线 1155 开关运行；110kVⅠ母 TV 运行。

110kVⅡ母：长华Ⅱ线 1152 开关、长唐Ⅱ线 1154 开关、长康线 1156 开关、2 号主变压器 1102 开关运行；110kVⅡ母 TV 运行。

110kV 母联 1112 开关运行。

10kVⅠ母：1 号站用变压器 910 开关、1 号电抗器 973 开关、长 951 线 951 开关、1 号主变压器 901 开关、长 952 线 952 开关、长 953 线 953 开关运行；10kVⅠ母 TV 运行；1 号电容器 971 开关、2 号电容器 972 开关、2 号电抗器 974 开关热备用。

10kVⅡ母：2 号主变压器 902 开关、2 号站用变压器 920 开关、3 号电抗器 977 开关、长 954 线 954 开关、长 955 线 955 开关、长 956 线 956 开关运行；3 号电容器 975 开关、4 号电容器 976 开关、3 号电抗器 978 开关热备用。

10kVⅠ、Ⅱ段母线分段 912 开关热备用。

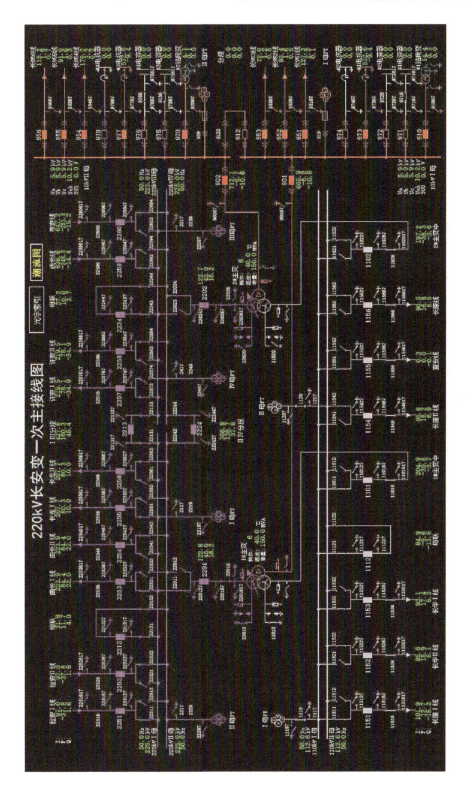

图 A.2 长安仿真变模拟主接线图

A.3　小城仿真变电站（见图 A.3）

500kV 的主接线方式为二分之三接线，220kV 的主接线方式为双母线双分段方式，35kV 的主接线方式为单母方式。正常运行方式如下：

500kV：2 号主变压器 500kV 5011、5012、5013 开关、水城 5168 线运行在第一串；华城 5108 线 5021、5022 开关运行在第二串；5032、5033 开关，山城 5170 线运行在第三串；青城 5169 线 5041、5042、5043 开关、3 号主变压器 500kV 运行在第四串。

220kV 正母：小清 2281、小明 2287、小江 2289 线路开关运行在 I 段；3 号主变压器 2603、小烟 2295 线路开关运行在 II 段。

220kV 副母：2 号主变压器 2602、小泉 2282、小云 2286、小月 2288、小荷 2290 线路开关运行在 I 段；小溪 2296 线路开关运行在 II 段。

正母 I、II 段、副母 I、II 段并列，正母分段 2621、副母分 2622、1 号母联 2611、2 号母联 2612 开关运行。小清 2281 和小泉 2282、小明 2287 和小月 2288、小烟 2295 和小溪 2296 为双回线。

35kV II 段母线：2 号主变压器 1 号低抗 321、2 号主变压器 2 号电容器 323、2 号主变压器 3 号电容器 324 热备用；1 号站用变压器 320、2 号主变压器 1 号电容器 322 运行。

35kV III 段母线：3 号主变压器 2 号低抗 331、3 号主变压器 5 号电容器 333、3 号主变压器 6 号电容器 334 热备用；2 号站用变压器 330、3 号主变压器 4 号电容器 332 运行。

A.4　紫苑实体仿真变电站（见图 A.4）

220、110、10kV 的主接线方式均为双母线。正常运行方式如下：

220kV 正母：1 号主变压器 2501、紫五 2599 开关运行；母联 2510 运行。

220kV 副母：紫五 2598 开关运行。

110kV 正母：1 号主变压器 701、紫金 781 开关运行；母联 710 开关热备用。

110kV 副母：紫光 782 开关运行。

10kV I 段：1 号主变压器 101、技培线 111、1 号接地变压器 1J1 开关运行，1 号电抗器热备用；分段 130 开关冷备用。

10kV II 段：1 号主变压器 102、技培线 121 开关运行；1 号电容器运行。

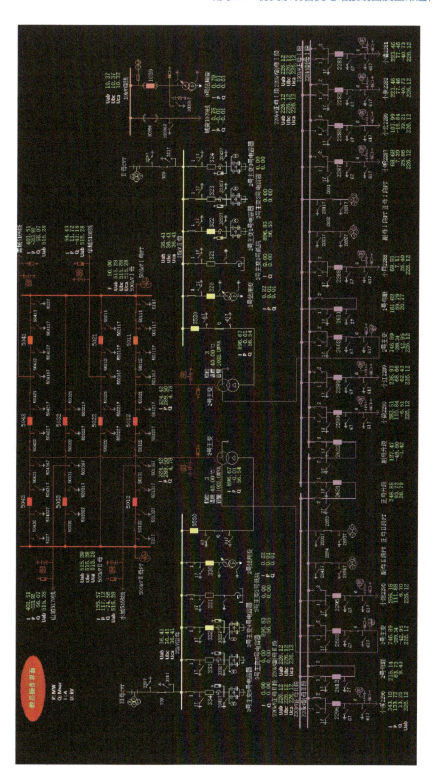

图 A.3　小城仿真变电站模拟主接线图

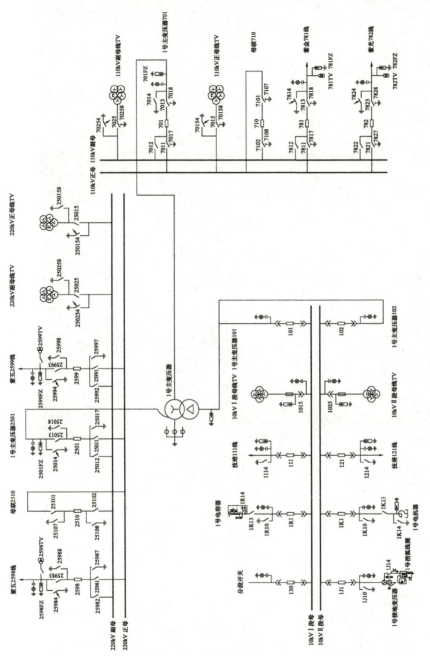

图A.4 仿真实体站紫苑变主接线图

参 考 文 献

[1] 国家电网有限公司. 国家电网有限公司十八项电网重大反事故措施（2018 年修订版）及编制说明［M］. 北京：中国电力出版社，2018.

[2] 国家电网公司人力资源部. 国家电网公司生产技能人员职业能力培训专用教材：变电运行（220kV）（上、下）［M］. 北京：中国电力出版社，2010.

[3] 国家电网有限公司设备管理部. 变电运维专业技能培训教材：实操技能［M］. 北京：中国电力出版社，2021.

[4] 张全元. 变电运行现场技术问答［M］. 北京：中国电力出版社，2016.

[5] 张全元. 变电运行一次设备现场培训教材［M］. 北京：中国电力出版社，2010.

[6] 汪洪明. 变配电设备倒闸操作实例分析［M］. 北京：中国电力出版社，2012.

[7] 高翔. 智能变电站技术［M］. 北京：中国电力出版社，2011.

[8] 郝小峰，孙凌涛. 变电站倒闸操作防误操作探讨［J］. 电力安全技术，2022，24（2）：70－72，75.

[9] 彭冲. 一起变电站非同期并列合闸事件分析及预防措施［J］. 通讯世界，2018（11）：161－162.

[10] 马清. 变电站 GIS 刀闸操作风险及控制措施的分析探讨［J］. 电子测试，2019（16）：107－108.